Der

Führer in die Mooskunde.

Der

Führer in die Mooskunde.

Anleitung

zum leichten und sicheren Bestimmen

der

deutschen Moose.

Von

Paul Kummer.

Dritte umgearbeitete und vervollständigte Auflage.

Mit 77 Figuren auf vier Steindrucktafeln.

Springer-Verlag Berlin Heidelberg GmbH

1891

Softcover reprint of the hardcover 1st edition 1981

ISBN 978-3-662-38732-0 ISBN 978-3-662-39619-3 (eBook)
DOI 10.1007/978-3-662-39619-3

Vorwort zur dritten Auflage.

Die erste Auflage dieses Buches erschien 1872, die zweite Auflage 1880. Die Aufforderung meines geehrten Verlegers zu einer dritten Auflage besagt mir, daß mein einst in der Jugend begonnenes Bestreben, die so reizvolle Mooswelt recht Vielen in leichtester Weise bekannt und lieb zu machen, nicht vergeblich war. Auch an dieser dritten Auflage habe ich fort und fort gearbeitet, um einerseits das Bestimmen der Moose noch bequemer und sicherer zu machen, anderntheils die deutschen Moose möglichst vollständig zu geben.

Die Grundsätze sind dieselben geblieben, welche ich schon in der ersten Auflage aussprach. Ich habe nämlich erstens gar keine Kenntniß nur der gemeinsten Moose vorausgesetzt, sondern gemeine wie seltenste Moose nach sichern und leichten Bestimmungstabellen wollen kennen lehren; den Weg zur Bestimmung der häufigeren Moose habe ich ganz besonders geebnet. Zweitens habe ich Merkmale solcher Organe eines Moos, die nicht immer zu beschaffen sind (z. B. Mundbesatz, ein= oder zweihäufiges Verhalten), für das Bestimmen selber möglichst zurückgestellt und mich zunächst an die Theile gehalten, welche sich womöglich immer vorfinden, also vor Allem an die Verzweigung, die Blätter, die Form der Büchse, den Deckel und die Haube. Drittens habe ich besonders diejenigen Merkmale betont, die man mit dem bloßen Auge oder mit scharfer Lupe schon wahrnehmen kann. Das Mikroskop ist für dieses Buch nur in den Fällen gefordert, wo es gilt, verwandteste und äußerlich ähnliche Arten durch die Form der Blattzellen oder des Mundbesatzes der Büchse (des Peristom) noch völlig sicher zu unterscheiden. Es mag das Mikroskop vom geförderten Bryologen nach den in diesem Buche übrigens reichlich gegebenen Andeutungen um so mehr benutzt werden, da durch eingehende mikroskopische Betrachtung der Blattzellen, des Mundbesatzes u. s. w. die Freude an der Erkenntniß eines in den Bestimmungstabellen aufgefundenen Moos wesentlich erhöht wird.

Im Besitze von reichlichen Sammlungen, welche ich bei fast dreißigjähriger liebevoller Beschäftigung mit den Moosen zumeist selbst sammelte in den verschiedensten Gebieten Deutschlands, und welche in ziemlicher Vollständigkeit die Moose des gesammten Deutschland und der Alpen umfassen, habe ich das Gebiet der in diesem Buche bestimmten auf ganz Deutschland ausgedehnt und auch die Alpen einbegriffen, um dem Buche eine weitere Geltung und Brauchbarkeit zu verleihen.

Da auch in nicht gerade fachmännischen Kreisen die Mooskunde neuerdings viele begeisterte Jünger gefunden hat, selbst auf vielen Lehrerseminaren sie eifrig getrieben wird, sogar manche Frauen sich ihr mit Vorliebe hingeben, so habe ich den lateinischen Artennamen durchweg auch die entsprechenden deutschen Namen beigefügt. Als Deutscher habe ich auch die Fremdwörter der früheren Auflagen beseitigt, selbstverständlich mit Ausnahme derjenigen Kunstausdrücke, die sich nur auf Kosten der Kürze oder der Klarheit würden haben verdeutschen lassen und welche für die Wissenschaft in allen Ländern Geltung haben.

Und so mögen denn diese Zeilen mit manchem Naturfreunde hinauswandern in Wald und Wiese, an Bach und Felsenwand, nach Bruch und Moor und durch ihre schlichte Predigt manchem Herzen daselbst eine neue grüne Wunderwelt erschließen.

Münden, den 16. Januar 1891.

Der Verfasser.

Inhalts-Verzeichniß.

	Seite
Entwickelung und Bau der Moose	1
Das Bestimmen der Moose und die Moossammlung	14
Ausflüge	19
Tabelle zum Bestimmen der Hauptgruppen	33
Tabelle zum Bestimmen der Gattungen	36
Tabellen zum Bestimmen der Arten	62
Uebersichtliche Eintheilung der Moose	199
Verzeichniß der Gattungen	204
Verzeichniß der Arten	207
Erklärung der Abbildungen	215

Entwickelung und Bau der Moose.

Die **Moose**, so auch die in diesem Buche behandelten **Laubmoose** (musci), gehören zu den Sporenpflanzen (den Kryptogamen, wie die große 24. Klasse Linné's noch häufiger genannt wird): denn der Anfang der Entwickelung eines Moos ist nicht ein Samenkorn, welches die volle Pflanze im Keim schon vorgebildet enthält, sondern eine einfache, rundliche, mikroskopisch kleine Zelle, Spore (von σπειρειν „säen") genannt. — Der andere bedeutsame Charakterzug aller Sporenpflanzen und so auch der Moose liegt in deren Entwickelung ausgesprochen, insofern aus der Spore nicht alsbald eine der Mutterpflanze gleiche Pflanze hervorgeht, sondern erst nach mannigfachem sogenannten Generationswechsel. Gewissermaßen erst ganz andersartige Pflanzenformen treten auf, ehe die Mutterpflanze wieder erscheint. Es ist ein Vorgang, wie er sich entsprechend im Thierreiche etwa bei den Insekten findet, welche die Wandlung (Metamorphose) aus dem Ei in die Larve oder Raupe, von da in die Nymphe oder Puppe durchzumachen haben, ehe das vollkommene Insekt wieder zu Tage tritt, welches die Eier gelegt hatte.

Die Sporen, wie man solche zahllos aus jeder reifen Moosbüchse ausschütteln kann, haben selbst schon eine große Verschiedenheit. Sie sind glatt, oder warzig, oder körnig, oder genetzt; sie sind trüb undurchsichtig oder krystallklar; in Farbe sind sie blaß, ocher- oder schwefelgelb, sowie alle Töne von Grün und Braun vorkommen; von Gestalt sind sie groß oder klein; kugelförmig, eiförmig, rundlich=eckig, nierenförmig; ihre Haut ist derb oder zart. Immer ist für die einzelnen Moosarten die Beschaffenheit der Sporen beständig und bezeichnend. — Bei Feuchtigkeit beginnt die Spore sich zu entwickeln (Fig. 1). Ihre äußere Haut (das Exosporium) platzt auf, indem die von derselben eingeschlossene, durchsichtig=zarte, saftflüssige Lebenszelle anschwillt und herausdrängt. Diese nun beginnt sich fädig zu strecken und bildet bald ein umher=kriechendes grünliches Fadengewebe (das man früher für confervoide Algen hielt und beschrieb), welches sich nach allen Richtungen hin verzweigt und in die Erde kleine Haftwürzelchen sendet.

Diese **erste Entwickelungsstufe** ist der Vorkeim (das Prothallium), wie wir solchen vielfach an feuchten Orten, auf Blumentöpfen u. s. w. als zarten grünen Anhauch erblicken. Bei einigen Moosen verbleibt er auch für die weiteren Entwickelungs=stufen (z. B. bei Polytrichum aloides, Buxbaumia aphylla und den ganz winzigen Arten von Ephemerum und Ephemerella), gewöhnlich aber stirbt er bald ab.

Die (an Fig. 1 weiter dargestellte) **zweite Entwickelungs=stufe** beginnt, indem an einer kräftig vegetirenden Stelle des Vor=keimes ein zelliges Knöspchen anschießt, das in senkrechter Richtung aufstrebt und sich zu Stengel und Blättern ausbildet. Es ist dies das Stämmchen, gemeinhin als „Moos" bekannt. Viele Moose nun beharren, wenn sie nicht einen günstigen Standort haben, lediglich in diesem zweiten Entwickelungszustande und ver=mehren sich bloß durch neue Triebe, welche unter dem Gipfel oder in der Mitte oder am Grunde hervorbrechen: durch sogenannte Sprossung (Innovation), die sich bei manchen Gattungen ganz eigenartig bildet (s. Climacium, Philonotis).

a. Stengel. In seiner äußerlichen Gestaltung ist er so überaus verschieden, daß die Eintheilung der gesammten Laubmoose in Hauptgruppen darauf beruht. Entweder nämlich ist er aufrecht, einfach (oder doch nur durch gabelige Sprossungen verzweigt), und mehrere solche Stengel (Stämmchen) sind zu gleicher Höhe dicht neben einander gestellt. Sie bilden so aus oft zahllosen Einzel=pflänzchen gleichsam pallisadenartig geordnete, zusammengesetzte Rasen oder Polster, und aus dem Gipfel dieser Stämmchen sprießen die

Früchte. Das sind die **akrokarpischen** (gipfelfrüchtigen) Laubmoose. Oder der Stengel ist (z. B. bei allen Hypneen) hingestreckt und fiederig oder büschelig verzweigt und bildet durch diese seine stets reiche Verzweigung mehr oder minder wirr gelagerte, meist flauschige Massen; aus den Achseln seiner Zweige sprossen dann die Früchte. Das sind die **pleurokarpischen** (astwinkelfrüchtigen) Laubmoose. Bei den Torfmoosen endlich ist der Stengel lang und meist einfach, aber treibt an seiner Spitze eine reiche Anzahl kurzer sternig=köpfig gedrängter Aestchen.

b. **Wurzel.** Wahre Wurzeln fehlen den Moosen. Die am Grunde der Stengel befindlichen Fasern dienen vorwiegend zur Befestigung an der Unterlage. In ganz merkwürdiger Weise treibt bei manchen Moosarten aber der ganze Stengel Wurzelorgane, die oft so massenhaft wuchern, daß er besonders abwärts von dichtem, aber überaus zartem, gelbem, braunem, violettem bis schwarzem Filzgefaser dick überzogen ist. Durch diesen sogenannten „Wurzelfilz", welcher bei einigen Gattungen oder Arten charakteristisch sich bis in die Spitzen der Stengel und Aeste zieht, werden die einzelnen Pflänzchen übrigens sehr zweckmäßig mit einander zu innig zusammenhängenden Rasen oder Polstern verfilzt, so daß sie weder vom Sturm, der die bemoosten Felsen peitscht, noch von strömendem Regen auseinander gelöst werden. Bei solch innigem Zusammenhange halten derartige Moose auch die Feuchtigkeit viel länger, haben zugleich gegenseitigen Schutz wider die Kälte.

c. **Blätter.** Eine mannigfaltige, höchst zierliche Naturarbeit erschließt das Mikroskop, ja zum Theil schon die Lupe, in den Blättern des Stämmchens. In ihrer äußeren Form allerdings sind sie stets einfach: eiförmig, lanzettlich, lineal, oder pfriemlich. Aderung wie bei den phanerogamen Blättern findet sich gar nicht; nur wird in den meisten Fällen das Blatt der Länge nach von einer grünen, gelben, braunen oder purpurnen starken oder schwachen Mittelrippe*) durchzogen, die aus einem Bündel gestreckter Zellen

---

*) Für das Bestimmen vieler Moose ist von großer Wichtigkeit diese Mittelrippe. Es kommt da besonders darauf an, wie weit sie sich erstreckt: ob sie **vor** oder **in der Mitte** des Blattes verschwindet, oder **bis an die Blattspitze** reicht, oder **erst mit der Spitze** verschwindet, oder **gar über dieselbe**

besteht. — Der Rand des Blattes ist vielfach „feinzähnig" oder „scharf gesägt", was meist schon hinlänglich die Lupe zeigt; der Rand (Saum) selbst besteht übrigens oft aus andersartigen Zellen als das übrige Blattnetz, sie sind schmäler, länger, dickwandiger: das Blatt heißt dann „besäumt". Bei einigen Moosen (z. B. Mnium) mit wulstig dickem Blattrande stehen lange Stachelzähne sogar paarweise aus demselben hervor.

Ueberaus verschieden und für die Bestimmung wichtig ist die Zuspitzung der Blätter: bald sind sie abgerundet, bald stumpf, bald eilanzettlich oder lanzettlich zugespitzt, bald in eine lange Pfriemenspitze ausgezogen. Ueber die Blattspitze hinaus läuft als Fortsetzung der Mittelrippe häufig noch eine **Stachelspitze**, zuweilen auch ein sogenanntes **Glashaar** (Fig. 2) (oft unabhängig von der Rippe), welches einer ganzen Gruppe von Moosen (den Racomitrien und Grimmien) eigenthümlich ist und deren Rasen oder Polsterchen ein eigenthümlich greisiges Aussehen giebt. Es ist ein glashelles oder weißgraues, oft gezähneltes, längeres oder kürzeres, meist ziemlich schlaffes Haar.*)

Die Blätter sind stets stiellos angeheftet, auch selten am Grunde verschmälert, oft halb- oder ganz-stengelumfassend, bei einigen (z. B. Polytrichum, Timmia) mit einer trockenhäutigen,

---

hinausläuft (als Stachelspitze oder als Glashaar). Oft wiederum fehlt die Mittelrippe völlig oder ist ganz am Grunde des Blattes durch zwei divergirende kurze Rippchen (Streifen) vertreten. — Besonders wenn es gilt zu unterscheiden, ob die Mittelrippe in oder mit der Blattspitze verläuft, ist eine sehr scharfe Lupe oder auch schwache mikroskopische Vergrößerung nöthig (z. B. bei den Arten von Bryum).

*) Um das Blatt deutlich betrachten zu können, muß man es vom Stengel abtrennen. Dazu wird der Stengel oder Zweig zunächst etwas angefeuchtet, mit einer feinen Zange oder Nadel reißt man dann einige Blätter herunter, oder schabt sie mit stumpflichem Messer ab. Nun bringt man sie auf eine kleine etwa 6 cm lange, 2 cm breite Glasplatte, läßt einen Wassertropfen darauf fallen, um sie zu sondern, da sie sonst gern zusammen und übereinander liegen. Jetzt legt man ein anderes gleichgroßes Glasplättchen darüber, drückt beide zusammen und kann nun die gegen das Licht gehaltenen Blätter (Blattform, Zähnung des Randes, Verlauf der Rippe) bestens mit der Lupe betrachten. Auch für die Betrachtung unter dem Mikroskop wären sie damit fertig gestellt.

zarten, bleichen Scheide herablaufend. Die Anordnung der Blätter am Stengel ist nach denselben Gesetzen wie bei den Phanerogamen, von der zweizeiligen $1/2$ Blattstellung bis zu $2/5$, $3/8$, $5/13$ u. s. w. Kreisdrehung.

Anatomisch auch höchst eigenartig ist das Moosblatt. Es hat keine Oberhaut, besteht aus einer einzigen maschigen Zellenschicht (Zellnetz). Die Form der Blattzellen ist (schon bei schwächster mikroskopischer Vergrößerung) aber so mannigfaltig und doch bestimmt, daß sie den entschiedensten Charakter gar vieler Familien und Gattungen ausmachen. Sie sind nach den Gesetzen des gegenseitigen Druckes zumeist vier- oder sechseckig; „parenchymatisch" heißen sie, wenn sie wenig länger als breit und in Reihen geordnet sind, „prosenchymatisch" (besonders bei den Hypneen), wenn sie viel länger als breit sind, nach beiden Enden hin sich verschmälern und zuspitzen, wobei die Spitzen der Zellen sich in einander schieben. Uebrigens zeigt das Blatt an seinem Grunde meist wesentlich andere, zumeist gestrecktere Zellen, als oberwärts. Am Blattgrunde, in dessen seitlichen Winkeln, sind oft kleine Gruppen auffällig größerer, meist quadratischer, bauchig gedunsener, blasenartiger Zellen, — sogenannte „Blattflügelzellen"; deren Zahl, Form, Größe, Färbung ist bei den einzelnen Arten so beständig, daß sie ein gutes Merkmal derselben abgeben. — So wenig den Anfänger solche mikroskopische Schau angehen mag, so hohen Reiz und tiefere Bedeutung gewinnt sie doch mit der Zeit und lehrt manche äußerlich ähnlichsten Moose noch als grundverschieden beurtheilen.

Das sind die Moose, deren Schönheit man freilich nicht erkennt, wenn sie durch die Sommersonne dürr und mißfarbig geworden sind. Die Blätter liegen dann vielfach dem Stengel aufrecht an, sind welk, verbogen oder lockig gedreht und gekräuselt. Aber im Morgenthau sowie bei jedem Regenschauer saugen sie gierig Feuchtigkeit wieder ein; die eingefallenen Zellen schwellen an, die Blätter strecken sich und das scheinbar erstorbene Moos ergrünt so jugendlich frisch, als ob es soeben erst gewachsen wäre.

Bei manchen Sporenpflanzen, nämlich den Farnen, Bärlappen, Equiseten kommen unmittelbar aus den Stämmchen (dem Wedel oder Schaft) die „Fruchtstände" hervor: Büchsenhäufchen, Fruchtähren oder Fruchtzapfen. Zum immer neuen Hervorbringen von Früchten ist da also keine erneute Befruchtung nöthig. — So ist's bei den Moosen nicht! Zur Fruchtbildung verlangen diese stets einen vorhergehenden besonderen geschlechtlichen Vorgang auf dem Stämmchen selber. In Folge davon bildet sich nun als **dritte Entwickelungsstufe** der Fruchtstiel (seta), welcher also nur äußerlich die Bedeutung eines Stieles der Frucht hat, in Wahrheit aber ein besonderes Entwickelungsglied ist. An seiner Spitze beginnt die Bildung der Fruchtbüchse, oder einfach Büchse (Fig. 6, A und B) (sporangium) genannt, und diese ist dann die **vierte** und **letzte Entwickelungsstufe.**

A. Befruchtungsorgane.

An dem Gipfel eines Stämmchens oder Sprosses, oder in der Achsel eines Zweiges bilden sich die geschlechtlichen Organe, von denen Fig. 3 (stark vergrößert) die männlichen, die Antheridien (a), abgebildet sind: winzig kleine, aber doch mit bloßem Auge meist bestens erkennbare, zarteste kugelig-eirunde, eiförmige oder keulenförmige Körperchen, die auf kurzen Stielchen stehen. Daneben befinden sich die weiblichen Organe, die Archegonien (b): Zellengewebschlinder, die unterhalb bauchig erweitert und oberhalb — daselbst Griffel genannt — etwas verengert sind. Umher stehen viele zellig gegliederte Wimperfäden (c), welche den Namen Paraphysen (Saftfäden oder Nebenfäden) führen; deren Bedeutung hat man noch nicht erkannt, hat sie bald für Moosblumenblätter ausgegeben, bald für fehlgeschlagene Archegonien halten wollen. Alle diese am Stengelgipfel befindlichen Theile sind nun von den Hüllblättern (Perichätium oder Perigonium) umgeben, die sich von den Blättern des Stämmchens durch meist längere und langspitzigere, oder viel breitere Form, oft trockenhäutige Beschaffenheit unterscheiden; sie sind es, welche nachher den Fruchtstiel am Grunde umgeben.

So ist es wenigstens bei den einhäusigen (monöcischen) Arten. Eine große Anzahl Moose, z. B. die Hypneen, sind aber getrennten Geschlechtes, zweihäusig (diöcisch); es stehen da truppenweise die mit Antheridien versehenen männlichen Stämmchen für sich, ebenso die mit Archegonien versehenen weiblichen Stämmchen; doch finden sich die geschlechtlich verschiedenen Trupps meist nicht weit von einander. Man kann die männlichen Rasen (welche der Anfänger für geschlechtslos halten möchte) übrigens meist an der Besonderheit ihrer Hüllblätter (Gipfelblätter) erkennen. Während nämlich die weiblichen Exemplare, welchen übrigens die zweihäusigen gleichen, sehr schmale, lange und spitzige, trockenhäutige Hüllblätter (Perichätialblätter) haben, sind dagegen die Hüllblätter der männlichen Stämmchen (Fig. 5) breit eiförmig, rosettenartig ausgebreitet und heißen Perigonialblätter (Fig. 5a). Oft sind diese obenein schön roth oder gelb gefärbt, und einen herrlichen Anblick bietet etwa ein Trupp solcher männlicher Stämmchen von Polytrichum piliferum, die mit den scharlachrothen Hüllblättern einem Feldchen voll Klatschrosen gleichen. Mit Leichtigkeit kann man auch gerade bei dieser Gattung die großen Antheridien mit den Fingern herausdrücken. Bei anderen Arten Polytrichum hat das Perigonium eine urnenartige Form und es kommt da häufig vor, daß nach der Befruchtung das Stämmchen sich aus demselben verlängert, so daß das Perigonium wie durchwachsen aussieht; im folgenden Jahre bildet sich am Gipfel ein neues Perigonium mit Antheridien, und so trägt ein Stämmchen oft mehrere Perigonien, aus denen man dessen Alter ersieht. Solche Durchwachsungen heißen Prolificationen.

Zur Zeit der Ausbildung der geschlechtlichen Organe öffnet sich der Griffel der Archegonien an seiner Spitze (Narbe) napf- oder becherförmig. Zu gleicher Zeit öffnen sich aber auch die Antheridien (Fig. 3a; 4 sehr vergrößert) an ihrer Spitze und stoßen wolkenartig eine Schleimmasse aus, welche zahllose wasserhelle Zellchen (Fig. 4a) enthält, in denen je eine kurze Spiralfaser liegt. Ein Thautropfen reicht bei den einhäusigen Moosen schon hin, dies Zellchen, das bald von der Spiralfaser durchbrochen wird, auf die Narbe des Archegonium zu übertragen. Schwieriger und meist dem Winde überlassen ist die Befruchtung bei den weihäufigen Moosen, weshalb auch gerade bei diesen seltener Früchte (Büchsen) gefunden werden; aber wenn da Befruchtung stattfindet, so pflegen sich um so reichlicher Früchte auszubilden. Es wird in der Regel nur eins der Archegonien befruchtet, die andern verkümmern. Indessen einige Moose haben eine besonders reiche Befruchtung, z. B. bei einigen Arten Dicranum und Mnium (undulatum) entwickeln sich aus einem Perichätium oft bis 20 und mehr Büchsen.

In dem unteren bauchigen Theil des Archegonium befindet sich die eigentliche Keimzelle, die sich nun durch Zellenvermehrung vergrößert, anschwillt und den oberen Theil der scheidigen Bauchhaut des Archegonium ringsherum sprengt. Der untere Theil derselben bleibt napfförmig am Grunde des nun sich entwickelnden Fruchtstieles stehen, während das obere Scheidchen von dem emporwachsenden Fruchtstiel mit in die Höhe getragen wird. Das was zunächst wächst, ist eben nur der Fruchtstiel. Der Griffeltheil des Scheidchens welkt inzwischen ab, das Scheidchen selber schließt sich an seiner Spitze und heißt nun die Haube (Fig. 6 c) (calyptra). — Hat der Fruchtstiel seine volle Höhe erreicht, so beginnt er nach einiger Zeit an der Spitze, wo ihn die Haube bedeckt, zu schwillen und daselbst die Fruchtbüchse auszubilden.

Nach einigen Wochen ist die Büchse reif. Betrachten wir sie nun, wo sie noch geschlossen ist, um ihre Theile kennen zu lernen.

B. Fruchtbau.

a. Die Büchse. Zunächst ist die Büchse (Moosbüchse, Kapsel, theca, sporangium) selbst von mannigfaltiger Form: kugelrund (bei Bartramia), birnförmig (z. B. bei Bryum), eiförmig, elliptisch, oder walzenförmig u. s. w.; prismatisch 4—6kantig (bei mehreren Arten Polytrichum). Sie sitzt auf dem Fruchtstiel bald gerade-aufrecht, bald geneigt (Fig. 6), oder dieser ist bogig- oder an seiner Spitze hakig-gekrümmt, und die Frucht wird dadurch nickend oder hängend. Sie krümmt zur Zeit ihrer Reife sich oft auch selbst (Fig. 6B), z. B. bei den meisten Arten von Dicranum und Hypnum .Unsymmetrisch heißt sie, wenn eine Seite (der

Rücken) stärker gewölbt ist, als die andere. Meist ist sie glatt, aber bei vielen Moosen gestreift und dann im trockenen Zustande gefurcht (z. B. bei fast allen Arten Orthotrichum). Im trockenen Zustande findet unter der Mündung oft auch eine Einschnürung statt (meist bei Orthotrichum, Hypnum u. a.), oder die Mündung der Büchse verengert sich, wird wohl auch ganz zusammengezogen geschlossen, bei wieder anderen Moosen kreisel= oder trichterartig erweitert.

b. Der Hals. Die Büchse sitzt nicht immer unmittelbar auf dem Fruchtstiel (Fig. 6 Bb), sondern geht oft durch eine hals=, scheiben= oder geschwulstartige Erweiterung in ihn über, wodurch die Büchse eine Birn=, Keulenform u. s. w. erhält (z. B. Fig. 35 bis 55). Dieses Uebergangsglied zum Fruchtstiele, der Hals (collum), ist übrigens bei Angabe von Form und Größe der Büchse stets mit einbegriffen. Bei einigen Gattungen schwillt er (meist zur Zeit der Fruchtreife) so bedeutend an, daß er die Büchse an Dicke und Länge doppelt und dreifach übertrifft; er ist dann wohl auch anders gefärbt als die Büchse, meist roth oder violettbraun, und man nennt ihn dann Ansatz, Apophyse (apophysis), z. B. bei den Splachnaceen (Fig. 74). Bei einigen nordischen Arten (Spl. rubrum und luteum) in Schweden erreicht dieser Ansatz sogar die Form eines ausgespannten Schirmes, dem die Büchse nur als kleine Schirmspitze aufsitzt.

c. Der Deckel. Während Hals oder Ansatz der untere Theil — Uebergangstheil in den Fruchtstiel — der Büchse ist, wird diese oberhalb von dem Deckel (aperculum) (Fig. 6, Ab) gekrönt. Derselbe ist meist schön gefärbt: gelb, roth, orange, oft noch mit grell gefärbtem Saume (so ist der Deckel von Funaria hygrometica orangegelb mit rothem Saume); er ist kegelförmig, oder flach=, oder hochgewölbt. Bei sehr vielen Moosen ist er auch überaus nett geschnäbelt, d. h. aus seiner Mitte erhebt sich ein grader oder schiefer, kurzer oder langer, oft gebogener pfriemlicher Schnabel (rostrum); oder die Erhebung der Mitte des Deckels hat nur die Gestalt eines kurzen Kegels, Nabels oder einer Brustwarze, und der Deckel heißt dann nicht geschnäbelt, sondern genabelt, zitzenförmig, gespitzt u. s. w.

Solcher Deckel findet sich bei allen Laubmoosen, außer bei den Cleistocarpeen, deren winzige (meist fast stiellose) Büchse allseitig (kugelig) geschlossen und an der Stelle des Deckels nur mit einem untrennbar eingewachsenen Spitzchen oder Wärzchen gekrönt ist. Erst durch Verwitterung der Büchse werden da die Sporen frei.

d. Die Haube. Ist die Büchse vollständig reif, so fällt zunächst die Haube ab, die bisher an ihrer Spitze mit der Deckelspitze verwachsen war. Wir erkennen in ihr das frühere Scheidchen kaum wieder! Sie hat vielfach charakteristische Formen angenommen. Durch das Schwellen der Büchse ist sie allseitig mit ausgedehnt und pickelhauben- und glockenförmig geworden; oft auch ist sie am Saume dann vielfach eingeschlitzt, gelappt oder gefranzt (so bei Encalypta (Fig. 56, 57) und Campylopus). Meist aber ist sie zugleich seitlich der Länge nach aufgeplatzt und hat dadurch sogenannte „Kaputzenform" (Fig. 6 Ac) erhalten. Eine eigenthümliche Erscheinung ist noch bei einigen Gattungen die Haarbekleidung der Haube; so ist bei dem Filzhutmoose (Polytrichum) die Haube so reich mit rostbräunlichen Haaren besetzt, daß sie als dichte Filzbekleidung bis unter die Büchse herabfließen und diese meist ganz verdecken (Fig. 36). Auch die reizende Pickelhaube der Arten von Orthotrichum (Fig. 58, 59) ist mehr oder minder reichlich mit einzelnen goldgelben oder goldbraunen Härchen besetzt.

e. Der Mundbesatz (Peristom). Ist nächst der Haube auch der Deckel von der Büchse abgefallen, welches Wunder thut sich dann uns aber auf! Die entdeckelte Büchse zeigt uns an ihrem Saum (dem Büchsenmund, stoma) den zierlichsten zackig- oder zinkigkronenartigen Mundbesatz (das Peristom) (Fig. 6Ba), dessen zarten Bau freilich erst die Lupe oder das Mikroskop ganz offenbart. Es ist derjenige Theil der Frucht, auf welchem vorwiegend die Eintheilung der Laubmoose beruht; er ist bei fast allen Gattungen überaus verschieden gebildet. Nur wenigen fehlt er gänzlich.

Er besteht aus 4,[*]) 8, 16, 32 oder 64 Zähnen, welche kronenartig geordnet entweder gleichmäßig nebeneinander, oder paarig

---

[*]) Ein bloß 4zähniger Mundbesatz findet sich einzig bei der ziemlich seltenen Gattung Tetraphis (Fig. 60).

je 2 oder je 4 einander genähert stehen und in letzteren Fällen an
ihrem Grunde je mit einander verwachsen sind. Diese Zähne sind
lanzettlich, fädig, oder zungenförmig; ihre Farbe ist blaß, gelb, braun,
feuerroth oder purpurn. Aber welche Mannigfaltigkeit der Spaltung
und künstlerischen Ausgestaltung! Sie sind nämlich entweder ganz
(z. B. Fig. 9, 10, 11), oder sind mehr oder minder schenkelig
gespalten (z. B. Fig. 12, 13, 14, 15), oder bis auf den Grund
getheilt, aber hinauf oft an einzelnen Stellen verwachsen geblieben,
so daß solch Zähnchen längslöcherig oder -ritzig aussieht (Fig. 8);
oft sind sie auch mehrschenkelig gespalten, dabei aber stufig noch
verwachsen, wodurch die Form eines Gitters oder vielmehr eines
Spitzbogenfensters zu Stande kommt. Bei Barbula (Fig. 11)
ist's eine maschige Cylinderhaut, auf der sich lange Fadenzähne
lockenförmig emporwinden. Die Oberfläche der Zähne ist bald
glatt, bald mit querbalkigen Hervorragungen versehen (Fig. 7, stark
vergrößert), bald mit geschlängelter dunkeler Rückenlinie oder fein
gestrichelter Zeichnung.

Ihrem Stoffe nach sind sie fest, hornig, zum größten Theile
äußerst hygroskopisch, so daß sie sich feucht kuppelartig zusammenneigen, trocken wieder nach außen krümmen. In ihrem anatomischen
Bau bestehen sie aus mannigfach verwachsenen und getrennten Zellenreihen, durch deren stellenweise verdickte Wandungen die querbalkigen
Hervorragungen gebildet werden. — An und für sich ist der ganze
Mundbesatz nichts weiter als Anhängsel der Büchsenhaut, welche sich
unter dem Deckel in solche zinkigen Zellenreihen fortsetzte.

Aber nicht genug an dem einfachen Mundbesatz. Schneiden
wir den Büchsenmund (Fig. 16) etwa einer Art von Hypnum
einmal fein ab, schneiden von dem dadurch erhaltenen Ringe ein
Stück los und bringen es angefeuchtet unter die Lupe oder das
Mikroskop, so freuen wir uns zunächst des zähnigen Mundbesatzes,
welcher aus gelben, rothen oder braunen, lanzettlichen, querbalkig
verzierten Zähnen besteht. Plötzlich aber bemerken wir dahinter, abwechselnd mit diesen Zähnen, noch äußerst zarthäutige, fast wasserhelle, längsdurchbrochene Zähnchen und zwischen zweien derselben
meist je 3 knotig-gegliederte Wimperfäden. Es ist dies der sogenannte innere Mundbesatz (inneres Peristom) (Fig. 8, 16

bis 18), dessen Theile „Fortsätze" (oder Zähne) heißen, die knotiggegliederten Fäden aber „Wimpern" (Fig. 8). Nicht alle Moose freilich haben solch doppelten Mundbesatz. — Dieser innere Mundbesatz ist gleichfalls sehr verschieden: durch die Form der Zähne, durch das Fehlen der Wimpern, durch Färbung oder Durchsichtigkeit; als Eigenthümlichkeit hat er aber immer die häutige Zartheit. Zuweilen (am schönsten bei Fontinalis antipyretica Fig. 17) bildet der ganze innere Mundbesatz gar eine zusammenhängende derbere, blutrothe Kuppel, welche sieb=gitterartig durchbrochen ist; bei Buxbaumia einen zarten, zusammenhängenden Kegel, der 16fach längsgefaltet ist.

f. **Der Ring.** Am Büchsensaum, und zwar außen am Grunde des Mundbesatzes findet sich endlich noch eine einfache oder mehrfache, oft sehr lockere Zellenreihe: der sogenannte Ring (annulus), welcher sich nach der Reife meist lockig abwindet. Ein so sicheres Merkmal er für viele Moose abgiebt, ist er doch wegen seiner mikroskopischen Kleinheit in den analytischen Bestimmungstabellen dieses Buches nicht in Betracht gezogen. Er wird dem mikroskopischen Beobachter aber von selbst hie und da auffallen.

g. **Das Mittelsäulchen und das Zwergfell.** Wollen wir nun in das Innere des Sporensackes selber gelangen, so ist der Blick dahin bei mehreren Moosen immer noch verschlossen. Der Fruchtstiel setzt sich nämlich in der Büchse selbst als feines Mittelsäulchen (columella) fort. Dieses war an seiner Spitze mit dem Deckel anfangs verwachsen; nach Abwerfung des Deckels ragt es zuweilen (z. B. bei Climacium) über den Mundbesatz augenfällig hervor, in anderen Fällen ist es verkürzt, und in noch anderen Fällen suchen wir es ganz vergeblich, indem es bei der Bildung der Sporenmasse völlig aufgelöst ist. Bei einigen Gattungen endlich ist es an seiner Spitze kopfig=verdickt, oder scheiben= oder trommelfellartig erweitert und verschließt so die Mündung der Büchse; solch trommelfellartiges (weißes oder blasses, mit den bloßen Augen gleich erkennbares) Häutchen heißt das Zwergfell (epiphragma), es findet sich bezeichnend bei Polytrichum und Catharinea, auch bei dem winzigen Hymenostomum, dessen Büchsenmündung zugleich durch Zusammenziehung ganz geschlossen ist.

h. **Die Sporenbildung.** In dem Sporensacke — welcher der inneren Büchsenwand anliegt und sich leicht herausheben läßt — liegen die Sporen als olivengrüne oder braune oder gelbe Staubmasse in unendlicher Anzahl. Ihre Entstehung fand den allgemeinen Gesetzen der Tochterzellenbildung gemäß statt. Nämlich die chlorophyllhaltige Parenchymschicht, welche den Sporensackschichten anlag, begann beim Schwellen der Büchse den körnigen Inhalt ihrer einzelnen Zellen in je 4 und mehr Partien zu theilen, die sich zu neuen Zellen ausbildeten, wobei die Mutterzellen aufgelöst wurden. Die Tochterzellen vermehrten durch Theilung der Zellenkerne sich wiederum und wurden so die Mutterzellen der Sporen, deren meist 4 in jeder derselben sich bildeten und die sich nun mit einer Proteïnhaut umkleideten. Bei der Reifung der Sporen verschwanden die Mutterzellen völlig, und die Sporen lagen nun trocken, locker und frei, um durch Wind und Wetter ausgeschüttelt zu werden. Die Büchse verwittert. Der letzte Entwickelungsgang ist zu Ende!

Das Bestimmen der Moose und die Moossammlung.

Ueber den Gebrauch der Bestimmungstabellen dieses Buches ist kaum etwas zu sagen, da sich derselbe schon bei nur oberflächlichem Einblick von selbst ergiebt. In den „Tabellen zum Bestimmen der Gattungen" fallen bei jeder Nummer zwei gegen einander gehaltene Sätze auf, welche verglichen werden wollen; man sehe nun zu, welcher der beiden Sätze auf das gerade zu bestimmende Moos passe. Man fange, bis man einige Uebersicht hat, stets mit den Sätzen unter Nr. 1 an. Die Nummer, welche dem passenden Satze hinten angefügt ist, suche man dann auf und vergleiche auch deren beide Sätze — und fahre so fort, bis man auf einen Satz stößt, dem keine Zahl, sondern ein (nicht eingeklammerter) lateinischer Name hinten angefügt ist. Es ist der Name der Gattung des bezüglichen Moos. Diese suche man in den „Tabellen zum Bestimmen der Arten". Da verfahre man ebenso mit den Sätzen, und man wird endlich auf die Art des bezüglichen Moos selbst kommen.

Für den Anfang wird man sich vielleicht etwas mühsam durch die Sätze hindurcharbeiten müssen, bald aber wird man den klaren Ueberblick haben, die ersten Nummern überspringen können und in kürzester Zeit ein Moos bestimmen, vor Allem wenn man erst einige Kenntniß von der Tracht der einzelnen Gruppen hat.*)

*) Die in Zeichnungen beigegebenen typischen Formen der hauptsächlichsten Gattungen werden vor Allem dazu beitragen.

Um aber mit Sicherheit bestimmen zu können, muß man beim Einsammeln darauf sehen, ein betreffendes Moos so vollständig als möglich zu gewinnen, also das ganze Moosstämmchen, Fruchtstiel, Büchse mit Deckel, Haube und Mundbesatz. Obgleich in den Tabellen auf den Mundbesatz so wenig als möglich Rücksicht genommen ist, wird es beim Bestimmen zuweilen mindestens erleichternd sein, ihn auch zu haben. Freilich, nachdem man die Tracht einiger Gruppen kennt, wird man oft schon nach dem bloßen Moosstämmchen ein Moos bestimmen können, oder doch ohne die Haube oder ohne den Deckel; es werden jene Theile indeß für den Anfänger meistens unentbehrlich sein. Hat man diese Theile aber alle zur Hand, so gehe man getrost ans Werk und genieße die Freude, eine Pflanze selber bestimmt zu haben. Jedes Moos, das man so durch eigene Mühe kennen gelernt hat, kommt uns nicht nur zur volleren Kenntniß, sondern erleichtert auch das Bestimmen wieder anderer Moose, wovon man gar bald sich überzeugen wird.

Doch jene für das sichere Bestimmen unentbehrlich genannten Theile gehören in den Entwickelungsgang des Pflänzchens und sind darum nicht immer alle zugleich anzutreffen, obschon sie zuweilen lange beisammen vorhanden bleiben, länger als die Blüthentheile einer phanerogamen Pflanze. Man muß darum die Ausflüge vor Allem zur Reifungszeit*) der Moosfrüchte vornehmen, in der Zeit vom Aufthauen des Schnee bis weit in den Frühling hinein, dann wieder in der Zeit des Herbstes bis in den Winter. Freilich reifen viele auch mitten im Sommer (besonders auf Sümpfen, so die Torfmoose im Juli, August, sodann in Gebirgen), aber die Mehrzahl in der Zeit, wo die phanerogamen Pflanzen noch nicht vorkommen oder schon wieder vergangen sind. Für den Botaniker,

---

*) Die in den Artentabellen bei jeder Moosart (am Schluß ihrer Beschreibung) angegebene Zeit — Monat oder Jahreszeit — soll besagen, daß dann die Büchse bestens ausgebildet, reif ist; die Zeit der Reifung macht aber ein oft bedeutsames Merkmal der betreffenden Art aus. Das Moos selbst ist allerdings auch außer dieser Zeit vorhanden, zeigt meist auch noch vorjährige, zwar abgestorbene aber für das Bestimmen doch oft noch genugsam deutliche Büchsen.

welcher Moose sammelt, giebt es darum keine Zeit im ganzen Jahre, in der er nicht botanische Ausflüge vornehmen könnte.*) — Manche Moosarten wiederum fruchten nicht überall, ja selbst bei einigen ganz gemein vorkommenden Arten sind Früchte sehr selten. Man lasse sich da die Mühe nicht verdrießen, an verschiedensten Orten auch nach Früchten zu suchen.

Die Art und Weise des Einsammelns ist äußerst einfach und bequem. In beliebiger Weise mag man die Moosrasen, nachdem sie von anhangender Erde möglichst gereinigt sind, zusammendrücken und in die Botanisirtrommel legen, sie auch wohl in Papier gewickelt in die Tasche stecken. Das gilt wenigstens für die meisten Fälle, besonders bei den größern Arten, zumal wenn die Büchse schon die Haube verloren hat und mit dem Deckel noch fest verschlossen ist. Anders freilich ist mit solchen zu verfahren, welche wir mit etwas Erdunterlage ausheben müssen, damit der aus einfachen Stämmchen bestehende Rasen nicht auseinanderfalle; bei wieder anderen würde durch rohe Behandlungsweise die lose Mooshaube leicht abfallen oder der Mundbesatz beschädigt werden. Daher hat der Bryologe auf seinen Ausflügen sich am besten mit einer Sammelmappe zu versehen, welche etwa folgendermaßen beschaffen ist. Man nimmt einen leichten Stoß weichen Papiers, die einzelnen Lagen in Halbbogengröße, schließt ihn zwischen zwei Holz- oder Pappdeckel und bindet das Ganze zu einem tragbaren Packet zusammen. Zwischen die einzelnen Papierlagen legt man dann die betreffenden Moose.

Die gesammelten und bestimmt wordenen Moose wollen nun für die Moossammlung bestens behandelt werden. Es gelte da der Grundsatz: wissenschaftlich genau und künstlerisch schön! Gerade bei den Moosen läßt sich das indessen so leicht ausführen. Zunächst feuchtet man daheim die eingesammelten Moose, wenn sie trocken geworden sein sollten, etwas an oder legt sie geradezu in Wasser, wodurch selbst jahrelang schon aufbewahrte rasch ihre

---

*) Für eine geordnete Eintragung von Bemerkungen über Standorte, Fundzeit u. s. w. empfiehlt sich das dazu bestimmte „Bryologische Notizbuch, zum praktischen Gebrauche zusammengestellt von Dr. P. G. Lorenz, Stuttgart bei Schweizerbart. 2,25 M."

natürliche Form und Frische wieder gewinnen; außerdem reinigt man sie von anhängender Erde, auf der sie gewachsen und drückt dann das überflüssige Wasser sanft aus. Möglichst große Rasen, welche den ganzen Wuchs und die Weise der Verzweigung aufzeigen, presse man schließlich, nachdem man sie gelockert und dünn ausgebreitet, unter ja nicht allzu starkem Druck zwischen weichem Fließpapier.*) Werden sie nach einigen Stunden zwischen anderes trockenes Fließpapier gelegt und nach wieder einigen Stunden vielleicht nochmals, so sind sie schon nach einem bis zwei Tagen völlig trocken und für die Moossammlung fertig. Nun klebt man mit „flüssigem Leim" oder einer Mischung von Gummiarabicum und etwas Zucker die gepreßten Exemplare auf festes weißes Papier, und zwar mit rechter Sorgfalt. Am geeignetsten sind einzelne Blätter in Quartformat, auf jedes derselben bringe man aber nicht mehr als eine bis vier Moosarten, je nach deren Größe, und schreibe Namen, Fundort und Fundzeit unter eine jede derselben. Da die aufgelegten Moose immerhin ein wenig auftragen, möge man auf die einzelnen Blätter noch einen braunen oder röthlichen, etwa 1—2 cm breiten Papierrahmen kleben, wodurch sich die Moose malerischer, wahrhaft bildartig ausnehmen. Die einzelnen Blätter werden dann nach Gruppen und Gattungen geordnet in einer Mappe aufbewahrt. Es ist solche Moossammlung ein ganz reizendes Album.

Für die Sammlung ist aber recht vollständig zu Werke zu gehen. Man begnüge sich nicht, ein Moos bloß in einem Entwickelungsstadium zu haben. Daher suche man es zur Zeit der Reife vor der Entdeckelung der Frucht, um diese mit Deckel und Haube zu besitzen; sodann sammele man es wieder, sobald nach der Entdeckelung der Mundbesatz frei geworden ist. Sollten von einer Art Fruchtrasen durchaus nicht zu erlangen sein, so wird solches

---

*) Aufrechte akrokarpische Moosrasen oder Polster werden durch senkrechte Theilung mehrfach zerlegt, bei mit der Erde sehr verwachsenen sogar mit dem Messer in solche Schnitte, welche die seitlich nebeneinanderstehenden und oft nur locker verbundenen Stämmchen gereihet darlegen und stark gepreßt werden können, was besonders bei großblättrigen Arten (z. B. Mnium) sich empfiehlt, damit die Blätter flach gepreßt werden.

Moos freilich dennoch eingelegt, da meist auch schon die Stämmchen, Gezweige und Blätter eine betreffende Art hinlänglich darthun, ja manche Arten durch diese vegetativen Theile sowohl wissenschaftlich wie sichtlich am besten sich kennzeichnen. — In Mußestunden wird man die Sammlung weiter vervollständigen können, indem man mit Lupe und Mikroskop das Blatt, die Blattzellen und den Mundbesatz vergrößert hinzuzeichnet.

Da es unter den Moosen gar viele Seltenheiten giebt, oder solche, welche wenigstens sehr selten fruchten, so ist zu rathen, nebenbei noch eine Sammlung anzulegen, in welcher man die einzelnen Moose massenhafter in passenden Umschlägen aufbewahrt, um für das Studium sowie zum Austausch hinreichenden Vorrath zu besitzen.

Ausflüge.

Der Anfänger in der Mooskunde beherzige, daß Botanisiren nicht ein Suchen auf gut Glück ist und erst gelernt sein will, Moose zu finden. Die beste Anleitung dazu wäre die zeitweilige Begleitung eines geübten Mooskenners (Bryologen), welcher auf die besonderen Boden-, Schatten- und Feuchtigkeitsverhältnisse achten lehrt, von welchen das Vorkommen dieser und jener Moose abhängig ist. Man würde dann bald überrascht werden von der reichen Mannigfaltigkeit der Moosflora an scheinbar unbedeutenden Standorten, wo begünstigende Umstände zusammentreffen. Man muß eben vor Allem die Lieblingsplätze der Moose mit raschem Blicke würdigen lernen. Einige Andeutungen mögen genügen.

Sumpfige Wiesen und vor allem Torfmoore wollen aufgesucht und sowohl an ihrem Rande durchforscht, als auch betreten werden. Nicht nur, daß hier die Torfmoose (Sphagneen) in bester Auswahl oft weithin Alles überkleiden, abwechselnd mit den fahlgelben Rasen des Sumpfmoos (Aulacomnium palustre); es wachsen überall hier zwischen den Rieten und Gräsern auch mannigfachste fiederzweigige Hypneen, Birnmoose und andere zum Theil seltene Sachen, welche freilich mit achtsamem Blick entdeckt werden wollen. Wo auf einem Sumpfe die Torfmoose fehlen, ist der Boden als kalkhaltig (wenig sauer) zu beurtheilen; daselbst können wir sicher sein, wieder ganz andere Hypneen u. s. w. zu finden. Auch haben schattige Waldsümpfe, ferner die Hochmoore der Gebirge ihre besondere Moosflora.

In und an Gewässern, und zwar an darin überfluthetem oder bespültem Gestein und Holzwerk, etwa an kleinen Brücken und Mühlwehren suche man eifrig nach Hypneen, Fontinaleen u. s. w. Wie jedes solcher kleinen Gewässer als landschaftliches Kleinbildchen eigenen Charakter hat, so waltet hier auch eine oft in kurzen Strecken wechselnde Kleinwelt der Moose, deren Besonderheit man bald mit sicherem Auge wird beurtheilen lernen.

Im freien Felde beachte man vor Allem die (lehmigen) Aecker und Wegränder, feuchte Ausstiche, aufgeworfene trockene oder feuchte Gräben, deren Saum oft von mannigfaltigen, besonders kleineren Moosen, Pottien, Physcomitrien, Phascaceen besetzt ist. Auch die Feldbäume, zumal alte, feucht stehende Weiden und Pappeln möge man niemals unberücksichtigt lassen.

Im Walde sind es eines Theils die Bäume, welche Aufmerksamkeit verdienen. Ihren Grund finden wir meist pelzartig bemoost, und oft sind da verschiedenartigste Hypneen durcheinander gewoben; weiter hinauf sind sie besonders mit Orthotrichen besetzt. Andern Theils will der Waldboden genau durchsucht sein, besonders an trockenen Waldgräben oder feuchten Hohlwegen möge man niemals achtlos vorübergehen. Dikraneen, Trichostomeen, Weisiaceen, Polytrichen, Sternmoose u. s. w. haben sich hier oft in üppigster Weise angesiedelt, wieder durchzogen von verschiedenen Hypneen. Ja, kaum eine Oertlichkeit ist so reich mit Moosen bedacht als solche günstige Waldstelle. Auch unter dem Gebüsch besichtige man die Bodenbekleidung, ebenso wollen moosbekleidete morsche Baumstümpfe und verwitterte Waldzäune einer genauen Prüfung unterzogen sein.

Gestein und Gemäuer, zumal in feuchter Lage, sind die Heimstätte gar vieler ganz andrer Moose und daher nirgends unberücksichtigt zu lassen. Das gilt ebenso von den Ziegel- und Strohdächern, welche auf der Nordseite oft dicht von Moosen bewachsen sind, unter denen man hie und da sogar manche Seltenheit entdecken wird. Vor Allem aber im Gebirge muß jegliches Felsgestein sorgfältig abgesucht werden; auch die erdigen Felsspalten und feuchten Vertiefungen sind von artigsten Moosen bewohnt. Wo gar eine felsige nasse Schlucht oder quelliges Gestein sich findet oder eine Felswand, an welcher das Wasser herabsickert oder auch mächtig herabstürzt, da können wir stets sicher sein, gar manches besondere Moos einzusammeln. Anderseits das nackteste und sonnigste Felsgestein, Felswände und Blöcke in den Thälern, sowie auf den frostigsten alpinen Höhen sehen wir noch moosig bewachsen, und zwar mit den meist düstergrünen polster- oder kissenförmigen Grimmien, Rakomitrien, Orthotrichen und Anbräen. — Auch die **Gesteinsformation** will beachtet sein. Vor Allem gebüschiger oder sonniger Kalkboden, sowie Kalkgestein versammelt oft eine Fülle ganz eigenartiger Moose, welche wir anderwärts kaum antreffen. In reicher Mischung wohnen da an günstigen Stellen nahe bei einander ganz besonders Barbula tortuosa, Trichostomum flexicaule, Hylocomium chrysophyllum, Hypnum rugosum, H. molluscum, Seligerien und manches andere seltene kalkholde oder kalkstete Moos.

Freilich nur Andeutungen sind das. Aber dem richtigen Botaniker werden sie doch einigermaßen genügen, sie sagen ihm wenigstens, wohin er beim Botanisiren sich vornehmlich zu wenden habe. Die eigene Erfahrung wird bald die bessere Lehrerin werden.

Der Anfänger, welcher noch kein einziges Moos kennt, möge auf seinen ersten bryologischen Ausflügen zuförderst die nun folgende Bestimmungstabelle benutzen, in welcher besonders nach den Standorten nur die allergemeinsten oder doch überall sehr häufigen Moose geordnet sind, welche man somit schon nach wenigen Ausflügen zum größeren Theil eingesammelt und ganz bequem kennen gelernt haben wird. Wer solche sodann in den Gattungs- und Arten-Tabellen dieses Buches aufschlägt und da achtsam verfolgt, wird dadurch auch diese ausführlichen Tabellen bald mit Leichtigkeit beherrschen und jedes fernerhin gefundene Moos in denselben rasch und sicher zu bestimmen im Stande sein.

Bestimmungstabelle für Anfänger,

nach den Standorten, nur die gemeinsten oder häufigen Moose enthaltend.*)

I. **Schlaf-, Fieder-** oder **Astmoose** (d. h. Hauptstengel kriechend, mehr oder minder reich gefiederte Zweige aussendend; daher stets verzweigt zusammenhängende Rasen. Aus den Astwinkeln fruchtend).

1. An Gestein und Gemäuer oder an alten Bäumen
(an deren Grunde oder höher hinauf).

A. Zweige flach (in Folge 2zeiliger Blattstellung):
  a. Blätter zungenförmig:
    α. Blätter mit starker Mittelrippe. Homalia trichomanoides.
    β. — ohne Mittelrippe. Gatt. Neckera.
  b. — zugespitzt:
    α. Blätter mit Mittelrippe. Brachythecium Rutabulum.
    β. — ohne Mittelrippe. Gatt. Plagiothecium.
B. Zweige gerundet:
  a. Zweige mit hakig gekrümmter Spitze:
    Blätter längsfaltig. Hypnum uncinatum.
    — glatt. H. cupressiforme.
      Anm. In Größe, Lagerung, Form und Färbung sehr abartend.
  b. — mit gerader Spitze:
    α. Rasen und Blätter völlig glanzlos. Blattzellen durchweg klein-quadratisch:
      1. Zweige regelmäßig gefiedert. Gatt. Thuidium.
      2. — unregelmäßig, meist gabelig verzweigt:
        † Zweige mit meist etwas verdickter Spitze, derb. Fruchtstiel gelb. Gatt. Anomodon.
        †† Zweige gleichmäßig, Blätter sehr klein. Fruchtstiel roth:
          * Früchte aufrecht und gerade. Leskea polycarpa.
          ** — etwas gekrümmt. Blattzellen gestreckt. Gatt. Amblystegium (serpens).

---

*) Wer in bequemerer Weise als durch eigenes Bestimmen eine erste Kenntniß der häufigeren Moose erlangen will, sei auf die von mir herausgegebenen Moossammlungen verwiesen, welche den Zweck haben, dem Anfänger in jeder Beziehung eine hinreichende Hülfe zu sein: I. Reihe 100 Arten (häufigst vorkommende) zu 10 Mk.; II. und III. Reihe jede mit 50 weniger häufigen Arten zu je 5 Mk. Vom Verfasser dieses Werkes selbst zu beziehen.

β. Rasen und Blätter mehr oder minder glänzend. Blattzellen gestreckt:
1. Rasen kaum glänzend, sehr derb und ansehnlich, dunkelgrün (trocken oft fast schwarzgrün); Zweige gebogen. Blätter rippenlos, längsfaltig, anliegend, aber feucht rasch sparrig abstehend. Früchte sehr selten. Besonders gern aufwärts an alten Eichen. Leucodon sciuroides.
2. — mehr oder minder glänzend. Blätter mit Mittelrippe:
† Rasen stark glänzend. Zweige anliegend-kriechend, oft guirlandenartig, stets **schön gefiedert**. Frucht aufrecht und gerade. Homalothecium sericeum.
†† Rasen meist minder glänzend. Frucht meist geneigt und etwas gekrümmt:
   * Zweige mit glattknospig geschlossener und dünner Spitze. Blätter bauchig gedunsen, blaßgrün. Isothecium myurum.
  ** — mit gelöster Spitze. Blätter ziemlich flach:
    | Blattrippe fehlt. Stengel und Zweige sehr verlängert, fadenförmig, platte, herabfließende Rasen bildend. Hypnum cupressiforme, var. filiforme.
    || — vorhanden:
      ⊙ Rasen sehr zart. Früchte sehr schlank (ziemlich vier- bis achtmal so l. als br.), wenig geneigt. Amblystegium serpens.
      ⊙⊙ Rasen mehr oder minder derb. Früchte nur zwei- bis dreimal so l. als br., fast wagerecht; Fruchtstiel warzig-rauh:
        ○ Fruchtstiel nur abwärts warzig. Blattrippe stark und durchlaufend. Büchse zierlich, kaum stark geneigt. Brachythecium populeum.
        ○○ — durchweg warzig. Blattrippe über der Mitte verschwindend. Büchse derb, fast wagerecht:
          Rasen zart. Blätter lanzettlich, fein. Brach. velutinum.
          — derb. Blätter ei-lanzettlich, etwas längsfaltig. Brach. Rutabulum.

2. Unter Wasser (in Teichen oder Bächen) **oder vom Wasser bespült** (an Mühlwehren, Wasserfällen u. s. w.).

A. Blätter locker gestellt, 3zeilig, Zweigspitze daher auffällig 3kantig. Büchse ungestielt. Fontinalis antipyretica.

B. — nicht 3zeilig:
  a. Blattspitze und oft auch alle Blätter hakig gekrümmt:
    α. Blätter lang zugespitzt, elastisch. Hypnum (meist fluitans).
    β. — kurz gespitzt, trocken verschrumpfend. Limnobium (meist palustre).
  b. — und auch alle Blätter gerade. Zweige oft flachgedrückt:
    α. Büchse kurz=eiförmig. Deckel lang geschnäbelt. Rhynchostegium rusciforme.
    β. — lang gestreckt. Deckel kaum gespitzt. Gatt. Amblystegium.

3. Auf Wiesen und Waldboden.

A. Zweige flach oder doch etwas breitgedrückt:
Blätter mit Mittelrippe. Brachythecium Rutabulum.
— ohne Mittelrippe. Plagiothecium sylvaticum oder denticulatum.

B. — gerundet:
  a. Rasen und Blätter völlig glanzlos; Blattzellen alle klein=quadratisch:
    α. Blätter mit Glashaar. Racomitrium canescens.
    β. — ohne Glashaar:
      1. Zweige regelmäßig zwei= bis dreifach dicht gefiedert. Gatt. Thuidium.
      2. — unregelmäßig, meist nur gabelig verzweigt, kriechend. Leskea polyantha.
  b. Rasen mehr oder minder glänzend:
    α. Zweigspitzen hakig gebogen. Hypnum cupressiforme, bes. die Abart ericetorum.
    β. — gerade:
      1. Zweige dicht und zwei= bis dreifach gefiedert. Hylocomium splendens.
      2. — einfach gefiedert:
        † Zweigspitzen glattknospig geschlossen (Hypnum):
          * An nassen Orten. Stengelspitze lang und spitz. H. cuspidatum.
          ** An trockenen oder feuchten Orten. Stengelspitze stumpf:

○ Stengel grün (so durchscheinend durch die Beblätterung). H. purum.
○○ — rothbraun. H. Schreberi.
†† Zweigspitzen sparrig= oder pinselig=gelöst:
　* Zweigspitzen sternig= oder sparrig=köpfig Blätter ohne Mittel=
　　rippe. Gatt. Hylocomium.
　** — eher etwas verdünnt. Blätter mit Mittelrippe:
　　⊙ Bäumchenform, d. h. Stengel aufrecht, abwärts nackt, auf=
　　　wärts wipfelig verzweigt. Climacium dendroides.
　　⊙⊙ durchweg verzweigt:
　　　○ Blätter eben, Rippe fast durchlaufend. Deckel geschnäbelt.
　　　　Rhynchostegium praelongum, in Gebirgen noch häu=
　　　　figer in Wäldern Rh. Stockesii.
　　　○○ — etwas längsfaltig, Rippe kaum über die Blattmitte.
　　　　Deckel ohne Schnabel. (Brachythecium.)
　　　　• Rasen zart. Blätter fein, lanzettlich. Br. velu-
　　　　　tinum.
　　　　•• — derb. Blätter ansehnlicher, ei=lanzettlich. Br.
　　　　　Rutabulum.

4. Auf Sumpfwiesen und Torfmooren.

A. Bäumchenförmig (d. h. abwärts stammartig und aufwärts wipfelig verzweigt). Climacium dendroides.
B. Fiederig oder unregelmäßig verzweigt:
　a. Rasen völlig glanzlos, von braunem Wurzelfilz durchzogen, sehr ähnlich dem Thuidium abietinum. Thuidium Blandowii.
　b. — mehr oder minder glänzend:
　　α. Zweigspitzen hakig gebogen. Hypnum (meist fluitans oder aduncum).
　　β. — gerade:
　　　1. Zweigspitzen glattknospig geschlossen:
　　　　† Kaum etwas gefiedert:
　　　　　Zweige fadenförmig, aufsteigend, kaum bis 1 mm dick.
　　　　　Hypnum stramineum.
　　　　　— gedunsen, einige mm dick. H. cordifolium.
　　　　†† Auffällig gefiedert:
　　　　　* Zweigspitzen etwa 5 mm l., steif, gerade, spitz. H. cuspidatum.
　　　　　** — kürzer, stumpf. H. Schreberi.

2. Zweigspitzen mit sternig gespreizten Blättern:
   † Blätter mit Mittelrippe. Hylocomium (stellatum oder polygamum).
   †† — ohne Mittelrippe. H. squarrosum.
3. Zweigspitzen mit pinselig gelösten, steifen, scharf gespitzten Blättern. Stengel bis in ihre Spitzen mit purpurbraunem Wurzelfilz. Camptothecium nitens.

5. An trockenen kurzgrasigen Abhängen oder Wegrändern.

A. Rasen völlig glanzlos. Zweige wedelartig gefiedert. Siehe die Gattung Thuidium (bef. abietinum).
B. — mehr oder minder glänzend:
  a. Zweigspitzen hakig gebogen. Hypnum cupressiforme.
  b. — gerade:
    α. Zweigspitzen knospenförmig, glatt geschlossen und stumpf. Hypnum Schreberi.
    β. — sternförmig, mit sparrig herabgeknickten Blättern. Hylocomium squarrosum.
    γ. — pinselig gelöst:
    Rasen rostgelb oder gelbgrün, abwärts stets schmutzig rostbraun. Blätter feucht federig abstehend. Camptothecium lutéscens.
    — bleichgrün. Zweige wegen der anliegenden Blätter schlangenartig gerundet, weich. Brachythecium albicans.

II. **Gipfelmoose** (d. h. die Stämmchen einfach oder nur gegabelt, aufrecht, gesondert, neben einander zu Rasen gedrängt. Aus ihren Gipfeln fruchtend).

1. An Steinen und Gemäuer.

A. Blätter in ein Glashaar auslaufend, daher die Räschen behaart:
  a. Büchse gestielt, daher die Hüllblätter weit überragend:
    α. Fruchtstiel gekrümmt, übergebogen. Grimmia pulvinata.
    β. — gerade aufrecht:
      1. Gipfelblätter sternig ausgebreitet, breit zungen=spatelförmig. Barbula muralis.
      2. — büschelig, schmal lanzettlich. Racomitrium canescens.
  b. Büchse stiellos, daher den Hüllblättern eingesenkt:
    1. Büchse mit rothem Mundbesatz. Rasen dunkelgrün. Schistidium apocarpum.

2. — ohne Mundbesatz. Rasen trocken grau- oder meergrün. Hedwigia ciliata.
B. Blätter ohne Glashaar:
  a. Räschen silber- oder weißgrün. Blätter dicht angedrückt, daher die Stämmchen schlangenrund. Bryum argenteum.
  b. — hell- oder dunkelgrün:
    1. Büchse aufrecht, auf geradem Fruchtstiel:
      † Haube glockig. Fruchtstiel einige mm lang. Haube nur zwei- bis dreimal so l. als br. Orthotrichum anomalum.
       — etwa sechsmal so l. als br. Encalypta vulgaris.
      †† — kapuzenförmig. Fruchtstiel 1—2 cm lang:
        * Büchse 1—2 mm lang. In Gebirgen.
          • Rasen abwärts (innen) ziegelroth. Trichostomum rubellum.
          •• — durchweg schmutzig-dunkelgrün. Tr. rigidulum.
          ••• — hellgrün. Barbula unguiculata.
        ** Büchse 4—8 mm l., oft etwas gekrümmt.
          • Blätter etwa 1 mm br. Barb. subulata.
          •• — fadendünn, trocken lockig gekräuselt. Nur auf Kalkboden. Barb. tortuosa.
    2. Büchse etwas geneigt, auf geradem Fruchtstiel. Ceratodon purpureus.
    3. Büchse hängend, auf mehr oder minder übergebogenem Fruchtstiel:
      † Büchse mit gebuckeltem Rücken. Fruchtstiel weit übergebogen. Funaria hygrometrica.
      †† — ebenmäßig. Fruchtstiel nur an der Spitze hakig gekrümmt.
        * Büchse glanzlos. Bryum caespiticium.
        ** — seidenglänzend. Leptobryum pyriforme.

2. An Bäumen.

A. Blätter mit Glashaar:
  a. Blätter spatel-zungenförmig, mit abgerundeter Spitze. Stets ohne Früchte. Barbula papillosa.
  b. — lanzettlich, zugespitzt. Stets mit Früchten. Orthotrichum diaphanum.

B. — ohne Glashaar:
- a. Blätter trocken wenig verbogen. Besonders an Feldbäumen:
  1. Büchse glatt. Orth. leiocarpum.
  2. — trocken längsfaltig:
     † Büchse fast stiellos, den Hüllblättern eingesenkt. Haube kaum etwas behaart. Orth. affine.
     †† — einige mm hoch gestielt. Haube stark behaart. Orth. speciosum.
- b. Blätter trocken lockig gekräuselt. Büchse mehrere mm bis 1 cm hoch gestielt. An Waldbäumen. Orth. coarctatum oder crispum.

3. Auf sehr nassen Wiesen, quelligen Orten und Sümpfen.

A. Bleichgrünliche, weichschlaffe, über fingerhohe Polster. Stengelgipfel mit sternköpfig gehäuften kurzen Aestchen:
- a. Gipfelzweige sehr gedunsen, stumpf, 1—3 mm dick. Sphagnum cymbifolium.
- b. — dünn, spitz. Sph. acutifolium.

B. Nicht so bleiche Färbung. Stengelgipfel einfach oder gabelzweigig:
- a. Blätter robust, wachholdernadelartig (steif, schwertförmig), mehrere mm bis 1 cm lang. Büchse kantig-prismatisch, mit filzhaariger Haube:
  1. Haube kaum über die halbe Büchse. Deckel kegelförmig zugespitzt. Polytrichum gracile.
  2. — die ganze Büchse deckend. Deckel pfriemlich geschnäbelt. Pol. commune.
- b. Blätter andersartig. Büchse abgerundet. Haube nackt:
  α. Blätter zurückgekrümmt, kurz, dicht, prachtgrün. Stengel aufrecht, boaförmig. Nicht zu häufig. Paludella squarrosa.
  β. — aufrecht abstehend:
    1. Stengel überaus schlank. Blätter kaum bis über 1 mm. Büchse kugelrund. Philonotis fontana.
    2. — nicht auffällig schlank. Büchse länglich:
       † Rasen weich, schwellend, gelb- oder fahlgrün. Blätter schmal. Büchse aufrecht. Aulacomnium palustre.
       †† — elastisch, braun- oder dunkelgrün. Blätter ei-lanzettlich. Büchse hängend, birnförmig. Bryum (meist triquetrum).

4. Auf Waldboden (besonders an Waldbäumen, Hohlwegen u. s. w.)
oder unter Gebüschen.

A. Rasen bis 1 dm h., derb und dicht, strohartig anzufühlen, weiß- oder graugrün. Leucobryum vulgare.
B. — grün, weich und locker:
   a. Stengelspitzen mit gestielten, grünen stecknadelkopfgroßen Staub- kügelchen. Aulacomnium androgynum.
   b. — — langgestielten Büchsen:
     α. Büchse nickend oder hängend (b. h. der Fruchtstiel ist ruthig oder an der Spitze hakig gebogen):
       † Fruchtstiel ruthenförmig übergebogen. Büchse birnenförmig, gestreift. Funaria hygrometrica.
      †† — mit nur hakig gekrümmter Spitze. Büchse nicht gestreift.
       * Büchse mit merklichem Halse. Blätter in eine feine Spitze ausgezogen. (Gatt. Bryum):
         ○ Blätter mit abgesetzter Glashaarspitze. Br. capillare.
         ○○ — ohne Glashaar.
           Büchse etwas gebuckelt. Br. crudum.
           — ebenmäßig. Br. nutans.
       ** Büchse ohne merklichen Hals, Blätter 1—3 mm br., stumpf oder lang zugespitzt. (Gattung Mnium):
         ○ Blätter völlig stumpf:
           Blätter zungenförmig (vier- bis achtmal so l. als br.). M. undulatum.
           — eiförmig (etwa kaum doppelt so l. als br.). M. punctatum.
         ○○ Blätter zugespitzt:
           Blätter ziemlich schmal lanz., etwa achtmal so l. als br. M. hornum.
           — breit, eiförmig, etwa dreimal so l. als br. M. cuspidatum.
    β. Büchse aufrecht (gerade oder gekrümmt, aber der Fruchtstiel ist nicht gebogen):
       † Stengel kurz, durch zweizeilige Blattstellung wedelartig-flach. Siehe Gattung Fissidens.
      †† Stengel allseitig beblättert:
       * Blätter glänzend, sichelförmig, einseitswendig:
         ○ Stengel mehrere cm hoch. Blätter ansehnlich (an ihrem Grunde fast 1 mm breit):

• Blätter glatt. Dicranum scoparium.
•• — wogig-gerunzelt. Dicranum undulatum.
OO Stengel kaum über 1 cm hoch. Blätter haarfein:
• Büchse etwas gekrümmt. Dicranella heteromalla.
•• — gerade und aufrecht. Gatt. Trichostomum.
** Blätter wenigstens trocken glanzlos, allseitig vertheilt:
O Fruchtstiel mit hakig gebogener Spitze, daher die Büchse nickend.*)
• Büchse eiförmig oder elliptisch. Siehe die Gattung Mnium.*)
•• — birnförmig. Siehe die Gattung Bryum (bes. nutans, capillare, crudum, caespiticium).
OO Fruchtstiel durchweg gerade. Büchse aufrecht oder nur geneigt:
• Büchse kantig-prismatisch. Haube filzig. Polytrichum formosum oder commune.
•• walzen- oder eiförmig:
| Büchse eiförmig, etwa 0,6 mm l. Blätter lanz.-pfriemlich, trocken, sehr kraus. Weisia viridula.
|| — schmal walzenförmig, völlig gerade, kaum 2 mm l. Mundbesatz 4zähnig. Tetraphis pellucida.
||| — walzenförmig, mehr oder minder gebogen, mindestens 3 cm l.:
Stämmchen über 1 cm hoch. Blätter mit welligkrausem Rande. Büchse gekrümmt. Deckel lang geschnäbelt. Catharinea undulata.
— kaum bis 1 cm hoch. Blätter glatt, gelbgrün. Büchse kaum etwas gekrümmt. Deckel kegelförmig. Barbula subulata.

5. Auf Haideboden (und in lichten Kieferwaldungen).
A. Blätter mit Glashaar, daher die Rasen behaart:
a. Stämmchen völlig einfach, starr. Büchse kantig. Haube filzig. Polytrichum piliferum.
b. — mit zahlreichen, meist stummelartig kurzen Aestchen. Blätter dicht, zurückgekrümmt, gelbgrün. Racomitrium canescens.
B. Blätter wehrlos:
a. Blätter sehr glänzend, sichelförmig, etwas einseitswendig. Stämmchen mehrere cm hoch. Dicranum scoparium.

---

*) Bei einigen hierher gehörenden Arten sind Früchte selten; dann ist die Gattung Mnium aber durch die palmenartigen, am Gipfel sehr breit- und großblätterigen Stengel genugsam auffällig.

b. — fast oder völlig glanzlos, eilanzettlich. Stämmchen nur wenige cm hoch. Büchse langgestielt, nickend. Bryum nutans.
C. Blätter gar nicht vorhanden. Büchse gestielt gleichsam aus der Erde wachsend, groß, verkehrt hufförmig. Nur stellenweise häufig. Buxbaumia aphylla.

6. Auf freien Plätzen (Wegrändern, kurzgrasigen Abhängen, Brachfeldern, Grabeland).
I. Büchse gestielt:
A. Büchse kantig-prismatisch. Haube filzig. Blätter steif und spitz. Siehe die Gattung Polytrichum.
B. — walzenförmig. Haube nackt:
  a. Blätter mit Glashaar:
    1. Blätter lanzettlich, schmal. Stämmchen mit vielen schopfig-kurzen Aestchen. Racomitrium canescens.
    2. — eiförmig, breit (1—2 mm br.), am Gipfel des Stengels rosettig. Barbula ruralis.
  b. Blätter haarlos:
    1. Rasen silbergrau (weißgrün). Bryum argenteum.
    2. — Rasen grün oder gelbgrün:
      α. Blätter pfriemlich, auch trocken straff und elastisch, etwas glänzend:
        † Blätter röthlich. Büchse gerade. Dicranella rufescens.
        †† — grün. Büchse etwas gekrümmt. Dicranella varia.
      β. Blätter lanzettlich oder eiförmig, trocken welk-verdreht:
        † Büchse kaum über doppelt so l. als br., ei- oder birnenförmig:
          * Fruchtstiel ruthenförmig übergebogen. Büchse gebuckelt. Mundbesatz vorhanden. Funaria hygrometrica.
          ** — gerade. Büchse ebenmäßig. Mundbesatz fehlt.
        ⊕ Büchse plump-birnenförmig. Deckel höchstens gespitzt:
          Haube über die ganze Büchse, seitlich geschlitzt. Funaria fascicularis.
          — kaum über die halbe Büchse. Physcomitrium pyriforme.

⊕⊕ Büchse eiförmig oder elliptisch. Deckel schief geschnäbelt. Pottia truncata.
†† Büchse viel länger als breit, walzenförmig:
Büchse etwas geneigt, trocken kantig. Ceratodon purpureus.
— völlig aufrecht, eben. Barbula unguiculata.
II. Büchse stiellos, den Hüllblättern eingesenkt:
a. Blätter pfriemlich, haarfein. Pleuridium subulatum.
b. — ei-lanzettlich, umschließen knospenartig die Büchse. Phascum cuspidatum.

I. Tabelle zum Bestimmen der Hauptgruppen.

1. Stämmchen sehr schlaff, 1—2 dm hoch, von Grund auf mit allseitig zerstreuten, am Gipfel viel kürzeren und sternköpfig-gehäuften Aestchen. [**Sphagneae**, Torfmoose.*) Nur die Gattung Sphagnum.] (Fig. 19.)
— mit einfachen Gipfeln. 2.

2. Frucht bei der Reife mit 4 Längsspalten aufspringend. [**Andreaeaceae**, Mohrenmoose.**) Nur die Gattung Andreaea.] (Fig. 20.)
— bleibt büchsenartig geschlossen und ist vor der Reife meist mit einem Deckel gekrönt, nach dessen Abwerfung sie eine offene Mündung hat, aus welcher die Sporen sich ausstreuen. [**Musci**, wahre Moose, Laubmoose.] 3.

---

*) Auf allen Sümpfen und Torfmooren reichlichst vorkommende, ganz eigenthümliche Moose. Dichte, schwammig-weiche, grünlich-, bläulich-, oder gelblich-bleiche Polstermassen, zuweilen bräunlich oder rosenroth angehaucht; Aeste am Stengelgipfel sternköpfig gehäuft, und da spriessen die kurzgestielten, aber ansehnlichen, kugelrunden braunen Früchte. Die Torfmoose meist nur auf tiefen Moorsümpfen fruchtend.

**) Nur an Felsen oder Felsblöcken vorkommende, ziemlich seltene Moose besonders der höheren Gebirge. Braun-, grün- oder tiefschwarze, starre Pölsterchen oder Räschen bildend; mit kurzgestielten, sehr kleinen braunschwarzen Früchten, welche fast stets reichlichst vorhanden sind.

3. Stämmchen einfach, oder nur gabelig-verzweigt.*)
Die Fruchtstiele sprießen aus den Stamm- oder
Astgipfeln. 4.

Verzweigung fiederästig.**) Die Fruchtstiele sprießen
aus den **Astwinkeln.** [**Pleurocarpi**, Astwinkel=
früchtler.] (Fig. 23—34.)

4. Früchte (meist ganz stiellos) aus der Spitze kurzer,
oft kaum hervortretender Seitensprossen. In Ge=
wässern***) (an Holz oder Steinen in Flüssen, Teichen
oder Brunnen) bis über fußlang hinfluthende, ansehn=
liche Moose. Genau dreizeilige Blattstellung.
[**Clonocarpi**, Seitensproßfrüchtler.] (Fig. 35.)

— (stiellos oder mehr oder minder lang gestielt) aus
den Gipfeln der Stämmchen oder der Seitenzweige.
Landmoose, nur in seltenen Ausnahmefällen unter

---

*) Hierher gehören auch einige Gattungen, bei denen eine so reiche Ver=
zweigung stattfindet, daß der Anfänger sie wohl für fiederästig halten könnte.
Solche fraglichen Moose sind aber zumeist durch Glashaar der Blätter
charakterisirt; alle mit Glashaar an den Blättern versehenen Moose sind des=
halb unter diesen ersten Satz zu rechnen, sind Gipfelfrüchtler. Auch sind deren
einzelne Stämmchen stets gesondert von einander (d. h. nicht mit einander ver=
wirrt), und wenngleich sie meist zu dichten Polstern oder Rasen massenhaft ver=
einigt sind, fallen sie als einzelne besondere Stämmchen doch auseinander, wenn
wir diese Polster oder Rasen lockern.

**) Diese fiederige Verzweigung ist zuweilen allerdings sehr unregelmäßig,
aber es sind diese Moose sowohl durch die astwinkelige Stellung der Fruchtstiele
als durch ihre kriechenden und verzweigt-zusammenhängenden Rasen
so sehr charakterisirt, daß man sie bald auf den ersten Blick kennt. Es gehören
hierher z. B. fast alle diejenigen Moose, welche den Grund alter Baumstämme
als „grüner Pelz" umkleiden.

***) Im Interesse der Anfänger sind alle unter Wasser wachsenden
Moose, auch die keine dreizeilige Blattstellung haben, in der Tabelle zum Be=
stimmen der Gattungen unter den clonocarpischen (II) mit aufgeführt. In
Wahrheit gehören aber dazu nur die Gattungen Fontinalis und Dichelyma,
welche von manchen Autoren übrigens auch zu den pleurocarpischen gezählt werden
und da die Familie der Fontinalaceen ausmachen.

Wasser. Nie dreizeilige Blattstellung. (Fig. 36 bis 78.) 5.

5. **Stämmchen zweizeilig-beblättert** (gewissermaßen ein farnartig einfach-gefiedertes Wedelchen darstellend). Die Fruchtstiele kommen aus kurzen (grund-, mittel- oder gipfelständigen) Sprossen oder Blattknospen. [**Entophyllocarpi**, Wedelblattfrüchtler.]*) (Fig. 21, 22.)

— **mehrzeilig-beblättert** (nie von flachwedelartigem Aussehen). Die Fruchtstiele kommen aus dem Gipfel der Stämmchen oder Zweige. [**Acrocarpi**, Gipfelfrüchtler.]**) (Fig. 36—78.)

---

*) Diese Moose, welche nur wenige Gattungen und Arten enthalten, gehören zumeist zu den etwas selteneren Bürgern der Mooswelt. Sie sind unverkennbar durch die überaus zierliche Wedelform der Stämmchen, welche etwa an ein einfach-gefiedertes Farnkraut erinnert, aber nur 0,2—0,4 cm lang wird. Der Anfänger verwechsele sie nicht mit der astwinkelfrüchtigen Gattung Plagiothecium, welche sich schon durch starken Glanz der Blätter, sowie durch zusammenhängende Verzweigung von ihnen unterscheidet.

**) Ueberall auf Waldboden, an Wegen, Gemäuer und Gestein. Sie bilden aus einzelnen, einfachen, aufrechten Stämmchen zusammengesetzte Rasen oder Polster, im Gegensatz zu den vielverzweigten, kriechenden „Astwinkelfrüchtigen".

II. Tabelle zum Bestimmen der Gattungen.

Musci, Wahre Moose, Laubmoose.

I. **Pleurocarpi**, **Astwinkelfrüchtler** oder **Fiedermoose**.

1.*) Büchse auf dem Fruchtstiele geneigt (mehr oder minder geneigt, oder nickend, oder hängend); oder sie ist gekrümmt, oder ist gebuckelt (z. B. Fig. 23—32). 2.

— aufrecht, außerdem gerade (nicht gekrümmt und symmetrisch) (z. B. Fig. 33, 34). 27.

2. Blattzellen durchweg quadratisch und klein. (Auch sind die hierher gehörigen Gattungen äußerlich sogleich an der völligen Glanzlosigkeit ihrer Blätter und Rasen zu erkennen.) 3.

— stets mehr oder minder gestreckt, mindestens doppelt so lang als breit. (Blätter und Rasen stets mehr oder minder glänzend, nie völlig glanzlos; nur in fraglichen Fällen möge man das Zellnetz als maßgebend untersuchen.) 7.

3. Stengel- und Zweigblätter gleich, Zweige meist überaus regulär-gefiedert (wedelartig), gelbgrün, freudiggrün, oder rostgelb. Blattrippe vorhanden oder fehlend. 4.

---

*) Da nicht immer Früchte angetroffen werden, manche Hypnaceen sogar sehr selten fruchten, habe ich Nr. 2—27 auch auf die Arten mit „aufrechter Büchse" verwiesen. Hat man also keine Früchte zum Bestimmen finden können, so beginne man ohne weiteres mit Nr. 2.

— — verschieden gestaltet. Zweige sehr unregelmäßig oder kaum gefiedert, oft dunkelgrün. Blattrippe stets kräftig vorhanden. 6.

---

4. Zweige überaus gefiedert, und zwar gleichmäßig von der Spitze bis zum Grunde; robuste Rasen. Blattrippe deutlichst vorhanden. (Fig. 24.) 5.
 — unregelmäßig- und entfernt-gefiedert, fädig-zart, verworrene zarte Rasen bildend. Blattrippe fehlt, oder fast unmerklich. Nur im Gebirge; selten. Heterocladium.
5. Fiedern schneckenartig eingerollt, sehr weich. Blätter ei-zungenförmig, Rippe nur bis zur Mitte. Nur im südlichen Europa, und hier und da auf den Alpen. Leptodon.
 Fiedern nicht eingerollt. Blätter zugespitzt. Thuidium.
6. Büchse geneigt und gekrümmt. Zweige etwa 1 mm dick, trocken durch die angepreßte Beblätterung stielrund (schlangenförmig). Pseudoleskea.
 — völlig aufrecht und gerade. Zweige etwa 0,5—3 mm dick. Blätter trocken locker-anliegend. 30.
7. Blätter wenigstens scheinbar zweizeilig gestellt, daher die Zweige wie plattgedrückt (d. h. flach, blattflach). 7.
 — allseitig gestellt, daher die Zweige gerundet oder doch nur unbedeutend breitgedrückt. 11.
8. Blätter völlig stumpf; mit einer etwa bis zur Mitte oder darüber reichenden Rippe. Homalia.
 — spitz oder stumpf; ohne Rippe (allenfalls am Blattgrunde eine Andeutung zwei divergirender Streifchen). 9.
9. Blätter querwogig-gerunzelt (dadurch flimmerig glänzend) (Fig. 34); oder Blätter glatt, dann aber die Zweige dicht und angenehm gefiedert. Frucht aufrecht und gerade. Neckera.
 Anm. Blätter querwogig-gerunzelt, aber die Zweige fast einfach, bleichgrün, weich; Vorkommen auf Waldboden der Gebirge: siehe Plagiothecium undulatum.
 Blätter glatt; Zweige spärlich verzweigt, kaum gefiedert. Früchte geneigt und sich krümmend. 10.

10. Blätter sehr groß (2 mm br., eiförmig, abgestumpft, blaß=
grün. Blattzellen sehr groß (mit bloßem Auge zu erkennen).
Frucht wagerecht, eiförmig. Hookeria.
— kurz oder lang zugespitzt, glänzend. Früchte nur etwas
geneigt, schlank. Plagiothecium.
> Anm. Diese beiden Gattungen haben Blätter, welche ganzrandig
> oder nur an der Spitze fein gesägt sind; Früchte mit nur kurz
> gespitztem Deckel. Sind die Blätter aber scharf gesägt, oder
> der Fruchtdeckel ist geschnäbelt, so siehe 24.

11. Stengelspitzen hakschnabelig=gebogen. Blätter alle ein=
seitswendig und sichelförmig (Fig. 25—28). 12.
— struppig=kopfig verdickt oder sternig ausgespreizt;
Blätter auch trocken fast wagerecht abstehend oder gar sparrig
zurückgebogen. (Fig. 32.) Hyclocomium.
— aufrecht=gerade, meist verdünnt (wenigstens weder
kopfig verdickt, noch sternig=gespreizt); Blätter trocken an=
liegend, oder aufrecht=abstehend, nur ausnahmsweise einseits=
wendig. 13.

12. Blätter in eine lange Pfriemenspitze ausgezogen, auch im
trockenen Zustande glänzend und elastisch. Zweige mehr oder
minder gefiedert. Hypnum, II.
— kurz und stumpflich zugespitzt, angefeuchtet eigenthümlich=
weich, trocken etwas verschrumpfend. Zweige entfernt ver=
ästelt, auffällig weich=schlaff. Nur in Gewässer (Gebirgsbäche
oder nasses Gestein). Limnobium.
> Anm. Auf diese Gattung Limnobium, welche der Anfänger nicht
> leicht von manchen Hypnum-Arten unterscheidet, wird an ent=
> sprechender Stelle auch in der Artentabelle von Hypnum ver=
> wiesen werden.

13. Bäumchenform (d. h. die Stengel aufrecht, abwärts nackt=
stammförmig, nur oberwärts wipfelig mit Zweigen). (Fig.
23.) 14.
Stengel meist liegend oder liegend=aufsteigend, durchaus nicht
bäumchenförmig. 15.

14. Stengel mit zweizeilig gestellten Zweigen. Blätter

faltenlos, fast glanzlos. Büchse gekrümmt. An nassen Felsen und in Schluchten der Gebirge, nur stellenweise. Thamnium.

— mit büschelig-allseitig gestellten Zweigen. Blätter längsfaltig, mattglänzend. Büchse gerade und aufrecht. Ueberall gemein auf nassen Wiesen und unter Gebüsch. Climacium.

15. Stengel holzig-starr, gewissermaßen etagenartig verzweigt, die Seitenzweige wedelartig, d. h. von ihrer Spitze bis zum Grunde dicht doppelt-gefiedert. (Fig. 24.) Hylocomium splendens.

Zweige einfach-gefiedert oder kaum gefiedert. 16.

16. Stengelspitzen knospenförmig-geschlossen (d. h. glatt, stumpf, eiförmig oder länglich-zapfig). Blätter stumpflich. Nur auf dem Erdboden. (Fig. 29.) Hypnum, I.

— pinselig- oder schopfig-gelöst, oder fein zugespitzt. Blätter meist scharf zugespitzt. Auf der Erde, an Holz, Bäumen, oder an Gestein. 17.

17. Blätter mit Längsfalten. 18.

— faltenlos. 21.

> Anm. Ist die Büchse lang geschnäbelt (der Schnabel meist fast so lang als die Büchse), so siehe die Gatt. Rhynchostegium, auf welche bei Mangel an Früchten auch im Verlauf von Nr. 21 verwiesen werden wird.

18. Blattflügel (vom Grunde schräg bis etwa zur Blattrandmitte gerechnet) bestehen aus breitem Randgewebe zahlloser, winziger, rundlicher, stark verdickter Zellen, während die übrigen viel größer, lockerer und länglich gestreckt sind. 31.

Blattflügel durchaus nicht mit solchem Randgewebe. 19.

19. Büchse aufrecht und kerzengerade. Rasen robust, stark seidenglänzend; nur an Bäumen oder Gestein. 36.

— geneigt, meist auch sich krümmend. An Bäumen, Gestein, oder auf dem Erdboden. 20.

20. Blätter dicht, steif, sehr lang zugespitzt, stark längsfaltig; Blattzellen dicht gedrängt, sehr lang und schmal,

wurmartig verbogen. Rasen meist rostgelb; auf Sandboden oder in Sümpfen. Camptothecium.

    Anm. Blätter stark längsfaltig, auch trocken sparrig=abstehend. Büchse lang geschnäbelt. Nur in Wäldern. Siehe Rhynchostegium striatum.

— dicht oder sehr locker, unmerklich längsfaltig; Blattzellen locker, weich, sechseckig, nicht zu lang, gerade. Auf Wald- oder Wiesenboden oder feuchtem Gestein. Brachythecium (pro parte).

21. Zweige besonders im trockenen Zustande glatt=stielrund (schlangen= oder strangförmig) in Folge der dicht anliegenden Beblätterung. 22.

— stets mit irgendwie federig abstehender Beblätterung. 24.

22. Blätter in eine lange Pfriemenspitze ausgezogen. 23.

— nur kurz zugespitzt. Büchse aufrecht und gerade. 27.

23. Blattrippe mit der Blattspitze verschwindend. Büchse aufrecht und gerade. 38.

— allermeist schon weit vor der Blattspitze verschwindend. Büchse geneigt, oft gekrümmt oder gebuckelt. Brachythecium pr. p.

24. Deckel auffällig geschnäbelt (Schnabel so lang oder länger als die Büchse). 25.

— ungeschnäbelt, nur mit brustwarzenförmigem Spitzchen. 26.

25. Zweige mehr oder minder flachgedrückt=zweischneidig (scheinbar zweizeilig beblättert), wenigstens nie stielrund. Fruchtstiel glatt, 1—2 cm hoch. Rhynchostegium.

— stielrundlich, mit allseitig gereihten Blättern. Fruchtstiel glatt oder warzig=rauh (unter scharfer Lupe). Eurhynchium.*)

26. Büchse sehr schlank (4—6mal so lang als dick), bogig gekrümmt (oft bis über halbkreisförmig), mit überaus stark eingeschnürter Mündung. Blätter winzig (und dann rippenlos), oder größer (und dann mit Mittelrippe). Rasen meist mit fädiger Verzweigung, fast glanzlos; zumeist in oder

---

*) Diese von neueren Autoren aufgestellte Gattung dürfte als solche kaum haltbar sein; ich habe sie in den Artentabellen daher mit Rhynchostegium zusammengezogen.

an Waſſer, an Holzwerk und Steinen der Bäche und Mühlen. (Fig. 31.) Amblystegium.

 Anm. Büchſe gleichfalls ſehr ſchlank, aber die (etwa 1 mm langen) Blätter ohne Mittelrippe, nur an ihrem Grunde mit unmerklicher Doppelrippe. Siehe Plagiothecium.

— gedrungen, faſt plump (etwa 1 mm dick und 2 bis 3 mm lang), wenig ſich krümmend, braun bis braunſchwarz. Raſen ziemlich oder ſehr anſehnlich, glänzend; nicht in oder an Waſſer. Brachythecium pr. p.

---

27. Zweige völlig blattflach (Blätter zweizeilig). 28.
 — gerundet (Blätter allſeitig). 29.
28. Stämmchen und Zweige angenehm gefiedert. Blätter glatt oder wogig-gerunzelt; Blattrippe fehlt. Fruchtſtiel gelb. Neckera.
 — — — unregelmäßig verzweigt. Blätter ſtets glatt; Blattrippe vorhanden, etwa bis zur Blattmitte laufend. Fruchtſtiel roth. Homalia.
29. Blätter völlig glanzlos und rauh; Blattrippe vorhanden, faſt bis zur Spitze laufend; Blattzellen rundlich-quadratiſch, dickwandig, ſehr klein. 30.
 — glänzend oder faſt glanzlos; Blattrippe vorhanden oder (bei ſcheinbar glanzloſen Blättern) fehlend; Blattzellen geſtreckt (viel länger als breit, elliptiſch oder lanzettlich). 31.
30. Zweige an ihrer Spitze meiſt ſchopfig etwas verdickt, deren Stengel mit kurzen conferuenartigen Fäden überzogen (unter der Lupe). Blätter 1—3 mm lang. Fruchtſtiel gelb (oder roth, aber dann der Deckel pfriemlich geſchnäbelt). Anomodon.
 — — — niemals verdickt, Stengel ohne ſolche Faſern. Blätter klein (kaum bis 0,5 mm lang). Fruchtſtiel roth. Deckel kegelförmig zugeſpitzt. Leskea.
31. Raſen derb, faſt oder völlig glanzlos. Blätter breit eiförmig, kurz zugeſpitzt, anliegend, aber feucht raſch ſparrig-abſtehend. Blattflügel (vom Blattgrunde ſchräg bis etwa

zur Blattrandmitte gerechnet) bestehen aus breitem Randgewebe zahlloser, winziger, rundlich=quadratischer, stark verdickter Zellen, während die übrigen (in und über der Blattmitte) größer, lockerer und gestreckt sind. 32. Blattflügel mit durchaus nicht solchem Zellgewebe. 34.
32. Blätter mit **Längsfalten** (gefurcht), trocken grob anliegend. Rasen sehr derb. 33.
— eben, trocken ziemlich schuppig anliegend. Rasen zarter. Sehr selten. Pterogonium.
33. Blätter rippenlos. Gemein. Leucodon.
— mit starker bis zur Blattmitte laufender Rippe, außerdem am Blattgrunde zu jeder Seite der Mittelrippe noch 1—2 kurze Rippchen (oft nur schwielige Andeutungen). Antitrichia.
34. Blätter unter der Lupe deutlichst längsfaltig=gefurcht. 35.
— eben. 37.
35. Stengel aufrecht, bäumchenförmig. Auf dem Erdboden. Climacium.
— kriechend, von Grund auf verzweigt. An Gestein oder Bäumen. 36.
36. Blätter rippenlos. Sehr selten. Orthothecium.
— mit starker, bis in die Spitze laufender Mittelrippe. Homalothecium.
<small>Anm. Blätter nur etwa 0,5 mm lang, Büchse nur doppelt so lang als dick, siehe Lescuraea.</small>
37. Blätter mit kurzer oder langer Mittelrippe. 38.
— ohne Mittelrippe, aber zuweilen am Grunde mit zwei sehr kurzen Rippchen. 43.
38. Rasen schwellend, ansehnlich, trübgrünlich; Stengel strauchig=verzweigt. Blätter bauchig gedunsen, kurz gespitzt, etwa 1,5 mm lang. Besonders am Grunde alter Waldbäume, häufig. Isothecium.
— ziemlich zart, nicht flach gedrückt. Blätter 0,3 bis kaum 1 mm lang. Selten. 39.
39. Blätter winzig, scharfwarzig, auch im feuchten Zustande schuppig anliegend. Stengel und Zweige nur zwirndick,

langgestreckt, flach angepreßte Rasen bildend. Büchse lang=
gestreckt. Pterogynandrum.
— glatt, feucht aufrecht=abstehend. Büchse kaum doppelt so
lang als breit. 40.
40. Blattrippe kräftig, bis in die Spitze; Blattzellen lang und
dünn. Lescuraea.
— vor der Spitze verschwindend; Blattzellen kurz, weit,
locker. 41.
41. Blattrand sehr grob gesägt. Fabronia.
— ganz oder nur an der Spitze unmerklich gesägt. 42.
42. Büchse kugelförmig. Anisodon.
— eiförmig. Anacamptodon.
43. Rasen ansehnlich. Stengelspitzen glattknospig ge=
schlossen. Blätter 1—2 mm lang, auch feucht anliegend.
Frucht sehr selten. Nur auf Kalkboden. Cylindrothecium.
Stengelspitzen gelöst. Blätter kürzer, schmal lanzettlich, feucht
aufrecht= oder sparrig abstehend. 44.
44. Blattrand nur am Grunde zurückgeschlagen; Blattzellen lang
lineal (etwa 8 mal so lang als breit). Haube nicht bis zur
Kapselmitte. Aeußerer Mundbesatz kürzer als der innere,
welcher auf hoher Mundhaut (Basilarhaut) steht. Pylaisia.
— durchweg etwas zurückgeschlagen; Blattzellen kurz, schmal
lanzettlich. Haube bis unter die Kapselmitte. Aeußerer und
innerer Mundbesatz gleichlang, letzterer ohne Mundhaut.
Platygyrium.

II. Clonocarpi, Seitensproßfrüchtler, Wassermoose.

1. Zweige mit hakig gebogenen Spitzen; Blätter meist sichel=
förmig gebogen und einseitswendig. 2.
— mit geraden Spitzen; Blätter stets gerade. 3.
2. Blätter etwa 5 mm lang, mit durchlaufender oder aus=
tretender Rippe; Blattzellen fast alle gleich. Büchse
aufrecht und gerade. Sehr selten. Dichelyma.
Blattrippe vor der Spitze (meist schon in der Mitte) ver=

ſchwindend. Büchſe geneigt und gekrümmt. Siehe Gatt. Hypnum und Limnobium.
3. Zweige flach (in Folge ſcheinbar der wirklich 2zeiligen Blattſtellung). 4.
— nicht flach, Blätter 3= bis mehrzeilig. 5.
4. Stämmchen einfach, 1—4 cm lang. Blätter 2zeilig, glanzlos. Siehe die Gatt. Conomitrium und Fissidens.
— mehr oder minder verzweigt. Blätter nur ſcheinbar 2=zeilig, glänzend und elaſtiſch. Siehe Rhynchostegium rusciforme (Deckel geſchnäbelt) und Amblystegium riparium.
5. Blätter ohne Mittelrippe. Derbe, fluthende Büſchel. Gatt. Fontinalis.
— mit Mittelrippe. 6.
6. Stämmchen einfach oder gabelig verzweigt; akrokarpiſch. 7.
— mehr oder minder fieberig; pleurokarpiſch. Amblystegium.
7. Frucht geſtielt, aufrecht und gerade. Siehe Gatt. Racomitrium.
Anm. Mit geneigter oder gekrümmter Frucht kommen ab und zu noch einige Mooſe an quelligen oder überſpülten Orten oder in Bächen vor, die man nach der Gattungstabelle der akrokarpiſchen Mooſe beſtimmen wolle.
— ſtiellos ſitzend. Siehe Gatt. Cinclidotus.

III. **Entophyllocarpi, Wedelblattfrüchtler.**

1. Stämmchen ſehr zart, einfach, abwärts nackt, etwa 5 bis 8 mm hoch. Büchſe kugelförmig, punktklein, auf etwa 5 mm hohem, ſehr zartem Fruchtſtiel. Mundbeſatz fehlt. Nur in Felsſpalten, höhlenartigen Vertiefungen und Schluchten. Schistostega.
— einfach oder verzweigt, von Grund auf beblättert. Büchſe eiförmig oder elliptiſch. Mundbeſatz vorhanden. 2.
2. Blätter ſehr entfernt geſtellt, lanzettlich, ſtumpf, die oberen etwa 7 mm lang. Büchſe winzig, auf ſehr kurzem Frucht= ſtiel, von den Hüllblättern weit überragt. Unter Waſſer; ſehr ſelten. (Fig. 22.) Conomitrium.
Blätter kaum 3 mm lang, dichter. Büchſe auf faſt ſchlankem

Fruchtstiel die Hüllblätter weit überragend. An nur feuchten Plätzen. 3.

3. Haube pyramidalisch-mützenförmig, gerade aufrecht, am Grunde lappig eingerissen. Fruchtstiel aus dem Gipfel, Wedel 1 bis 3 cm lang. Selten. Osmundula.

— kapuzenförmig, am Grunde ganzrandig. Fruchtstiel aus der Mitte oder dem Gipfel des Wedels (in letzterem Falle der Wedel nur 0,2—1 cm lang). (Fig. 21.) Fissidens.

IV. Acrocarpi, Gipfelfrüchtler.

1. Blattspitze stumpf oder zugespitzt, oder (unter der Lupe) kurz-stachelspitzig; aber stets ohne Glashaar. 2.

— in ein (farblos wasserhelles) Glashaar auslaufend.*) 31.

2. Frucht sichtlich gestielt und dadurch über die Hüllblätter gehoben. 3.

— fast oder völlig stiellos-sitzend, oder der Fruchtstiel höchstens so lang als die Frucht und diese von den Hüllblättern überragt (z. B. Fig. 58, 76—78). 40.

3. Mehr oder minder ansehnliche Moose. 4.

In allen Theilen winzige Moose, und zwar Stämmchen sammt Fruchtstiel zusammen nur 0,2 bis einige mm hoch, die Frucht punktklein. 75.**)

---

*) Dasselbe ist mit bloßem Auge auf den ersten Blick wahrzunehmen und giebt den Rasen oft einen greisgrauen Schimmer.

**) Es gehören insbesondere hierher alle die sogenannten schließfrüchtigen Moose (Cleistocarpi Nr. 93 u. f. w.), deren Fruchtbüchse gar keinen Deckel hat, sondern allseitig (kugelig) geschlossen ist und bleibt, nur durch eigene Verwesung ihre Sporen ausläßt; selbige wachsen, als winzige Moose mit meist stiellosen Früchten, auf Aeckern und sonstigem Culturland. Bei allen andern überaus winzigen Moosen dagegen setze man beim Bestimmen schon bei Nr. 75 an. Indessen in fraglichen Fällen möge man bei ihnen getrost bei Nr. 4 fortfahren und wird für die gemeinten Gattungen auch von da aus, freilich auf Umwegen, zu Nr. 75 gelangen.

4. Fruchtstiel übergebogen, oder an seiner Spitze hakig ge=
krümmt, daher die Frucht hängend oder nickend. (Fig. 40
bis 52.) 5.
— bis zu seiner Spitze kerzengerade; Frucht ebenfalls
gerade, oder wenig geneigt (zuweilen auch sanft gekrümmt). 12.
5. Fruchtstiel röthlich, trocken seilartig=gedreht (d. h. mit zahl=
reichen Windungen um die eigene Achse), hoch, ruthenartig
übergebogen. Frucht ansehnlich, meist unsymmetrisch=birn=
förmig. 88.
— gelb; oder röthlich, dann aber straff (d. h. nicht gedreht). 6.
6. Fruchtstiel roth oder röthlich, nur an der Spitze hakig=
gekrümmt, daher die Frucht nickend. Mundbesatz doppelt.
Zumeist auf der Erde, aber auch an Gestein. 7.
— gelb, knie= oder schwanenhalsig übergebogen (und
zwar $1/3$—$3/4$ des Fruchtstieles nimmt an der Biegung Theil)
(Fig. 62). Mundbesatz einfach. Fast nur an Gestein. 49.
7. Der innere Mundbesatz bildet eine zarthäutige, 16 fach längs=
faltige Kuppel, welche nur an der Spitze offen ist. Cinclidium.*)
— — — besteht aus zarthäutigen, einzelnen Zähnen, mit je
2—3 dazwischen gestellten Wimpern. 8.
8. Blätter steif, lineal=lanzettlich, sehr lang (etwa 6 mm lang),
mit 1—2 mm langer, bleicher, trockenhäutiger
Scheide den Stengel umfassend. (Stämmchen und
Blätter vom Aussehen eines Polytrichum, die Frucht wie
bei Mnium). Sehr selten, nur auf Sümpfen. Timmia.
— ohne stengelumfassende Scheiden (das Stämmchen hat durch=
aus nicht das Aussehen eines Polytrichum). 9.
9. Büchse eiförmig, oder elliptisch=walzenförmig (mit unschein=
barem, fast fehlendem Halse, daher nie birnförmig),
2—6 mm lang und 1 mm dick. Blätter stets sehr an=
sehnlich, 3—12 mm lang, 1—4 mm breit. Blatt=

---

*) Da dies Moos sehr selten fruchtet, mag der Anfänger diese Nr. 7
getrost überspringen und gleich bei Nr. 8 fortfahren, er wird es dann als Mnium
bestimmen und da in dessen Artentabelle auf Cinclidium gewiesen werden.

zellen polygonal (meist 6eckig), oft fast etwas in die Breite gezogen. Nur auf der Erde in Wäldern und unter Gebüsch. (Fig. 40, 41.) Mnium.

— meist birnförmig, oder ei- oder walzenförmig, 1—4 mm lang, mit mehr oder minder ansehnlichem Halse, Blätter meist klein; Blattzellen rhomboidal, langgezogen. Auf Erde, Gestein, Gemäuer. (Fig. 43—52.) 10.

10. Blätter haarfein und flackerig, aber 3—5 mm lang, seidenglänzend, stets reichlichst vorhanden. Leptobryum.

— breiter, oder wenn fein, so doch weit kürzer. Büchse ohne auffälligen Seidenglanz. 11.

11. Blätter 2—3 mm breit, 5—10 mm lang. Stengel abwärts völlig blattlos, am Gipfel rosettig beblättert. Früchte selten. Rhodobryum.

— kleiner. Der Stengel auch abwärts mehr oder minder beblättert. Bryum.

---

12. Die Spitzen der aufwärts blattlosen Stengel (sogenannten Pseudopodien, d. h. scheinbaren Fruchtstiele) tragen grüne Staubkügelchen oder Spreuköpfchen. 13.

Ohne solche staubkugeltragende Pseudopodien. 14.

13. Büchse längsfurchig. Mundbesatz doppelt. (Fig. 39.) Aulacomnium.

— glatt, stets reichlich vorhanden. Mundbesatz einfach, 4zähnig. (Fig. 60.) Tetraphis.*)

---

14. Haube mit rostfarbiger oder weißlicher, dichter Haarperrücke (die Haube selbst davor nicht sichtbar). Büchse prismatisch, 4—6kantig, oder stielrundlich. Mündung 0,5 bis 2 mm breit, nach der Entdeckelung trommelfellartig**) geschlossen. (Fig. 36.) Polytrichum.

---

*) Dies die einzige Gattung mit nur 4zähnigem und zwar sehr großem, mit bloßem Auge bestens zu beurtheilendem Mundbesatz.

**) Solch trommelfellartiger Verschluß der entdeckelten Früchte findet sich nur noch bei Catharinea und macht nebst dem in beiden Gattungen gleichartigen

— völlig nackt oder doch spärlicher behaart (so daß stets die Haube selbst bestens sichtbar ist). Büchse nie prismatisch. 15.

15. Büchse genau kugelrund (meist rübsen- oder senfkorngroß), gestreift, im trockenen oder reifen Zustande unsymmetrisch-oval und gefurcht; Deckel klein, völlig ungeschnäbelt. Mundbesatz doppelt. 16.
— nicht kugelrund. 18.

16. Büchse kaum mohnkorngroß, trocken glänzend schwarz oder schwarzbraun. Nur auf Alpensümpfen. Catoscopium.
— 1—2 mm Durchmesser. 17.

17. Auf nassem Moorboden, Sumpfwiesen, quelligen Plätzen. Stämmchen schlank und gerade, mehrere cm hoch, mit nur 1—2 mm langen Blättern. Philonotis.
An Gestein, oder auf schattig-feuchtem Waldboden. Stämmchen mit lineal-pfriemlichen, meist 2—8 mm langen Blättern. Frucht etwa rübsenkorngroß. (Fig. 53.) Bartramia.
An Gestein. Blätter stark glänzend und sparrig zurückgebogen, sehr elastisch und auch trocken unverändert. Ueberaus selten. Breutelia.

---

18. Hals so lang bis gar noch länger als die eigentliche Frucht. 19.
— fehlt gänzlich, oder ist doch viel kürzer als die Frucht. 23.

19. Büchse symmetrisch und meist gerade. Mundbesatz einfach. 20.
— unsymmetrisch (d. h. gebuckelt oder mit schiefer Mündung) und gekrümmt. Mundbesatz einfach oder doppelt. Nur auf der Erde (bes. auf Sümpfen). 21.

20. Büchse mit kropfig-geschwollenem Halse, welcher meist dicker und auch länger als die eigentliche Frucht ist; Haube nackt. Blätter trocken nicht gekräuselt. Sehr seltene und höchst eigenthümlich aussehende Moose. 85.
— birnen- oder keulenförmig, Hals bis über halb so lang

Mundbesatz (welcher aus 32—64 zungenförmigen Zähnen besteht) das wesentliche Merkmal der Familie der Polytricheen aus.

ober noch länger als die Frucht, aber dünner als diese; Haube behaart; Fruchtstiel nicht über 1 cm lang. Blätter trocken sehr gekräuselt. Nur an Baumrinde oder Gestein. (Fig. 58, 59.) Orthotrichum.

21. Stämmchen nur 3—8 mm hoch. Blätter glänzend, elastisch, lang=pfriemlich ausgezogen. Fruchtstiel goldgelb. Mundbesatz einfach. (Fig. 54.) Trematodon.
— einige cm bis 1 dm hoch. Blätter lanzettlich. Fruchtstiel roth. Mundbesatz doppelt. 22.

22. Blätter warzig=rauh, klein (nur 1—2 mm lang), alle sparrig=zurückgekrümmt; Stämmchen sehr schlank, mehrere cm hoch, boa=walzenförmig. Büchse ei=länglich (aber sehr selten vorhanden). Paludella.
— glatt, etwa 3 mm und darüber lang, meist aufrecht=abstehend. Büchse langgestreckt, auf einige cm bis 1 dm hohem Fruchtstiel. (Fig. 55.) Meesea.

---

23. Büchse groß, breitgedrückt, schief, auf etwa 1 cm hohem Fruchtstiele scheinbar aus der Erde sprießend, indem scheinbar Blätter und Stämmchen völlig fehlen. (Fig. 37.) Buxbaumia.
Beblättertes Stämmchen, aus welchem der Fruchtstiel sprießt. 24.

24. Blätter meist glanzlos, allseitswendig, im trockenen Zustande gerade (anliegend oder abstehend), oder welk verbogen. 25.
— glänzend und auch im trockenen Zustande elastisch und straff, meist einseitswendig und sichelförmig=gebogen. 54.

25.*) Haube kegel= oder glockenförmig (pickelhaubenf.), die ganze Büchse oder nur deren oberen Theil, oft nur den Deckel überdeckend. 26.

---

*) Sollte die Haube nicht zu beschaffen sein, so wird man auch in Verfolgung von Nr. 28 auf die betreffende Art geführt werden.

— kapuzenförmig (d. h. seitlich aufgeschlitzt, wie aus=
geschnitten). 64.
26. Haube cylinder=glockenförmig, mindestens 4mal so lang
als breit, unter die walzenförmige Büchse herab=
reichend, nackt. Auf der Erde oder an Gestein. Encalypta.
— kegel= oder pickelhaubenförmig, kaum bis doppelt so
lang als breit, die Büchse ganz=, halb= oder kaum halb=
bedeckend. 27.
27. Haube behaart (d. h. entweder reichlich mit steifen, goldgelben
aufrechten Härchen, welche auf den ersten Blick auffallen;
oder nur spärlich mit Härchen besetzt, welche man jedoch mit
jeder Lupe oder schon bei sehr genauem Hinblick mit bloßem
Auge bestens gewahrt). Nie auf der Erde. Orthotrichum.
— völlig nackt. 28.
28. Büchse auf geradem Fruchtstiel aufrecht, gerade (d. h.
völlig ungekrümmt); symmetrisch. 29.
— — — — geneigt (oft allerdings nur unbedeutend ge=
neigt); oder aufrecht, aber dann etwas wurstförmig=
gekrümmt oder gebuckelt. 65.
29. Büchse plump=birnförmig, meist 1—2 mm dick, auf
derbem Fruchtstiel; Mundbesatz gänzlich fehlend. Nur
auf der Erde (Aeckern, nackten Wiesenstellen u. s. w.). 88.
— durchaus nicht birnförmig; gestielt oder ungestielt. An
Gestein, Holzwerk, Rinde, oder auf dem Erdboden. 30.
30. Haube auffällig längsfaltig, reicht bis über die halbe
(elliptisch=walzenförmige 2 mm lange) Büchse. Blätter
aus breitem Grunde allmälig zugespitzt, in feuchtem Zu=
stande schlüpfrig=knorpelig, trocken hornartig=starr
und lockig=gekräuselt. Ziemlich selten. Ptychomitrium.
— nicht gefaltet. 31.

31. Auf der Erde. 32.
An Gestein, Holzwerk, Rinde. 33.
32. Gipfelblätter im feuchten Zustande sternig= oder rosettig=
ausgebreitet, breit ei= oder spatelförmig, stumpf. Büchse
walzenförmig, aufrecht, meist aber leicht gekrümmt; Mund=

besatz spiralig gewundene lange Fäden. (Fig. 69, 70.) Barbula.

— im feuchten, sowie trockenen Zustande **nicht** sternig-ausgespreizt. Alle Blätter schmal-lanzettlich, zugespitzt. Blattzellen quadratisch; oder lang, schmal, verbogen. Büchse stets kerzengerade, meist mit gerabschnäbeligem Deckel; Mundbesatz lanzettzähnig. **37.**

    Anm. 1. Büchse **nickend-hängend**, stets reichlichst vorhanden. Siehe Bryum capillare.
    2. Fruchtstiel ist kaum wenige mm lang. **Mundbesatz fehlt.** Auf nackter Erde (Aeckern). Siehe Pottia.
    3. Büchse **prismatisch-kantig**. Haube dicht-filzig. Polytrichum piliferum.

33. Büchse kurz-eiförmig, weitmündig, **stiellos-sitzend** (oder Fruchtstiel doch nicht länger als die Frucht) den Hüllblättern eingesenkt. **34.**

— **gestielt** über die Hüllblätter hervorragend. **37.**

34. Büchse ohne Mundbesatz. Blattrippe fehlt gänzlich. Rasen grau-bläulich oder gelbgrün, 2—10 cm hoch; an Gestein. Hedwigia.

Mundbesatz deutlich vorhanden, roth. Blattrippe stark vorhanden. Rasen dunkelgrün. **35.**

35. Mundbesatz einfach. Fast nur an Gestein. **36.**

— doppelt. Nur an der Rinde von Laubbäumen; überaus selten (zumeist im südlichen Deutschland). Cryphaea.

36. Nur in Gebirgen; ziemlich selten. Dichte, halbkugelige, von schlaffen **Glashaaren** weißgrau schimmernde Polster. Büchse **kurz-** (etwa 1 mm lang) gestielt; Haube glockig, $^3/_4$ der Büchse deckend. Coscinodon.

Nur in Gebirgen und selten, oder aller Orten und häufig. Blätter nur mit **Glasspitze**. Büchse **völlig stiellos**. Grimmia (pr. p.).

37. Blätter mit Glashaar; oder ohne Glashaar, dann aber die Büchse glatt, symmetrisch und gerade (d. h. durchaus nicht gekrümmt. **38.**

Blätter stets ohne Glashaar. Büchse etwas geneigt oder gekrümmt, oder irgendwie unsymmetrisch (etwas gebuckelt). **59.**

38. Zellen des Blattgrundes langgestreckt (linear) und etwas wurmförmig gewunden, mit innen gekerbten Wänden und dadurch gleichsam zickzackförmig. Racomitrium.
   Anm. Auch äußerlich ist diese Gattung von b. f. meist genugsam verschieden durch die 2—10 cm hohen lockeren Rasen, sowie (bei wenigstens den häufigsten ihrer Arten) die von Grund auf mit kurzen, schopfartigen Aestchen besetzten Stämmchen.
   — — — quadratisch oder rechteckig, mit glatten Wänden. 39.
   Anm. Nur an sonnigem Gestein; bildet bei den häufigeren Arten feste, meist kreisrunde, behaarte Polsterkissen.
39. Haube kapuzenförmig. Gymbelia.
   — mützenförmig (pickelhaubig), kaum den Deckel deckend, ihr Saum 5lappig. Grimmia.
   Anm. Stämmchen kaum bis 2 mm hoch, truppweise, Blätter pfriemlich=borstenförmig, glänzend und elastisch; siehe die seltene Gattung Brachyodus.

40. In Gebirgsbächen an überflutetem Gestein oder Holzwerk. 41. Nicht unter Wasser. 42.
41. Stengel etwa fingerlang und darüber, büschelig=vielverzweigt. Frucht trocken gefurcht; Deckel lang geschnäbelt; Haube seitlich geschlitzt. Mundbesatz: 16 Zähne, jeder in 2—3fädige Schenkel gespalten. Cinclidotus.
   — viel kürzer. Deckel kaum geschnäbelt; Haube mützen= oder trichterförmig. Mundbesatz: Zähne ganz. Schistidium.
42. Frucht fast oder völlig stiellos sitzend, den Hüllblättern mehr oder minder eingesenkt. 43.
   — gestielt (Fruchtstiel mehrere mal so lang als die Frucht). 59.
43. An Holzwerk oder Rinde. Büchse meist gestreift, trocken gefurcht. (Fig. 58.) Orthotrichum.
   Auf der Erde. 44.
   An Gestein. 45.
44. In Wäldern. Fast stammlos, die sehr ansehnliche Büchse den gleichsam wurzelständigen Blättern eingesenkt. Diphyscium.
   Auf Aeckern, an Gräben u. s. w. Stämmchen 3—6 mm

hoch. Büchse winzig, fast kugelrund. Deckel klein, kegel=
förmig. Systegium.
- Anm. Deckel fehlt. Die meist nur punktgroße Büchse kugelig=
geschlossen bleibend, am Scheitel meist mit kurzen Spitzchen.
Siehe die Abtheilung der Cleistocarpeen von Nr. 94 an.
45. Blätter glänzend, aufrecht=abstehend, steif und gerade, 1 bis 2 mm lang. Nur auf den Hochalpen. Stylostegium.
— glanzlos; oder etwas glänzend, dann aber fein, lang und flackerig. 46.
46. Frucht gestreift, trocken gefurcht. 47.
— glatt, kurz=eiförmig. 34.
47. Büchse kugelrund. Bartramia Halleri.
— eiförmig oder länglich. 48.
48. Haube glockig, mehr oder minder behaart. Orthotrichum.
— kapuzenförmig (d. h. seitlich geschlitzt), völlig nackt. An Felsen. Zygodon.

49. Frucht kugelrund, glänzend=roth, gefurcht. Oreas.
— eiförmig oder länglich. 50.
50. Dichte, meist halbkuglige Polsterkissen. Blätter glanzlos. Haube glocken=, oder kegel= oder kapuzenförmig. 39.
Lockere oder dichte Rasen. Blätter etwas glänzend, elastisch, lanzett=pfriemlich. Haube kapuzenförmig. 51.
51. Büchse gestreift, trocken gefurcht, 1—3 mm lang. Haube kapuzenförmig, mit zierlich gefranstem Saum. Stämmchen mehrere mm bis 3 cm hoch. Campylopus.
— glatt. 52.
52. Büchse kugel= oder kugel=eiförmig, trocken mit bis kreiselförmig erweiterter Mündung; mit Mundbesatz. Seligeria.
— eiförmig; ohne Mundbesatz. Fruchtstiel aufrecht. Anodus.
— walzenförmig, mindestens doppelt so lang als dick; mit Mundbesatz. 53.
53. Stämmchen über 1 cm hoch; breite, dichte Polster bildend. Dicranodontium.
— wenige mm hoch, heerdenartig zerstreut oder sehr lockere Rasen bildend. Campylostelium.

54. Blätter (und somit die ganzen Rasen) bleich, meergrün (blau=
grau oder weißgrünlich). 55.
— nicht derartig bleich, vielmehr grün, gelb oder braun. 57.
55. Rasen weiß= oder graugrün, dichte, derbe, strohartige Massen,
bis über fingertief dem Boden eingesenkt. Blätter breit
ei=lanzettlich, bauchig, abgestumpft. In Wäldern und
auf moorigem, gebüschigem Boden häufig. (Fig. 68.) Leucobryum.
Blätter lineal=lanzettlich, spitz. An Felsen. 56.
56. Blätter auch trocken straff=gerade, zerbrechlich, an sich weiß=
oder bläulichgrün. An feuchten Kalkfelsen. Eucladium.
— trocken verbogen, an sich grün, aber mit weißbläulichem
schorfigem Anflug. Trichostomum glaucescens.

---

57. Büchse aufrecht und symmetrisch, kreisel= oder kugelbirnförmig
(unmerklich länger als dick); auf rothem 1—3 cm hohem
Fruchtstiel, die durch Asttriebe erhöheten Rasen doch
kaum überragend. Mundbesatz: 16 einfache lanzettliche,
rothe Zähne. Blindia.
— stets mit dem ganzen Fruchtstiel den Rasen überragend. 58.
58. Blätter genau 2zeilig, pfriemlich=borstenförmig, glatt und
glänzend, mehrere mm lang. Distichium.
Anm. Dichte, ansehnliche Polster, an Gestein.
— mehrzeilig. 59.
59. Blätter glänzend, auch trocken straff und elastisch, sichel=
förmig und mehr oder minder einseitswendig, selten ge=
kräuselt. 60.
— glanzlos, trocken verdreht oder gekräuselt. 64.
60. Rasen abwärts meist rothfilzig. Fruchtstiel (etwa 1 cm lang)
schwanenhalsig verbogen; Haube mit bewimpertem Saum.
Selten. Campylopus.
— nie rothfilzig. Fruchtstiel gerade. Haube ganzrandig. 61.
61. Deckel pfriemlich=geschnäbelt. 62.
— kurz=kegelförmig (völlig ungeschnäbelt). 63.
62. Stämmchen meist mehrere cm (bis 1 dm) hoch. Blätter an

ihrem Grunde mit braunen Blattflügelzellen. Büchse 2= bis 8 mal so lang als dick. (Fig. 64.) Dicranum.
— kaum bis über 1 cm hoch. Blätter an ihrem Grunde ohne besondere Blattflügelzellen. Büchse nur etwa doppelt so lang als dick. (Fig. 65.) Dicranella.

63. Stämmchen wenige mm hoch. Blätter sparrig zurückgekrümmt, trocken kraus. Mundbesatz trocken eingekrümmt. Trichodon.

Blätter sichelförmig, mehr oder minder einseitswendig, nie kraus. Mundbesatz stets aufrecht. (Fig. 65.) Leptotrichum.

64. Büchse geneigt, gekrümmt, oder gebuckelt. 65.
— aufrecht, gerade und symmetrisch. 68.

65. Deckel kurz=kegelförmig. (Fig. 71.) Ceratodon.
— pfriemlich geschnäbelt. 66.

66. Blätter ansehnlich, zungenförmig, querwogig=uneben. Büchse lang=cylinderförmig, sehr ansehnlich, ungestreift. (Fig. 6.) Catharinea.
— eben, meist pfriemlich ausgezogen. Büchse kaum über doppelt so lang als dick. 67.

67. Blätter breit lanzettlich, stumpf, feucht sparrig zurückgekrümmt, sehr warzig (papillös). Büchse glatt. (Fig. 66.) Dichodontium.
— schmal lanzettlich, in eine lange Pfriemenspitze ausgezogen, nur wenig warzig. Büchse meist gestreift und trocken gefurcht. Cynodontium.

68. Büchse gestreift, trocken gefurcht. 69.
— glatt. 70.

69. Büchse mindestens 4 mal so lang als dick. Dicranum (pro parte).
— kaum über doppelt so lang als dick. 77.

---

70. Büchse länglich=elliptisch oder schlank=walzenförmig, 1—4 mm lang, mindestens 3 mal so lang als dick; Deckel kegelförmig, nur zugespitzt oder pfriemlich geschnäbelt; Haube kapuzenförmig. Fruchtstiel über 1 cm lang. 71.

— kugel=, ei= oder birnförmig, oder elliptisch (dann aber nicht über 1 mm lang), kaum über doppelt so lang als dick; Deckel stets mit mehr oder minder plötzlich ab= gesetztem pfriemlichem Schnabel. 72.

71. Gipfelblätter stets überaus zierlich sternig=ausgebreitet.*) Büchse schlank, gerade oder ein wenig gekrümmt. Mund= besatz: 32 zu einer Schraube gewundene, faden= förmige Zähne, welche so lang oder noch weit länger sind, als die Breite der Büchse beträgt (daher schon dem bloßem Auge sehr auffällig). (Fig. 69, 70.) Barbula.

— entweder sternig=ausgebreitet oder (meist) büschelig=auf= gerichtet. Büchse durchaus nicht gekrümmt. Mund= besatz nicht gewunden und weit kürzer. 78.

72. Haube mützenförmig; Deckel ungeschnäbelt, oder gerade= geschnäbelt. 73.

— kapuzenförmig; Deckel geschnäbelt (meist pfriemlich und schief), oder kegelförmig. 75.

73. Deckel gewölbt, brustwarzenförmig gespitzt. Büchse kugel= eiförmig oder birnförmig. Mundbesatz fehlt. Nur auf der Erde (Aecker u. s. w.) 91.

— geschnäbelt oder hoch=kegelförmig. Nur an Gestein. 74.

74. Mundbesatz 4zähnig, derb. Deckel kegelförmig. (Fig. 60, a.) Tetraphis.

— mehrzähnig. Deckel pfriemlich geschnäbelt. 26.

75. Blätter glänzend, auch trocken elastisch=straff und gerade, pfriemlich. Stämmchen und ebenso der Fruchtstiel nur wenige Millimeter hoch. Nur an Felsgestein. 52.

— glanzlos, trocken meist verbogen oder gekräuselt. 76.

---

*) Sternig gespreizte Gipfelblätter zeichnen allerdings noch manche (aber etwas seltenere) Arten der Gattungen Trichostomum, Weisia, auch den ge= meinen Ceratodon purpureus aus, deren Rasen deshalb — bei mangelnden Früchten — vom Anfänger leicht auch für Barbula-Arten gehalten werden können. In fraglichen Fällen ist stets der für Barbula durchaus charakteristische und schon dem bloßen Auge auffällige Mundbesatz zu beachten.

76. Büchse trocken stark gefurcht. Nur an Felsen. 77.
— glatt bleibend. 78.
77. Büchse mit dick-kropfigem Halse. Mundbesatz fehlend oder vorhanden. Zygodon.
— halslos, winzig (punktklein), kugel-eiförmig. Mundbesatz vorhanden. Rhabdoweisia.
78. Fruchtstiel gelb, kurz und zart. Blätter schmal-lanzettlich, trocken gekräuselt. 79.
— roth. Blätter breit- oder schmal-lanzettlich. 82.
79. Mundbesatz fehlt gänzlich. 80.
— vorhanden. Büchse winzig, oder bis 2 mm lang, kurz- oder länglich-eiförmig; Fruchtstiel 0,3—1 cm lang. Stämmchen wenige mm bis cm hoch. Zumeist auf der Erde, oder an Bäumen, oder an Gestein. Weisia.
80. Nur an Felsen höherer Gebirge. Derbe, sehr dichte Polster. 81. Auf der Erde (an Wegen, Gräben, grasigen Abhängen u. s. w.), auch im Flachlande. Winzige Moose. Hymenostomum.
81. Nur auf den Hochalpen. Stämmchen stets ein bis einige cm hoch. Büchse mit Hals, oft kaum über die Rasen hervortretend; Deckel geschnäbelt, so lang oder länger als die Büchse. Anoectangium.
In fast allen Gebirgen, besonders an Kalkfelsen. Stämmchen kaum einige mm bis einige cm hoch; Blätter trocken wirr gekräuselt. Büchse winzig (meist punktklein), fast halslos. (Fig. 72.) Gymnostomum.

---

82. Blätter schmal-lanzettlich; Blattzellen klein, quadratisch oder rundlich-quadratisch. Büchse lang-elliptisch bis walzenförmig, entdeckelt niemals erweitert, oft sogar verengert. Mundbesatz besteht aus fädigen Zähnen. Fast nur an Gestein oder Gemäuer. 83.
— breit-lanzettlich, oder ei-lanzettlich; Blattzellen ziemlich locker, 6eckig. Büchsenmündung durchaus nicht verengert. Mundbesatz fehlt gänzlich, oder lanzettzähnig. Fast nur auf der Erde (Aeckern, Wegrändern, kurzrasigen Plätzen). 84.

83. Blätter trocken kraus-verbogen. Mundbesatz: 32 paarig-genäherte, fädige, entfernt knotig-gegliederte Zähne. Trichostomum.
— auch trocken straff. Mundbesatz: 16 lanzettliche Zähne, diese sind mit einer Längslinie durchzeichnet und an derselben oftmals schenkelig-gespalten oder durchlöchert. Nur in Gebirgen; selten. (Die vordem als Didymodon bezeichnete Gattung, welche in diesem Buche unter Trichostomum gestellt ist.)
84. Büchsenmündung oft erweitert. Mundbesatz fehlt. (Fig. 73.) Pottia.
— nie erweitert. Mundbesatz: 16 lanzettliche Zähne. Anacalypta.
85. Haube kapuzenförmig, d. h. zugespitzt und seitlich bis zur Mitte geschlitzt. Büchse elliptisch, mit sehr dickem, ovalem oder kreiselförmigem Ansatz. Mundbesatz: 16 je 4 genäherte, gelbe, lanzettliche Zähne, welche feucht aufrecht oder einwärts-gekrümmt, trocken meist nach außen gebogen sind. Tetraplodon.
— kegel- oder blasenförmig. 86.
86. Haube klein, kegelförmig, seitlich etwas geschlossen. Büchse mit sehr dickem, kugelig- oder oval-gedunsenem Ansatz; Mittelsäulchen mit knopfig-verdickter Spitze, über die Büchse hervortretend. Zähne des Mundbesatzes feucht aufrecht stehend, einwärts-gekrümmt, trocken nach außen geschlagen (so daß sie dann kragenartig anliegen). Auch in Sümpfen des Flachlandes. (Fig. 74.) Splachnum.
— aufgeblasen-kegelförmig, seitlich geschlitzt, am Grunde eingeschnürt. Ansatz meist kürzer und dünner als die Büchse, nicht bauchig gedunsen (zum Unterschiede von den beiden vorigen Gattungen). Nur auf alpinen Gebirgen. 87.
87. Blätter abgerundet-stumpf, ganzrandig. Büchse eiförmig oder ei-länglich; Mundbesatz: Zähne feucht kuppelförmig zusammengeneigt, trocken aufrecht und ein wenig eingekrümmt. Dissodon.

Anm. Schon durch die stumpfen (nicht in eine Spitze ausgezogenen) Blätter von den verwandten Gattungen zu unterscheiden.

Blätter scharf zugespitzt, oft langspitzig, gegen die Spitze hin gesägt: Büchse ei-länglich bis walzenförmig. Mundbesatz feucht einwärts-gekrümmt und eingerollt, trocken nach außen kragenartig umgeschlagen und dicht angedrückt, oft auch lockig-hängend. Taryloria.

---

88. Fruchtstiel besonders im feuchten Zustande bogig-, oder doch an seiner Spitze hakig-gekrümmt, deshalb die Büchse hängend. Mundbesatz vorhanden. 89.
— bis zu seiner Spitze gerade. Büchse aufrecht oder geneigt. Mundbesatz meist fehlend. 90.
89. Fruchtstiel nur an seiner Spitze hakig-gekrümmt. Büchse länglich-eiförmig. Desmatodon.
— ruthenartig gebogen. Büchse birnförmig. Funaria.
90. Büchse keulen-birnförmig. Mundbesatz vorhanden. An alpinen Felsen. Mielichhoferia.
— plump birn- oder kugeleiförmig. Mundbesatz fehlt. Auf dem Erdboden überall. 91.
91. Stämmchen etwa 2 mm hoch. Büchse birnförmig. Haube glockig, genau vierseitig (längs-vierkantig), weit unter die Büchse herabreichend. Sehr selten. Pyramidium.
— 3 mm bis über 1 cm hoch. Büchse birn- oder kugelförmig; Haube nicht kantig, kaum so lang als die Büchse. 92.
92. Haube mützenförmig, kaum die halbe Büchse deckend, am Saum 3—4 mal geschlitzt; Deckel mit sehr kurzer oder längerer Spitze. (Fig. 75.) Physcomitrium.
— über die ganze Büchse, seitlich geschlitzt; Deckel sehr flach gewölbt, völlig ohne Spitze. Außerdem dem vorigen überaus ähnlich. Enthostodon.

---

93. Stämmchen 1—5 cm hoch. Fruchtstiel 1—3 cm. Büchse länglich-eiförmig, 1—3 mm lang, mit schiefem Schnabel. Nur auf den höchsten Alpenketten. Voitia.

— höchstens bis 1 cm hoch. Fruchtstiel meist scheinbar fehlend (dann die Büchse den Hüllblättern eingesenkt) oder nur bis 1 mm. 94.

94. Stämmchen 0,1—1 cm hoch. Blätter glänzend, elastisch, haarfein, aus kurzem, eiförmigen Grunde pfriemlich lang ausgezogen, 4 mm lang. (Fig. 76.) 95.

Stämmchen nur etwa 1—2 mm hoch. Blätter meist knospenförmig zusammengelegt, lanzettlich, ei-lanzettlich, oder eiförmig, zugespitzt oder mit kurzer Stachel- oder Haarspitze auslaufend. 96.

95. Büchse mit schiefem Schnäbelchen oder Spitzchen; Haube kapuzenförmig. Blätter und Büchse meist glänzend. (Fig. 76.) Pleuridium.

— mit geradem Schnäbelchen. Haube glockenförmig. Sehr selten. Bruchia.

96. Das ganze Pflänzchen etwa 1—2 mm hoch. Blätter eiförmig, zu einer dichten Knospe geschlossen, so daß man die Büchse gar nicht sehen kann (erst herauslösen muß). Büchse kugelrund (sogar mit kaum merklichem, fast fehlendem Warzenspitzchen). Sphaerangium.

— — — größer, oder ebenso klein (dann aber die Blätter breiter und das ganze Pflänzchen nicht knospenartig geschlossen). Büchse meist eiförmig. 97.

97. Blätter mindestens gegen die Spitze hin gezähnt oder gekerbt. 98.

— durchweg ganzrandig. 101.

98. Sporen nierenförmig, warzig. Stengel mit bloßem Auge gar nicht zu erkennen, das ganze Pflänzchen kaum bis 1 mm hoch. 99.

— meist kugelrund, dicht feinstachelig. Stengel mehr oder minder zu erkennen, das ganze Pflänzchen etwa 2—6 mm hoch. 100.

99. Haube glockenförmig. Ephemerum.

— kapuzenförmig. Aeußerst selten. Ephemerella.

100. Blattrippe kräftig, durchlaufend, als Pfriemenspitze sich fortsetzend. Archidium.

— an der Blattspitze verschwindend. Räschen bleichgrün. Physcomitrella.

101. Blätter eiförmig, scharf zugespitzt, gegen die Spitze am Rücken warzig=rauh. Büchse fast stiellos, kurz geschnäbelt. Stämmchen 1—3 mm hoch. Microbryum.

Blätter verschiedenartig, an der Spitze nicht warzig=rauh. Büchse auf bis 5 mm hohem Fruchtstiel, oder fast ungestielt. Stämmchen bis 1 cm, selten unter 3 mm hoch. (Fig. 77, 78.) Phascum.

III. Tabellen zum Bestimmen der Arten.

Abkürzungen: br. = breit, h. = hoch, l. = lang, eif. = eiförmig, kegelf. = kegelförmig.

1. Fam. Hypnaceen (Schlafmoose)*).
a. Gruppe: Hypneen.
1. Hylocomium Schpr. Hainmoos.
(hylocomos, Waldbewohner.)

Blätter wagerecht oder sparrig-abstehend; Hauptzweige mit kopfig- oder sternig-sparrig beblätterten Spitzen.
1. Zweige wedelartig doppelt-gefiedert. 2.
 — einfach- oder kaum gefiedert. 3.
2. Rasen sehr glänzend. Hauptstamm niederliegend-aufsteigend, meist etwas holzig, 0,5—2 dm l. Zweige regelmäßig und dicht doppelt-gefiedert, stufig über einander. Blättchen klein, eif., lang zugespitzt, rippenlos. Büchse länglich eif., gekrümmt; Deckel geschnäbelt. In Wäldern, unter Gebüschen u. s. w.; überall gemein. Früchte nicht zu häufig, reifen im Mai, Juni. Glanzmoos. H. splendens Hedw.
 — fast glanzlos, lebhaft grün, etwas starr. Hauptstamm niederliegend-aufsteigend, etwa 1 dm l., mit unregelmäßig doppelt-gefiederten, schweifenden Zweigen, die unter den Blättern mit gelbgrünlichen, starren Fasern (wenigstens unter der Lupe) auffällig besetzt sind. Blätter klein, abstehend, herz-eif., gefurcht, etwas gesägt, rippenlos. Büchse kurz-eif., gefurcht, etwas gekrümmt. In Gebirgen (Rhön, Schwarzwald, Vogesen) am Grunde alter Bäume sowie an Gestein und auf der Erde; selten. Frühling. Schattenliebendes H. H. umbratum Ehrh.

---

*) Die Gattungen 1—18, welche die Familie der Hypneen bilden, sind von früheren Autoren allesammt als die einige Gattung Hypnum begriffen worden. Da aber die Zerlegung der vordem übergroßen Gattung Hypnum wissenschaftlich genugsam begründet und heutzutage allgemein angenommen ist, so giebt auch dieses Buch die betreffende Eintheilung.

3. Blätter mit Mittelrippe. 4.
— ohne Mittelrippe, dafür am Blattgrunde oft zwei sehr kurze, zarte Rippchen. 6.
4. Rasen ziemlich zart, aber starr, freudiggrün mit Goldschimmer, oder goldbräunlich; Stämmchen dünn, meist nur wenige cm l., büschelig verästelt, mit meist dicht gefiederten Zweigen, aufrechten Aestchen. **Blätter nur etwa 1 mm l.**, aus dreieckigem Grunde pfriemlich ausgezogen, hohl, glatt, ganzrandig, sparrig wagerecht-abstehend; Mittelrippe stark, aber gegen die Blattmitte verschwindend. Büchse walzenf., eingekrümmt, orangebraun. Im Gebirge, selten in der Ebene; auf mergeligem oder kalkhaltigem Boden, an gebüschigen Abhängen und Triften, meist mit Hypnum molluscum untermischt; nicht zu häufig. Sommer. (Hypnum polymorphum Hook. et Tayl.) Goldblättriges H. H. chrysophyllum Brid.

<small>Anm. Rasen ebenfalls zierlich-zart und die Blätter nur etwa 1 mm l., aber letztere scharf gezähnt: siehe Rhynchostegium Stokesii und praelongum.</small>

— derb. **Blätter etwa 2 mm l., gefurcht.** 5.
5. Rasen goldbraun oder gelbgrünlich, Stengel und Zweige unregelmäßig verzweigt, Zweigspitzen kaum auffällig sparrig beblättert. Blätter etwa 3 mm l., steif, ei-lanz., pfriemlich ausgezogen, **sehr schwach gefurcht**, ganzrandig; Rippe nur bis über die Mitte. Büchse länglich-eif., mit nach der Reife stark abgesetztem Halse, leicht gekrümmt; Deckel kurz gespitzt. Auf Mooren und Torfsümpfen. Früchte reichlich, reifen zum Sommer. Vielfrüchtiges H. H. polygamum Schpr.
— grün, rauschend. Blätter stark gefurcht; Mittelrippe erst kurz vor der Blattspitze verschwindend. Deckel geschnäbelt. Siehe Rhynchostegium striatum.
6. **Blätter am Grunde kaum bis 0,5 mm br., fast oder völlig glatt (ungefurcht), ganzrandig oder höchstens an der Spitze etwas gesägt.** 7.
— **am Grunde 0,5—2 mm br., besonders trocken stark gefurcht, meist stark gesägt. Sehr derbzweigige, trocken rauschende Rasen.** 10.
7. Rasen blaßgrün, locker und weich, mit schlank aufrechten, etwa fingerhohen, gleichhohen Hauptzweigen. **Blätter aus breit-eif. Grunde mit zurückgeknickter, lang lanz.-pfriemlicher Spitze, faltenlos, an der Spitze scharf gesägt**; am Gipfel der Hauptzweige sind sie sternig-gespreizt und gleichsam springquellartig zurückgebogen. Büchse eif., braunroth; Deckel scharf zugespitzt. Auf jeglichen Wiesen und Grasplätzen, unter Gebüschen sowie in lichten Wäldern, überall sehr gemein. Früchte selten, reifen im Winter und Frühling. Sparriges H. H. squarrosum L.
— sehr elastisch. **Blätter aufrecht- oder sparrig-abstehend, aber nicht zurückgeknickt, zuweilen ein wenig gefurcht.** Büchse schlank, elliptisch-walzenf., rostbraun. 8.
8. Rasen aufrecht, 5—15 cm h., ansehnlich, schwellend, gelb- oder braungrün oder goldbraun und stets goldglänzend, an den Zweigspitzen mit

sternartig=gespreizten Blättern. Blätter etwa 2 mm l., ei=lanz., scharf
zugespitzt, schwach gefurcht, ganzrandig, zuweilen mit Andeutung einer
Mittelrippe. Büchse länglich, etwa 3—4 mal so l. als dick, gebogen
und oft bis wagerecht übergeneigt, angenehm orangebraun. Auf Torf=
mooren (daselbst gern mit Hypnum nitens und anderen Sumpfmoosen
untermischt), in Erlenbrüchen, auf Sumpfwiesen; nicht zu häufig.
Früchte ziemlich häufig, reifen im Sommer. Gesterntes H. H. stellatum Schreb.

Anm. Dieser Art ähnlich ist das seltenere H. polygamum, welches sich aber
außer durch die Mittelrippe schon durch weniger sparrige und fast ungefurchte
Blätter, sowie zweihäusigen Blüthenstand unterscheidet.

Anm. Blätter ganzrandig, 1—2 mm l. In schattigen Wäldern. Siehe Gatt.
Plagiothecium.

— kriechend, zart; Stengel nur 1—3 cm l. Blätter klein (etwa 0,5 mm l.),
gezähnelt. Nicht auf Sümpfen. 9.

9. Rasen kriechend, mit schwach aufstrebenden Aestchen, wirr und
zart, gelb oder gelblichgrün; Stämmchen gefiedert, 1—3 cm l. (hat
einige Aehnlichkeit mit Amblystegium serpens). Blätter oft fast ein=
seitswendig, aus eif. Grunde lanz.=pfriemlich, seicht buchtig ge=
zähnelt. Büchse länglich, gekrümmt, rostbraun, auf röthlichem, etwa
2 cm l., an der Spitze zierlich gebogenem Fruchtstiel, stark geneigt. Auf
gebüschig=schattigem und steinigtem Boden, an Baumwurzeln oder Steinen;
ziemlich selten. Mai, Juni. Sommerfeldt'sches H. H. Sommer-
feltii Myrin.

— dicht und etwas starr, breit, Stämmchen kriechend, mit meist aber
nur 1 cm h. aufrechten, etwas struppigen Aesten, grün bis goldgelb.
Blätter klein, starr, eif., mit kurzer, meist zurückgeschlagener
Spitze; Blattzellen sehr klein aber derb, gelblich, in den Blattwinkeln
winzig=quadratisch. Büchse walzenf., geneigt und gekrümmt, orange;
Fruchtstiel lang, orange. In Kalkgebirgen an nassem Gestein; im süd=
lichen Gebiete ziemlich häufig, in Norddeutschland sehr selten (im Harz,
im Wesergebirge). Sommer. Haller'sches H. H. Halleri L. fil.

10. Rasen überaus derb und elastisch, hingestreckt, bräunlichgrün, sehr glän=
zend; Stämmchen 1—2 dm l., unregelmäßig verzweigt und entfernt
gefiedert. Blätter aus ei=lanz. (etwa 0,5 mm br.) Grunde in
eine lange, haarfeine, bogig zurückgekrümmte Pfriemenspitze
ausgezogen, besonders an der Spitze gesägt. Büchse gedrungen=eif.,
braunroth, bis wagerecht geneigt. In Gebirgen sehr häufig oder gemein,
daselbst besonders in Tannen= und Buchenwäldern auf der Erde oder am
Grunde der Bäume oder über Gestein; dagegen in der Ebene überaus
selten. Früchte besonders an nässigen Orten fast stets vorhanden, reifen
im Winter. Riemenstengliges H. H. loreum L.

Blätter auffällig dreieckig, aus 0,5—2 mm br. Grunde lanz. zu=
gespitzt. 11.

11. Rasen überaus derb, starr, gelblich= oder bräunlichgrün; Stämmchen sowie Verzweigung sehr plump, etwa 4 mm dick, 1—2 dm l., aufrecht oder aufsteigend, entfernt gefiedert, am Gipfel mit dickköpfig= gehäufter Beblätterung. Blätter sehr ansehnlich (1—2 mm br., 3 bis 4 mm l.), sparrig=abstehend oder zurückgebogen, herzf.=dreieckig (besonders die Stengelblätter), stark gesägt, stets sehr gefurcht, der Blatt= rücken von spitzen Zähnchen rauh. Büchse dick, eif., braunroth; Deckel nicht geschnäbelt. Ueberall in lichten Wäldern und unter Gebüschen; fast gemein. Früchte nicht häufig, reifen im Spätherbst und Winter. Dreieckblättriges H. H. triquetrum L.

Rasen ansehnlich, locker, blaß= oder freudiggrün; Stengel 7—14 cm l., Zweige etwa 2 mm dick, dicht mit Paraphyllien besetzt, lagernd, büschelig=ästig oder gefiedert. Blätter aus (kaum über 1 mm) breitem, abgerundetem Grunde ziemlich plötzlich zugespitzt, unregelmäßig gefurcht, gesägt, am Grunde zwei sehr kurze Rippchen. Büchse eif., 2 mm l.; Deckel mit kurzem Schnabel (fast nur einer deckelhohen Spitze). Besonders in Gebirgen: in schattigen Wäldern oder Brüchen, am Grunde alter Bäume, an Gestein, auch auf bloßer Erde; ziemlich selten, aber stellenweise (z. B. im Wesergebirge bei Münden) sehr häufig. Frühling. Kurzschnäbliges H. H. brevirostrum Br. et Sch.

2. Hypnum Dill. (Schlafmoos).*)
(hypnos, Schlaf.)

Größe und Tracht der Rasen sehr verschieden. Büchse länglich gekrümmt und geneigt, auf glattem Fruchtstiel. Mundbesatz vollkommen entwickelt, doppelt; der äußere: 16 lanz. hygroskopische Zähne, welche mit Querbalken versehen sind; der innere: eine zarte, kielfaltige Haut, aufwärts in 16, mit den äußeren Zähnen alternirende Fortsätze getheilt, zwischen denen je 2—3 Wimpern.

I. Illecebra. Blätter allseitig, gerade (nicht gekrümmt), die Zweig= spitzen bilden eine aufrechte, glatt=geschlossene, eif. oder längliche Endknospe. (Fig. 29.)

1. An trockenen, oder doch nur schattig=feuchten Plätzen in Wäldern und auf Wiesen. Stets regelmäßig gefiedert. Fruchtreife Anfang Winter bis zum Frühling (Früchte aber selten). 2.

An sehr nassen Orten (sumpfigen Wiesen und Torfmooren). Gefiedert oder kaum etwas gefiedert. Fruchtreife Anfang Sommer. 3.

Anm. An Baumstämmen oder Gestein, siehe die Gattung Isothecium.

2. Stengel locker beblättert, durchscheinend roth, Astspitzen langgestreckt. Blätter etwas aufrecht=abstehend, ganzrandig, rippenlos oder am

---

*) Galt nebst den übrigen Hypneen vordem als Schlafmittel. Der Name könnte mit dichterischem Recht auch bezogen werden auf die gleichsam schlafmüde Streckung der Ver= zweigung, auch auf die meist schwellenden Polster dieser Moose, auf welchen gut ruhen ist.

Kummer, Mooskunde. 3. Aufl.

Grunde mit kurzer, schwächlicher Doppelrippe, sonst w. b. f. Deckel kegelf., stumpf. Sporen griesartig gekörnt. Auf Wiesen, Rasenplätzen, in Wäldern, an Gräben u. s. w.; allerorten gemein. Schreber'sches Sch. H. Schreberi. Willd.
>Anm. Hat in Tracht größte Aehnlichkeit mit dem selteneren, nur auf Kalkboden vorkommenden Cylindrothecium concinuum.

— gedunsen beblättert, durchscheinend grün, Astspitzen kurz und stumpf. Zweige blaßgrün, stielrund, meist sehr regelmäßig gefiedert. Blätter locker angedrückt, breit eif., aber plötzlich gespitzt, fein gesägt, Rippe bis etwa zur Blattmitte. Deckel etwas gespitzt. Sporen glatt. Standort w. b. v. und ebenso gemein allerorten. Früchte ziemlich selten, reifen vom Winter bis zum Frühling (beim v. vom Herbst bis zum Winter). Blaßgrünes Sch. H. purum L.
>Anm. Sind die Stengel nur etwa 2 cm l., sehr gedunsen, büschelig, ungefiedert: siehe Rhynchostegium illecebrum.

3. Blattrippe vorhanden, erst gegen die Mitte oder vor der Spitze des Blattes verschwindend. Blätter stumpf. 4.

Rasen dicht, aufrecht, etwa fingerhoch, steif, grün oder gebräunt. Zweige von der Spitze bis zum Grunde meist regelmäßig gefiedert, etwas härtlich und starr. Blätter eif., fein zugespitzt; Blattrippe fehlt gänzlich. Büchse ei-walzenförmig, gekrümmt-übergebogen, aber der Büchsenhals nimmt (zum Unterschiede von H. cordifolium) nicht an der Krümmung Theil, etwa 3 mm l., mit gehobenem Rücken, oliven- braun, später gelbröthlich. Fruchtstiel etwa 3—4 cm l. Ueberall auf nassen Wiesen und Sümpfen; gemein. Früchte meist reichlich vorhanden, reifen im Sommer. Spießförmiges Sch. H. cuspidatum L.

4. Blätter 2—4 mm l., aufrecht- bis wagerecht-abstehend. 5.
— nur 1—2 mm l., angedrückt, daher die Aeste stielrundlich. 6.

5. Rasen sehr locker, etwa fingerhoch und darüber, aufrecht, zartgrün, gedunsen-weich; Zweige schlank und kerzengerade, kaum etwas ge- fiedert. Blätter sehr breit, aus herzförmigem Grunde eif., stumpf, gedunsen-hohl. Büchse ei-walzenförmig, übergebogen, ein wenig ge- krümmt und der Büchsenhals nimmt (zum Unterschiede von H. cuspi- datum) an der Krümmung Theil, olivengrün, später braun. Ein- häusig. Auf Sumpfwiesen, Torfmooren, an Teichrändern; nicht allzu häufig. Früchte ziemlich häufig, reifen im Sommer. Herzblättriges Sch. H. cordifolium Hedw.
>Anm. In der Tracht merklich verschieden von H. cuspidatum, lockerer, gedunsen, weicher, nicht gefiedert, zartgrün; kommt gern als bessen Begleiter auf sumpfigen Wiesenplätzen vor, ist aber nicht so häufig.

Stengel fußlang und darüber, dicht- und regelmäßig-gefiedert, sonst dem vorigen ähnlich. Blattrippe bis über die Mitte; Zellnetz enger als b. v. Diöcisch. Auf Sümpfen, in Gräben, oder in sonstigen Wasseransamm- lungen, daselbst als dichte schmutziggrüne oder braune, aufrechte, oder

fluthende Rasen; nicht selten, Früchte aber überaus selten. **Riesen-Sch.** H. giganteum Schpr.
6. **Stengel 1—3 dm l.**, meist einfach oder kaum verzweigt und überaus entfernt gefiedert, fädig-schlaff, zu dichten, blaßgrünlichen Rasen gedrängt, zuweilen einzeln zwischen anderen Moosen klimmend. **Blätter glatt.** In und an Sümpfen, gern daselbst am grasigen Rande. Früchte selten, reifen im Mai, Juni. **Strohgelbliches Schl.** H. stramineum Diks.
— **1—4 dm l.**, sehr schlank, schlaff, aber etwas starr, meist **büschelig verzweigt**, die Zweige gefiedert, abwärts geschwärzt und blätterlos, oberwärts mit drehrunden, keulen- oder schlangenförmigen Aesten. Rasen dicht, massig, gelb- oder freudiggrün. **Blätter gefurcht.** Hie und da auf norddeutschen Moorsümpfen, ebenso auf alpinen Moorwiesen (z. B. massenhaft im Riesengebirge auf den nassen Wiesengründen beim Elbfall). **Dreizeiliges Sch.** H. trifarium. Web. et M.

II. Falcifolia. Blätter zweizeilig, sichelf. und einseitswendig; Zweigspitzen haken- oder krallenf. gekrümmt. (Fig. 25—28.)
1. **Mittelrippe vorhanden**, reicht meist bis gegen die Blattspitze. 2.
— **fehlt gänzlich**, anstatt derselben ist am Blattgrunde zuweilen Andeutung von zwei divergirenden Streifchen oder Rippchen. 17.
2. **Stamm und Zweige wedelartig-gefiedert, bis in ihre Spitzen mit braunem oder braungrünem Wurzelfilz zart durchzogen. Mittelrippe sehr stark**, erst kurz vor oder in der Blattspitze verschwindend. Früchte ziemlich selten, reifen im Sommer. (Untergatt. Cratoneuron.) 3.
Anm. Der Wurzelfilz ist meist schon bem bloßen Auge wahrnehmbar, zuweilen erst unter scharfer Lupe und nur spärlich vorhanden.
— — — **ohne Wurzelfilz** (wenigstens nicht bis hinauf). 5.
3. **Schlanke, fast zarte, kurz gefiederte Zweige, aufrecht- oder kriechend-anliegend**, mehrere cm l., bis in die Spitze auffällig vom Wurzelfilz durchzogen. Fiederästchen kaum 1 cm l., sehr dünn. **Blätter spießf., ohne Längsfalten, meist glänzend, gesägt, Blattzellen 3—4 mal so l. als br.**, derber als bei der folgenden Art; Rippe fast oder völlig durchlaufend. An sumpfigen oder quelligen Orten. **Farnfiederiges Sch.** H. filicinum L.
Zweige meist aufrecht, ansehnlich. **Blätter über 1 mm l., längsfaltiggefurcht.** Wurzelfilz spärlich. 4.
4. **Rasen starr, fast glanzlos. Blätter gehöhlt, längsfaltig, ganzrandig, trocken verbogen; Rippe dick, erst vor der Blattspitze verschwindend. Blattzellen 5—6 mal so l. als br.** An quellig-sumpfigen, kalkhaltigen Orten, abwärts von der Kalksubstanz durchbrungen und wie versteinert. Grüne oder rostbraune Rasen. **Umgeändertes Sch.** H. commutatum. Hedw.

Tracht b. v. Stengel noch robuster, entfernter und wenig regelmäßig gefiedert, kaum etwas wurzelfilzig, aufrecht oder fluthend. Blätter tiefer längsfaltig-gefurcht, fast ganzrandig, trocken nicht verbogen; Rippe dicker, fast bis zur Spitze; Blattzellen enger, etwas verbogen. An kalkhaltigen, quelligen oder sumpfigen Orten. **Sichelblättriges Schl.** H. falcatum Brid.

5. Rasen derb, plump, aber weich, mattglänzend-flimmerig in Folge der wellig fein quer-gerunzelten Blätter, bleich-gelbgrün oder grün. Stengel aufsteigend, etwa fingerlang, plump, etwa 3 mm dick, unregelmäßig gefiedert. Blätter dicht gestellt, ei-lanz., schmal zugespitzt, auf dem Rücken von scharfen Zähnchen rauh; Blattrand zurückgerollt, an der Spitze gesägt; Blattrippe schwach, etwa in der Mitte verschwindend. Früchte in Deutschland noch nicht gefunden. In Gebirgen, besonders auf gebüschigem Kalkboden, hie und da häufig. **Runzelblättriges Sch.** H. rugosum Ehrh.

Blätter längsfaltig-gefurcht. 6.

— glatt (d. h. ohne Längsfalten und Runzeln). (Unterg. Harpidium.) 8.

<small>Anm. Blätter glatt, aber mit austretender Rippe und der Stengel 3zeilig beblättert. Siehe die sehr seltene Gattung Dichelyma.</small>

6. Rasen locker, grünlich, gelbgrün oder goldgelb; unregelmäßig und entfernt gefiedert, mit schlanker, etwa fingerlanger, aufrechter oder aufsteigender Verzweigung. Blätter mindestens 2 mm l., schmal-lanz., halbkreis- bis fast kreisf. gebogen, tief gefurcht, in eine sehr lange feine Spitze ausgezogen; Rand schwächlich gesägt; Rippe sehr dünn; Blattzellen sehr l. und schmal, in den Blattflügelwinkeln plötzlich sehr groß und glashell oder bräunlich. Büchse schlank, unter der Mündung kaum eingeschnürt. An schattig-feuchten Orten: am Grunde alter Bäume, an schattigem Gestein sowie auf bloßer Erde. In Gebirgen sehr häufig, im Flachlande selten. Früchte fast das ganze Jahr reichlich vorhanden. **Hakiges Sch.** H. uncinatum Hedw.

<small>Anm. Blätter kaum über 1 mm l. An Felsen der Hochgebirge. Siehe H. Heufleri.</small>

Auf Sümpfen oder Sumpfwiesen, in Gräben, Tiefen. Früchte sehr selten. 7.

7. Starre, aufrechte, gelblichgrüne bis goldgelbe, ansehnliche, etwa fingerhohe Rasen. Stengel und Astspitzen stark eingekrümmt, fast breitwulstig gerundet, sehr glänzend. Blätter länglich-lanz., völlig ganzrandig; ohne quadratische auffällige Blattflügelzellen. Auf Sumpfwiesen; nicht häufig. Sommer. **Firnißglänzendes Sch.** (H. pellucidum Wils.) H. vernicosum Lindb.

<small>Anm. Blätter fast durchweg fein gesägt, trocken mit gedrehter Spitze. Siehe H. exannulatum.</small>

Schlaff-flauschige, dicke Polster, abwärts rostbraun, fast nur die Spitzen glänzend grün oder goldgelb. Stengel niederliegend, sehr entfernt verzweigt, finger- oder spannlang, Zweige plump, etwa 3 mm dick, besonders gegen die Spitzen hin verdickt. Blätter 1 mm br., 2—3 mm l., gedunsen eif., wenigstens die untern mit durchlaufender Rippe, die Gipfelblätter rippenlos. Früchte äußerst selten. An und in Sümpfen, gern da zwischen Binsen und Rieten. **Bärlappiges Sch.** H. lycopodioides Schwgr.

<small>Anm. In Tracht sehr ähnlich dem H. scorpioides, aber schon durch die Rippe sicher zu unterscheiden.</small>

8. Auf Sümpfen, Sumpfwiesen, in nassen Gräben und Tümpeln (aber nicht an Gestein daselbst). 9.

— An überflutetem oder überrieseltem Gestein. Siehe die Gattung Limnobium.

9. Blätter gerade oder wenig sichelförmig, schlaff, oft nur die Stengelspitze mehr oder minder hakig gebogen. 10.

— fast kreisbogig, die Zweige dadurch lockig. 13.

10. Blätter schwach gefurcht, fast am ganzen Rande fein gesägt. Siehe H. exannulatum.

— ungefurcht 11.

11. Blattflügelzellen quadratisch, goldgelb oder braun. 12.

— scharf abgegrenzt, rechtwinklig, farblos-wasserhell. Abarten von H. aduncum.

12. Rasen sehr weich, locker, strohgelblich bis röthlich, glänzend. Stengel fast einfach, schlank. Blätter aufrecht, steif, lang und flach, länglich-lanz., nicht pfriemlich zugespitzt, ganzrandig. Blattflügelzellen braun, wenige. In Gräben und Sümpfen, selten. H. pseudostramineum C. Müll.

— grünlich, gelbgrünlich oder bräunlich; Stengel schlank, meist schlaff hingestreckt oder fluthend, fiederästig, bis fußlang. Blätter einige mm l., lang-lanz., sehr locker gestellt, lang zugespitzt, durchweg wenig oder gar nicht sichelf. gebogen (oft nur an der Stengelspitze), mit meist erst vor der Spitze verschwindender, starker Rippe; ganzrandig oder schwach gesägt. Blattflügelzellen stark aufgeblasen, quadratisch, goldgelb. In Gräben nasser Wiesen, auf Sümpfen, in Tümpeln; überall ziemlich häufig. Früchte sehr selten, reifen im Sommer. **Fluthendes Sch.** H. fluitans Hedw.

13. Blattflügel mit quadratischen Zellen, welche durch ihre Größe auffällig hervortreten. 14.

— ohne irgendwie auffällige Zellen. 16.

14. Rasen weich, grün, braungrün bis purpurn, aufrecht, 1—2 dm h., Stengel reichästig. Blätter sichelförmig, trocken mit gedrehter Spitze, schwach gefurcht, fast durchweg fein gesägt. Ring fehlt. Zweihäufig. In Gräben, Sümpfen, ziemlich häufig. **Ringloses Sch.** H. exannulatum Gymb.

Blätter nicht gefurcht, mehr oder minder ganzrandig. Ring vorhanden. 15.

15. Rasen grün, gelbgrünlich oder bräunlichgelb; Stengel finger- bis handlang, zerstreut-fiederästig. Blätter der Aeste ei-lanz., Stengelblätter aus fast dreieckigem Grunde lanz. kurz ausgezogen, meist völlig ganzrandig, allseitig; Zellnetz locker und weich, Zellen alle kurz (nur 3—4 mal so l. als br.), abwärts sehr allmälig verkürzt bis quadratisch, Blattflügelzellen plötzlich groß, quadratisch, glashell. Ueberall auf Sümpfen sehr häufig. Früchte selten, reifen im Mai und Juni. — Eine in Färbung und Größe der Stengel, Verästelung und Stellung der Blätter (welche abwärts oft allseitig abstehen, an den Gipfeln eine hakig-eingebogene Spitze bilden) sehr veränderliche Art. Bogiges Sch. H. aduncum Schpr.

    Abart: Kneiffii Schpr., Stengel lang, schlaff, verbogen, aufsteigend, mit einfachen oder wenig verästelten Zweigen, kaum gefiedert. Blätter wenig gebogen, Rippe nur bis zur Mitte. In trockenen Gräben.

    — capillifolium Warnst. Blätter sehr lang; gerade, in eine etwa 2 mm l. Spitze haarförmig ausgezogen, mit starker, bis zur äußersten Spitze fortgeführter Rippe.

Rasen ansehnlich, sehr locker und weich, dunkelgrün oder gebräunt. Blätter breit, länglich-lanz.; Rippe bis vor die Blattspitze; Zellnetz dicht, Zellen eng, lang und dicht, in den Blattflügelwinkeln einige große, fast quadratische, dickwandige und meist braungelbe. Ueberall, aber nicht häufig. Sendtner'sches Sch. H. Sendtneri Schpr.

    Abart: Wilsoni Schpr. derber: Stengel fußlang, meist ganz einfach, entfernt gefiedert. Blätter auffällig groß, in eine lange Spitze ausgezogen.

    — hamifolium Schpr. Stengel überaus derb, etwa fußlang, trocken sehr starr, von Grund auf dicht beblättert. Blätter derb, starr-sichelförmig, nicht in eine Spitze ausgezogen; Rippe kräftig, bis in die Blattspitze. Selten.

16. Rasen kräftig, gelbgrün, oft purpurbräunlich, Blätter sichelf., breit eilanz., zugespitzt, ganzrandig. Zellen sehr eng, wurmförmig, am Grunde nur 2 Reihen etwas kürzer und weiter. In Sümpfen, nicht zu selten. H. Cossoni Schpr.

    — weich, purpurbraun, purpurroth bis schwärzlich. Stengel geschlängelt-aufrecht, wenig verzweigt, durch die fast kreisf. gekrümmten Blätter ringelig-walzenf., Blätter gedrängt, einseitswendig, schmal lanz. mit langer, haarförmiger Spitze, ganzrandig; Rippe über der Mitte verschwindend. Zellnetz durchweg sehr eng. In Sümpfen der Gebirge, nicht häufig. Rollblättriges Sch. H. revolvens Schwägr.

17. Die Zweige von der Spitze bis zum Grunde so dichtgefiedert, daß alle Fiederchen sich berühren; daher zierliche, breit=lanz. Wedel darstellend. 18.

Entfernt= oder sehr unregelmäßig=gefiedert. (Untergatt. Drepanium). 19.

Anm. An überflutetem oder überrieseltem Gestein; siehe die Gatt. Limnobium.

---

18. Stengel einfach, von der Spitze bis zum Grunde überaus dicht gefiedert, einen etwa fingerlangen, flachen Wedel bildend, 1—2 cm br., grün oder gelbgrün, von seidigem Glanze. Blätter schmal lanz., lang zugespitzt, längsfaltig, ganzrandig, nur an der Spitze gesägt; Blattzellen zusammenfließend. Büchse etwa 3 mm l., derb, walzenf., sich krümmend, wagerecht; Deckel stumpf; Fruchtstiel mehrere cm l. Auf schattigem Waldboden oder feuchtem Gestein, besonders in Gebirgen; nicht häufig. Früchte selten, reifen im Sommer. (Untergatt. Ctenium.) Federbuschiges Sch. H. Crista Castrensis L.

Stengel sehr verzweigt, die Verzweigungen dicht gefiederte Wedelchen von 1—3 cm Länge bildend, gelbgrünlich oder gebräunt, zu dichten, wolligen Rasen gedrängt. Blätter aus breit=herzförm. Grunde in eine lange, dünne Spitze auslaufend, glatt (ohne Furchen), fast durchweg gesägt. Büchse dick=eif, meist nur 1 mm l., nicht gekrümmt; Deckel kegelf., gespitzt. Besonders in Kalkgebirgen: auf feuchtem, leicht beschattetem Boden, gern an gebüschigen Abhängen. In den Gebirgen häufig, in der Ebene selten. Früchte nicht häufig, reifen im Herbst. (Untergatt. Ctenidium.) Wolliges Sch. H. molluscum Hedw.

Anm. In manchen größeren Formen mit 4—8 cm l. Wedeln in Tracht d. v. ähnlich.

19. Rasen etwas zart und weich. Aestchen nicht über 1 mm br., gerundet durch die fast dachziegelförmig gelagerten Blätter. Blattflügelzellen winzig quadratisch. Deckel citron= oder bleichgelb. Einhäusig. 20.

Rasen mehr oder minder derb. Aestchen meist über 1 mm br. Blätter 2 zeilig, einseitswendig stark eingekrümmt. Blattflügelzellen größer quadratisch, reichlich, locker, wasserhell=farblos oder gelblich. Büchse über 1 mm l.; Deckel orange oder braunroth, kurz. Zweihäusig. 24.

20. Blätter ganzrandig. Nur an Gestein. 21.

— wenigstens an der Spitze gesägt. Nur an Bäumen und Baumstümpfen. 22.

21. Rasen zart, grünlich und bräunlich; Stengel gefiedert. Blätter ei=lanz., sehr gekrümmt; Blattflügelzellen quadratisch, wenige. Büchse klein, länglich, gekrümmt, wagerecht, rosthell, unter der Mündung eingeschnürt. An Felsen, sehr selten (Pottenstein in Oberfranken, München). Sommer. Sauter'sches Sch. H. Sauteri Br. et Sch.

Stengel schlank und zart, mit fadenf., meist verbogenen, gefiederten, aufgekrümmten Aestchen. Blätter lanz.=pfriemlich, lang zugespitzt. Blatt=

flügelzellen quadratisch, winzig. An schattig-feuchtem Gestein und Gemäuer, besonders in Gebirgen; nicht häufig. Fruchtreife Ende Frühling. Eingekrümmtes Schl. H. incurvatum Schrad.

22. Rasen blaß gelblich-grün, zart; Stengel gefiedert. Aestchen liegend, aber aufsteigend, etwas gekrümmt. Blätter lanz. zugespitzt, Rand flach, durchweg gesägt oder gezähnelt; Blattzellen schmal, aber kurz, Blattflügelzellen reichlich, dunkelgelb oder grün. Perichätialblätter tief längsfaltig. Büchse geneigt, unverbogen, rostgelblich; Deckel blaß orange, pfriemlich geschnäbelt (Schnabel so l. als der Deckel). Nur in Gebirgen: besonders an alten Nadelhölzern; selten. Blaßgelbes Schl. H. pallescens Schpr.

Blattrand unten zurückgeschlagen. Deckel stumpf oder kegelf. zugespitzt. 23.

23. Rasen derb, aber weich, flach, dicht verzweigt, und angenehm grün oder gelbgrünlich; Stengel angedrückt-kriechend, dicht gefiedert. Blätter aus ovalem Grunde fast haarförmig ausgezogen, stark gekrümmt, nur an der Spitze entfernt gesägt. Büchse länglich eif., 2—3 mm l., geneigt, gekrümmt, rostgelb, mit rothbraunem Rücken; Deckel stumpf. Auf den Alpen und fast allen süddeutschen Gebirgen: an faulenden Baumstämmen; stets reichlichst fruchtend. Sommer. (H. crinale Schleich.) Reichfrüchtiges Sch. H. fertile Sendt.

Rasen freudiggrün, dicht, kriechend; Stengel unregelmäßig gefiedert, starr, zerbrechlich, mit kurzen, aufrechten, eingekrümmten Aestchen. Blätter dicht gedrängt, durch starke Krümmung sehr zierlich, schmal zugespitzt, über der Mitte scharf gesägt; Blattflügelzellen spärlich und winzig. Hüllblätter längsfaltig, sehr lang. Büchse klein, aufrecht, gekrümmt, schmal; Deckel aufschwellend-convex, kegelf. gespitzt. Nur in Gebirgen: auf alten Baumstöcken; selten. Kriechendes Sch. H. reptile Mich.

24. Blätter durchweg gesägt oder gezähnt. 25.
— ganzrandig, oder doch nur gegen die Spitze ein wenig gesägt. 26.

25. Tracht von H. cupressiforme, aber angenehm gelbgrün. Blätter länglich-eif., in eine lange, feine, stark gekrümmte Spitze ausgezogen; Rand abwärts (am Grunde) eingerollt, entfernt und klein gezähnt; Blattflügelzellen quadratisch, meist goldbraun. Büchse fast aufrecht, wenig gekrümmt, schmal, rostfarben, später kastanienbraun; Deckel gewölbt kegelf., scharf gespitzt. In Gebirgswäldern, gern ein Begleiter von Sphagneen; selten. Gerabfrüchtiges Sch. H. imponens Hedw.

Rasen ansehnlich, dicht und robust, hingestreckt, grün oder gelblich, abwärts rostbraun. Stengel büschelig oder fiederig verzweigt, mit starren Aesten und umherschweifenden Ausläufern. Blätter dicht, herzf.-lanz., hohl, gesägt; eingemischt sind dornf. Blättchen. Blattzellen sehr schmal und kurz; besondere Blattflügelzellen kaum vorhanden, oder sie sind winzig und farblos. Büchse gedunsen eif., rothbraun; Fruchtstiel warzig-rauh An nassen Felswänden; sehr selten. **Peitschenästiges Sch.** (Hyocomium flagellare Br. et Sch.) H. flagellare Dicks.

26. Nur auf Sumpf- und Torfmooren. Blätter kurz-zugespitzt. 27. In Wäldern, unter Gebüschen, an Gestein u. s. w. 28.

27. Rasen breit und tief, plump-derb, gelbröthlich, goldgelb, oder braun, mit gelbgrünen Spitzen; Stengel sehr lang und plump, entfernt gefiedert, mit fast wagerecht abstehenden, gedunsenen, 3—5 mm dicken Aesten, deren Spitzen wie der Schwanz eines Scorpion eingekrümmt sind. Blätter eif., stumpf zugespitzt, hohl, ganzrandig. Nur auf tiefen Torfmooren, Sümpfen, moorigen Sumpfwiesen; nicht häufig. Früchte selten, reifen im Sommer. **Scorpionsscheeriges Sch.** H. scorpioides L.

Zweige breit, etwas platt (d. h. der Rücken breit, aber nicht so perlartig gedunsen wie bei dem ähnlichen H. cupressiforme), blaßgrün oder goldgelblich, glänzend. Blätter wenig hohl, ei-lanz., mit breiter, etwas gezähnelter Spitze, rippenlos; Blattflügelzellen erweitert, nicht bauchig. Büchse fast wagerecht, sich sehr einkrümmend; Deckel kurz, orange, dann gebräunt. Auf Sumpfwiesen u. s. w., ziemlich selten. **Wiesen-Sch.** (H. curvifolium Hedw.) H. pratense Koch.

28. Rasen niederliegend oder aufsteigend, mehr oder minder gefiedert, mit anliegenden oder aufgerichteten Aestchen, trüb-, blaß- oder olivengrün. Blätter eif., mehr oder minder sichelf. oder lockig, mit lanz. oder pfriemlicher Spitze, etwas herablaufenden, gedunsen hohlen Ecken, zwei am Blattgrunde angedeuteten Rippchen; **Blattrand am Grunde zurückgerollt**, ganz, oder an der Spitze etwas gezähnt; Blattflügelzellen zahlreich, quadratisch, chlorophyllreich; Perichätialblätter glatt. **Büchse meist ziemlich aufrecht, cylinderf., sich krümmend; Deckel orange- oder braunroth, breit kegelf., sehr kurz geschnäbelt oder gespitzt**; Fruchtstiel etwa 2 cm l., braunröthlich. An Bäumen, morschem Holzwerk, Gestein, auf Dächern, nicht so häufig auf bloßer Erde. Ueberall an trocknen oder schattig-feuchten Orten reichlichst vorhanden, das gemeinste aller Schlafmoose. Früchte meist zahlreich und das ganze Jahr über, besonders im Frühling. **Cypressenförmiges Sch.** H. cupressiforme L.

Anm. Dies gemeinste Moos aller unserer Wälder artet auf mannigfache Weise ab. Der Anfänger möchte leicht manche solcher ganz auffällig anders aussehenden Formen für besondere Arten halten; er möge sich mit ihnen daher bestens bekannt machen. Die wesentlichen Abarten sind folgende:

A. Rasen der Unterlage platt angedrückt, kriechend. Blätter fast gerade:
  a. filiforme Br. et Sch. Aeste fadenf. dünn (oft kaum 1 mm br.), schlank, Früchte äußerst selten. An alten Waldbäumen, sehr häufig.
  b. tectorum Bruch. Aeste breit, aufsteigend oder platt angedrückt, gebräunt, Blätter lang zugespitzt. Auf Dächern und Holzwerk.

B. Rasen locker schwellend. Blätter sichel- ober krallenf., einseitswendig:
   a. **longirostrum** Bruch. unregelmäßig verzweigt. Blätter kaum sichelf. abstehend, kaum einseitswendig. Büchse fast gefurcht; Deckel pfriemlich lang geschnäbelt. An Feldbäumen.
   b. **ericetorum** Br. et Sch. angenehm dicht- und regelmäßig-, oft wedelartiggefiedert, auffällig blaßgrün. Blätter fast schneckenförmig eingerollt. Büchse langgestielt, mit pfriemlich kurzgeschnäbeltem Deckel. In Haiden und Wäldern gern an Wegrändern, Hohlwegen, zwischen Gestrüpp.
   c. **erectum** C. Warnstorf Rasen aufrecht, **Stengel und Zweige sehr gebunsen, etwa 3 mm dick und fingerlang, fast einfach,** nur hie und da mit kurzen, fieberig gestellten Aestchen. Gern zwischen Geröll, selten fruchtend.

Blattflügelzellen wasserhell farblos (ohne Chlorophyllkörner). 29.

29. Blattflügelzellen bauchig-aufgeblasen, groß. 30.
— nicht aufgeblasen, quadratisch. 31.

30. Rasen locker, stark glänzend, blaß gelbgrün; Stengel aufrecht, wenig und unregelmäßig gefiedert, etwa fingerlang. **Blätter ei-lanz., hohl, mit lanz. (durchaus nicht pfriemlicher), trocken etwas gedrehter Spitze,** sehr angenehm gebogen; Blattflügelzellen groß, etwas rechteckig, wasserhell. In Gebirgen: an schattig feuchten oder nässigen Orten, liebt freie, lehmige Waldwege; ziemlich häufig. Ein anmuthiges, stark glänzendes Moos, dessen Tracht am meisten an H. uncinatum erinnert, aber durch die ungefurchten Blätter und fehlende Mittelrippe sich davon alsbald unterscheidet. **Standhaftes Sch.** (Hypnum arcuatum Lindb.) H. patientiae Lindb.

— schwellend, nicht derb, zierlich, weich, lieblich grün; Stengel aufsteigend, mit einfachen, aufrechten Fiederästen. Blätter ähnlich d. v. Büchse geneigt, wenig gekrümmt, rostgelb, auf wellig-verbogenem Fruchtstiel. Auf den Alpen und süddeutschen Gebirgen: an feuchtem Felsgestein und auf steinigtem Boden; nicht häufig, selten fruchtend. Sommer. **Schönfarbiges Schl.** H. callichroum Brid.

31. Blätter ei-lanz., zugespitzt, gefurcht; Doppelrippe fast bis zur Mitte. Blattflügelzellen spärlich. An Felsen, sehr selten (Peterstein im Gesenke). **Heuflersches Sch.** (H. revolutum Lindb.) H. Heufleri Iur.

— ungefurcht. Blattflügelzellen zahlreich. Nur steil. Sehr selten. (Peterstein im Gesenke.) **Vaucher'sches Sch.** H. Vaucheri Lesqu.

3. **Limnobium** Br. et Sch. (Sumpf-Schlafmoos).
(limnobius Sumpfbewohner.)

Nur an nassem, besonders überrieseltem Gestein. Rasen schlaff, weich; Astspitzen wenig oder gar nicht gekrümmt. Blätter feucht, sehr weich, meist etwas einseitswendig; Blattzellen kurz, sehr klein, Blattflügelzellen spärlich, winzig, sich bräunend. Büchse meist eif., geneigt, etwas gekrümmt oder gerade.

1. Stengel bis zum Grunde beblättert. 2.
— abwärts (etwa ⅓) abgestorben=blattlos. 4.
2. Rasen kriechend, trübgrün; Zweige büschelig getheilt, ihre Spitzen gerade, knospig, oder kurzhakig gekrümmt. **Blätter klein (kaum 1 mm l.), sichelf. gebogen und sehr zierlich einseitswendig, länglich ei=lanz., stumpflich zugespitzt, ganzrandig;** Mittelrippe meist vorhanden, etwa bis zur Blattmitte. Ring der Büchse vorhanden. Im Flachlande selten, in allen Gebirgen ziemlich häufig; in und an fließenden oder stehenden Gewässern an Holz und Steinen, an quelligen, steinigten Plätzen. **Echtes S.** L. palustre Br. et Sch.

Abart: subsphaericarpon ansehnlichere Rasen und etwas größere Blätter. Büchse kugel=eif., größer. Nicht immer fruchtend.

Blattrand wenigstens an der Spitze gezähnelt oder gesägt. Ring fehlt. 3.
3. Rasen aufrecht oder fluthend, sehr ansehnlich, überaus schlaff, gelbgrünlich, abwärts rostgelblich; Zweigspitzen hakig=gekrümmt. **Blätter 2—4 mm l., sichelf. gebogen und einseitswendig,** aufrecht=abstehend, ei=lanz., schwach gefurcht, **in eine sehr lange, ziemlich scharfe Spitze ausgezogen;** Mittelrippe etwa bis zur Blattmitte und da meist kurz gespalten. In Gebirgsbächen. **Rostgelbliches S.** L. ochraceum Br. et Sch.

Rasen niedergedrückt, gelbgrün. Stengel kurz, sehr ästig. Blätter sichelf., ohne Rippe, an deren Stelle aber 2 kurze, gelbe Streifen; Rand an der Spitze gezähnelt. Blattflügelzellen groß, quadratisch, hohl, **goldgelb.** An nassen Felsen bei Gerolsau in Baden. L. eugyrium Schpr.
4. Rasen aufrecht, dicht, weich, trocken starr, angenehm grün. **Blätter nur 1 mm l., sparrig abstehend, breit=eif., gedunsen, nicht in eine Spitze ausgezogen, sondern stumpf;** Mittelrippe vorhanden, breit, fast bis zur Spitze. Büchse klein, eif., meist in den Rasen versteckt. In Alpenbächen, auch in den Sudeten am kleinen Teiche. **Nordisches S.** L. arcticum Br. et Sch.

Rasen locker, weich, grün, oft braunröthlich oder röthlich. Blätter breit ei=lanz., zugespitzt, am Grunde verschmälert und herablaufend; aufrecht abstehend, etwas einseitswendig; **flach, kurz gespitzt, an der Spitze gesägt.** Mittelrippe vorhanden, breit, bis vor die Blattspitze. Büchse eif., gebuckelt. In Gebirgsbächen, nicht zu häufig. L. molle Br. et Sch.

Abart: alpestre Br. et Sch., Blätter schmäler a. b. v. und länger zugespitzt, sehr convex; zuweilen eine sehr zarte Mittelrippe vorhanden. Büchse länger, schlanker, fast walzenf. In Bächen der Alpen und höherer nord= und mitteldeutscher Gebirge.

— dilatatum Wils., Rasen grün, bisweilen geröthet. Blätter stumpf, mit schwacher Doppelrippe; Zellen des Grundes doppelt so weit als die der Spitze.

4. Amblystegium Schpr. (**Pfeifenkopfmoos**).
(amblys stumpf, stegos Deckel.)

Fädig=verworrene, überaus zarte oder derbere Rasen. Blattzellen meist auffällig kurz, locker, länglich=sechseckig. Büchse sehr l. und dünn (3 bis 6 mal so l. als br.), sich einkrümmend, unter der Münbung stark eingeschnürt, erinnert auffällig an die Blüthenform des Pfeifenkrautes (Aristolochia Sipho); Deckel meist gelb, gewölbt=kegelig. kurz gespitzt.

1. Blattrippe fehlt, oder läuft wenig über die Blattmitte. 2.
   — fast oder völlig durchlaufend (wenigstens bei älteren Blättern). Blatt= zellen 1—3 mal so l. als br. Rasen ansehnlich; nur im Wasser. 9.
2. Rasen zart, mit fadendünnen Zweigen. Blätter winzig (unter 1 mm l.), rippenlos oder mit kaum über die Mitte laufender Rippe. Nicht (oder doch nur ausnahmsweise) in Wassernähe. 3.
   — mehr oder minder derb; mehrere cm l. Verzweigung. Blätter 1—3 mm l., Rippe gegen die Mitte oder vor der Blattspitze verschwindend. An Holzwerk und Steinen stets in oder an Ge= wässer (Bächen, Teichen, Sümpfen). 6.
3. Blattrippe allen (auch den ältern) Blättern völlig fehlend. Blätter mit bloßem Auge nicht erkennbar. Blattzellen kaum länger als br. Ueberaus zarte, überzugartige, weiche, dunkelgrüne Rasen. 4.
   — wenigstens bei den ältern (unteren) Blättern vorhanden oder doch an deren Blattgrunde angedeutet, oder über die Mitte, oder an der Spitze verschwindend. Zarte, meist gelbgrüne, braungrünliche oder gelb= liche Rasen. Büchse orangegelb bis gelbbraun. 5.
4. Rasen fast flach, sammetweich, mit zarten, etwas aufrechten Aesten, an= genehm gelbgrün. Blätter schmal=lanz. Büchse aufrecht (kaum ein wenig geneigt), schlank, fast walzenf., sich kaum krümmend, unter der Mündung nach der Entdeckelung eingeschnürt. Mundbesatz ohne Wimpern. Besonders in Gebirge am Grunde alter Stämme, Holzwerk, seltener an Steinen; nicht häufig. Feines Pf. A. (Leskea) subtile Br. et Sch.
   — ganz flach, starr und zerbrechlich, mit haarfeinen Stengeln und Aesten, dunkelgrün. Blätter lanzettlich. Büchse geneigt bis wagerecht, eif., sich krümmend. Mundbesatz mit Zwischenwimpern. Nur in Gebirgen: nur an Gestein; selten und nur steril in Deutschland. A. confervoides Br. et Sch.
5. Blattzellen meist rhomboidisch, 4—10 mal so l. als br., am Blattgrunde quadratisch. 7.
   — parenchymatisch, angenehm locker, sehr durchsichtig, 6 eckig, kaum über doppelt so l als br., Blattflügelzellen quadratisch. 6.
6. Rasen zart und weich, niedergedrückt, hell gelbgrün; Stengel und Aeste schlank, haardünn, meist hin und her gebogen, dicht gelagert, fast fieder= ästig, mit verdünnten oder etwas verdickten Spitzen. Blätter winzig (punktklein und kleiner), locker gestellt, feucht abstehend, oft sogar sparrig,

ei=lanz., oder lanz., mit schwächlicher Rippe, kurz und steif zu=
gespitzt; Blattzellen durchweg verhältnißmäßig groß. Büchse dünn
und lang, langhalsig, meist gekrümmt übergebogen. Am Grunde alter
Baumstämme, an Holzwerk, seltener an schattigem Gemäuer, Gestein oder
bloßer Erde; in Wäldern, Gärten u. s. w. häufig. Kriechendes Pf.
A. serpens Br. et Sch.
— dicht, massenhaft fruchtend. Blätter starrer, fast doppelt so groß; Rippe
kräftig, über die Mitte oder bis an die haarförmige, flackerige Pfriemen=
spitze verlaufend, in welche das Blatt ausgezogen ist. In Wassernähe:
an Mühlenwehren, Wasserröhren, Erlenwurzeln u. s. w. A. radicale
P. de B.

7. Rasen kräftig= oder dunkelgrün, kaum etwas derb, kurzzweigig, reichlich
fruchtend. Blätter deutlich gezähnt. Blattzellnetz prosenchymatisch; Rippe
kräftig und verlängert fast bis in die Spitze. An feuchtem Holzwerk oder
Gestein. A. Juratzkanum Schpr.
— ziemlich derb. Blattrippe nicht oder kaum bis über die Mitte. Blätter
über 1 mm l. 8.

8. Rasen etwas oder sehr derb, flach, kriechend oder fluthend, mit umher=
schweifenden Stengeln, trübgrün, gebräunt oder grün (besonders die
jüngern Triebe). Stengel und Aeste fast flach (durch scheinbar
zweizeilige Beblätterung). Blätter etwa 2 mm l., mit fast
pfeilf. herablaufendem Grunde, ei=lanz. oder lanz., fast ganzrandig,
pfriemlich lang zugespitzt; Rippe gegen die Blattmitte verschwin=
dend; Blattzellen sehr l. und schmal, 4—10mal so l. als br.,
am Blattgrunde quadratisch. Büchse vor der Reife meist länglich=eif., mit
gehobenem Rücken, gelbbraun oder orange, später dunkelbraun; Frucht=
stiel verhältnißmäßig kurz (1—2 cm) und stark. Sporen leidlich groß,
grünlich, gekörnelt. An feuchten Steinen, Holz, Baumstümpfen, beson=
ders gern an Holzwerk der Gräben oder Mühlwehren u. s. w.;
häufig. Ende Frühling. Ufer=Pf. A. riparium Br. et Sch.
Rasen zartgrün, sehr locker, mit schweifenden Aesten. Blätter allseitig,
etwas entfernt gestellt, etwa 1—2 mm l., ei lanz., pfriemlich ausgezogen,
undeutlich gesägt; Blattrippe über die Mitte. Büchse lang und dünn
gestielt, schmächtig, stark gekrümmt. Auf sumpfigen Wiesen, an
Weiden oder zwischen Rieten, an deren abgestorbenen Stengeln und Blättern
kriechend; ziemlich selten. Koch'sches Pf. A. Kochii Schpr.

9. Rasen besonders abwärts schwarz= oder dunkelgrün, weich, mit schweifenden,
kaum gefiederten Aesten. Blätter eif. oder länglich lanz., mit kaum
herablaufendem Grunde, meist stumpflich=zugespitzt, völlig
ganzrandig; sehr starke Rippe; Blattzellen doppelt so l. als br., sechs=
eckig, locker. Büchse lang, derb. An Steinen oder Holzwerk in Gewässern;
ziemlich selten. Fluß=Pf. A. fluviatile Schpr.
— etwas starr=elastisch, gelb= oder dunkelgrün, überzugartig, mit meist

etwas entfernt, aber sehr deutlich gefiederten Aesten. Blätter derb, steif, lanz., mit herz= oder breit=eif. Grunde herablaufend, schwach gesägt, l. und scharf zugespitzt, am Grunde mit 2—3 Reihen auffällig großer, fast quadratischer Zellen. Büchse eif. oder länglich, zarthäutiger als b. v. An Steinen der Gewässer, gern bei Mühlen; nicht selten. Untergetauchtes Pf. A. irriguum Schpr.

Abart: fallax Milde, Zweige lang und schlank, sehr regelmäßig gefiedert; auch trocken straff=gerade und aufrecht=abstehend; selten.

— spinifolium, Rasen sehr lang= und verbogen=ästig, schwarzgrün. Blätter mit fein ausgezogener Spitze. Besonders an Kalkgestein.

5. Plagiothecium Schpr. (Flachmoos).
(plagios schief, thece Büchse.)

Zweige meist auffällig flach=gedrückt, mit scheinbar zweizeiliger Beblätterung. Blätter fast oder völlig ohne Mittelrippe, aber meist mit sehr kurzer Doppelrippe an ihrem Grunde. Büchse schlank, walzenf., wenig geneigt oder fast gerade. Ansehnliche Moose in Wäldern und unter Gebüsch.

1. Rasen bleichgrün (weißgrün), mattflimmerig=glänzend, angedrückt=liegend, sehr ansehnlich, aber auffällig weich und schlaff; Stämmchen etwa fingerl. und darüber, 3—5 mm br., sehr entfernt gabelig verzweigt, oder (abwärts) sehr entfernt gefiedert, oft völlig einfach. Blätter feinquerrunzelig (und dadurch flimmerig), länglich=eif., kurz zugespitzt. Büchse walzenf., etwas geneigt und gekrümmt, trocken gefurcht, auf einige cm l. Fruchtstiel. Fast nur in Gebirgen auf feuchtem Waldboden, oft mit andern Hypneen untermischt; ziemlich häufig. Sommer. Wellenrunzeliges Sch. Pl. undulatum Br. et Sch.
— lebhaft grün oder gelbgrün; Blätter glatt, seidenglänzend. 2.
2. Blätter allseitig, zuweilen etwas einseitswendig, daher die Zweige nicht flach (sondern gerundet). 3
— zweizeilig, daher die Zweige flach. 4.
3. Zweige 2—3 cm l., die Zweige besonders aufwärts mehr oder minder einseitig beblättert. Blätter auch im trockenen Zustande sparrig (fast wagerecht) abstehend, auch wohl etwas zurückgekrümmt, ei=lanz., allmälig lang zugespitzt; Zellnetz sehr enge. Büchse bis wagerecht geneigt, trocken glatt bleibend; Deckel stumpf, nur mit aufgesetztem Wärzchen. Fruchtstiel kaum 2 cm l. In Gebirgen: besonders an morschen Nadelholzstümpfen und Wurzeln, sehr vereinzelte lockere Räschen bildend; ziemlich selten. Sommer. Schlesisches Sch. Pl. silesiacum Schpr.

Zweige 2—7 cm l., glänzend, ringsum dicht=beblättert, daher gedunsenrundlich (nicht flach). Blätter 1 mm l., ei=lanz., kurz zugespitzt, stark gewölbt, dachziegelf. locker anliegend. Büchse fast aufrecht, trocken ge=

furcht; Deckel geschnäbelt. Besonders in Gebirgen auf sandigem lichtem Waldboden; ziemlich häufig. August. Röse'sches Fl. (Pl. Roesei Br. et Sch.) Pl. Roeseanum Hampe.
4. Rasen ziemlich oder sehr zart. Blätter meist nur 0,5—1 mm l., lanz., lang zugespitzt; Zellnetz sehr enge. Seltene, zumeist alpine Moose. 5. — ansehnlich. Blätter 1—3 mm l., breit ei=lanz., kurz zugespitzt; Zellnetz locker. Ueberall häufig. 9.
5. Rasen sehr weich, gelbgrün, angenehm glänzend; Stengel reich verzweigt, mit bestens gefiederten Aesten. Blätter breit lanz., in eine kurze, gezähnelte, trocken etwas zurückgekrümmte Pfriemenspitze ausgezogen; mit Gabelrippe. Nur auf der Erde in thonigen Haiden und Wäldern; in Gebirgen nicht selten, aber nicht fruchtend in Deutschland. (Pl. Schimperi Jur. et Milde.) Pl. elegans Schpr.

Abart: nanum mit dichten, sehr zarten, kurzzweigigen Rasen. Blätter nur etwa 1 mm l. An Felsen.

Stengel ziemlich einfach, fast oder völlig ungefiedert. Nur an Felsgestein oder Baumwurzeln. 6.
6. Rasen nicht allzu zart, Blätter selten etwas einseitswendig. Büchse geneigt, später fast wagerecht; Deckel stumpf. In erdigen Felsspalten, auch an Baumwurzeln. Auf den Alpen, dem Jura, den Vogesen und Sudeten. Glänzendes Pf. P. nitidulum Br. et Sch.

Büchse aufrecht oder geneigt. Deckel gespitzt. 7.
7. Rasen überaus zart, zierlich, dicht. Stengel kaum 1 cm l. Blätter ei=lanz., lang und scharf zugespitzt. Büchse winzig, gelblich, trocken mit kriself. erweiterter Mündung. Innerer Mundbesatz einzig bei dieser Art ohne Wimpern zwischen den Zähnen. An Erlenstöcken, sehr selten. P. latebricola Br. et Sch.

Innerer Mundbesatz mit Wimpern. 8.
8. Rasen sehr zart, dicht. Blätter sichelf. einseitswendig, breit lanz., zart zugespitzt. Büchse auch trocken aufrecht. An Felsen der Alpen, Sudeten, im Harz. Hübsches Pf. P. pulchellum Br. et Sch.

Rasen locker, freudiggrün. Stengel mit Ausläufern, kriechend, stark bewurzelt, mit zerstreuten, meist aufrechten Aesten. Blätter 2zeilig, gerade, ganzrandig. Büchse länglich walzenf.; Deckel geschnäbelt. An Felsen, sehr selten (bei Oberried im Höllenthale in Baden). P. Müllerianum Schpr.
9. Blätter eif. oder lanz., aufrecht=abstehend, gewölbt, mit überaus starkem Seidenglanz. Büchse länglich=walzenf., etwas gekrümmt und geneigt, auch trocken glatt bleibend; Deckel kegelf. zugespitzt. Fruchtstiel gerade, 2—5 cm l. Rasen freudiggrün und besonders überaus stark glänzend, wodurch sich dies Moos schon auf den ersten Blick von der folgenden Art unterscheidet, mit der es von Anfängern wohl verwechselt wird. In Gebirgen sowie in der Ebene: in Wäldern oder unter Gebüsch,

gern an morſchen Baumſtümpfen und Wurzeln; nicht zu häufig. Mai, Juni. Sägeförmiges Fl. Pl. denticulatum Br. et Sch.

Anm. Dieſe und die folgende Art ſind die häufigſten dieſer Gattung; beide werden übrigens oft mit einander verwechſelt, doch unterſcheiden ſie ſich ſchon durch den Standort, indem P. dentic. zumeiſt auf Holz (hingegen P. sylv. auf Geſtein und Erde) vorkommt, auch kleiner iſt, außerdem ſchmälere, dichter gewebte und viel glänzenbere Blätter hat.

— ei-lanz., faſt wagerecht-abſtehend, ziemlich flach, mit geringem Seidenglanze, trocken etwas längsfaltig. Büchſe w. b. v., aber trocken gefurcht; Deckel faſt lang geſchnäbelt. Sehr häufig. Spätſommer (Sept.). Wald-Fl. P. sylvaticum Br. et Sch.

b. Gruppe: Brachythecieen.
6. Rhynchostegium Schpr. (Schnabelmoos).
(rhynchos Rüſſel, stegos Deckel.)

Büchſe mit lang geſchnäbeltem Deckel. Aus dieſer Gattung iſt von den Autoren vielfach noch die Gattung Eurhynchium ausgeſondert, welche in Tracht aber wenig ausgezeichnet iſt, aber durch den Mundbeſatz ſich ein wenig unterſcheidet, indem die äußern Zähne bei Rhynch. an ihrem Grunde zuſammenhängen, außerdem der innere Mundbeſatz bis zur halben Höhe des äußern zu einem Cylinder verwachſen iſt. Bei Eurh. iſt der äußere Mundbeſatz bis auf den Grund der Zähne frei. — Faſt durchweg ziemlich ſeltene Mooſe.

1. Zweige mehr oder minder auffällig breitgedrückt (in Folge ſcheinbar zweizeiliger Blattſtellung). Fruchtſtiel ſtets glatt. Einhäuſig, daher Früchte meiſt und reichlich vorhanden. 2.
— gerundet, mit allſeitig gleichmäßiger Blattſtellung. Fruchtſtiel glatt oder (meiſt) rauh. Faſt immer zweihäuſig, daher Früchte nicht immer vorhanden. (Eurhynchium Schpr.) 6.

2. Raſen nicht allzu derb. An ſchattig-feuchtem Geſtein oder Gemäuer oder auf dem Erdboden. 3.

Raſen ſehr derb und ſtarr, dunkelgrün bis ſchwarzgrün, kriechend. Stämmchen etwa fingerlang und darüber, geſtreckt, unregelmäßig verzweigt, ſehr härtlich, abwärts meiſt völlig blattlos geworden und ſchwarz, von den hinterlaſſenen Blattſpuren hakigrauh; Zweige etwa 2—3 mm br., ſehr flachgedrückt, 2zeilig beblättert, zuweilen locker angedrückt. Blätter derb, breit ei-lanz., kurz zugeſpitzt, ſcharf geſägt; Rippe bis über die Mitte; Zellnetz ſehr eng. Büchſe kurz eif., dunkel- bis ſchwarzbraun, ſich nicht krümmend; Fruchtſtiel kurz (etwa 1,5 cm), dunkelroth; Mundbeſatz kräftig, roth. Früchte meiſt reichlich, reifen im Herbſt und Winter. — An überflutetem Geſtein und Holzwerk in Bächen, Quellen, an Waſſerfällen; ziemlich häufig. Mäuſedornblättriges Sch. Rh. rusciforme Br. et Sch.

3. Zweige 2zeilig beblättert, daher völlig flach. Mittelrippe fehlt, oder reicht nicht bis zur Mitte. 4.
— mehrzeilig=beblättert, aber meist zwei Zeilen locker angedrückt, daher die Zweige nur etwas flach. Mittelrippe bis zur Spitze, oder doch bis zur Mitte. 5.
4. Rasen zart und klein, niedergedrückt, grün, seidig glänzend (erinnert an Plagiothecium denticulatum). Stämmchen etwas büschelig verzweigt, Zweige etwa 1,5 mm br., etwa 1 cm l. Blätter locker, länglich=eif., kurz zugespitzt, hohl, rings fein gesägt; zwei kurze Rippchen oder Streifchen am Grunde; Blattzellen kurz und schmal, gedrängt. Büchse geschwollen eif., kaum sich krümmend, auf kurzem Fruchtstiel. Zweihäusig. Spätherbst. An schattig=feuchtem Gestein, bes. in Schluchten und Ruinen; selten. Niedergedrücktes Sch. Rh. depressum Br. et Sch.
— locker, weich, dunkelgrün, glanzlos. Blätter breit=eif., trocken fast kraus, zugespitzt, kaum gezähnelt, zuweilen mit kurzer Mittelrippe; Blattzellen breit und locker, sehr groß. Büchse eif., Deckel lang und dünn geschnäbelt. Einhäusig. Auf schattig=feuchtem Erdboden oder an Gestein; selten. Herbst. Rundblätteriges Sch. Rh. rotundifolium Brid.
5. Rasen sehr locker, grün, mittelgroß; Stämmchen schlaff, kriechend, meist umherschweifend, unregelmäßig und wenig verästelt, oft ganz einfach. Blätter sehr locker, aus schmälerem Grunde eif., mit kürzerer oder längerer, halbgedrehter Spitze, fast flach, mit gezäheltem Rande; Rippe bis zur Mitte; Blattzellen schmal und lang. Büchse elliptisch, sich krümmend; Fruchtstiel meist hin und her gebogen, glatt, etwa 2—3 cm l. Auf grasigem Erdboden, bes. in Parkanlagen, an mit Gesträuch bewachsenen Hügeln u. s. w., nicht häufig. Herbst und Winter. Mecklenburgisches Sch. Rh. Megapolitanum Br. et Sch.
Nur an (schattig=feuchtem oder nässigem) Gestein. Fruchtstiel warzig=rauh. 11.
6. Räschen sehr zart, unbedeutend, Pflänzchen 1—3 cm l. Blätter überaus haarfein, aber 1 mm l., aus lanz. Grunde pfriemlich ausgezogen. An schattigen Felsen; sehr selten. 7.
— mehr oder minder ansehnlich. Blätter aus breitem Grunde kurz oder lang zugespitzt. 8.
7. Räschen meist angenehm grün, federig; Stengel etwas büschelig= oder fiederig=verzweigt. Blätter undeutlich gezähnt, mit durchlaufender Rippe. Büchse oval, kaum 1 mm l., wenig oder gar nicht gekrümmt, aber bis horizontal geneigt, rothbraun, trocken unter der Mündung stark eingeschnürt. Fruchtstiel glatt, kaum bis 1 cm l. Winter und Frühling. Zartes Sch. Rh. tenellum Br. et Sch.
— dunkelgrün, federig. Stengel w. b. v. Blätter ziemlich deutlich gezähnt, mit gegen die Mitte verschwindender Rippe. Büchse ähnlich b. v.; Fruchtstiel warzig rauh, kaum bis 1 cm l. Herbst

und Winter. Teesdal'sches Sch (Eurhynchium Schpr.) Rh. Teesdalii Br. et Sch.

8.*) Fruchtstiel glatt. 9.
— warzig-rauh (schon unter scharfer Lupe). 12.

9. Rasen locker, sehr ansehnlich, rauschend; Stengel kriechend-aufsteigend, 4—10 cm l., mit büscheligen oder fiederästigen Hauptzweigen; Aestchen meist aufgekrümmt, mit abgestutzten oder verdünnten Enden. Blätter auch trocken sehr sparrig-abstehend, aus herz-eif. Grunde zugespitzt, scharf gesägt, deutlichst längsfaltig; Rippe dünn, gelbgrün, über der Mitte oder erst vor der Spitze verschwindend. Büchse lang, fast walzenf., mit bauchigem Rücken (aber nicht gekrümmt), bis horizontal geneigt. Aeußerer Mundbesatz rostbraun. In schattigen Laubwäldern und unter Gebüschen, zumeist auf der Erde; überall ziemlich häufig. Herbst, Frühling. Gestreiftes Sch. (Hypnum longirostrum) Rh. striatum Schpr.

Rasen weit unansehnlicher, nicht rauschend. Blätter sparrig oder aufrecht-abstehend, faltenlos. 10.

10. Rasen niedrig, dicht, struppig (nicht gedunsen), angenehm grün, ansehnlich, aber zartstengelig und ziemlich kleinblätterig; Stengel kriechend, einige cm l., mit gestreckten oder aufsteigenden, fiederästigen Hauptzweigen; Aestchen kätzchenf. Blätter breit-triangulär (aus herzf. Grunde zugespitzt), mit kurzer Haarspitze, durchweg scharf gesägt; Rippe gelbgrün, vor der Spitze verschwindend. Büchse länglich, sich krümmend, trocken unter der Mündung eingeschnürt, rothbräunlich;

---

*) Da einige der folgenden Arten dieser Gattung nur selten Früchte haben, sei noch folgende auf deren Blättern gegründete Bestimmungstabelle angefügt:
  a. Räschen überaus zart und fein. Blätter haarfein, aus lanz. Grunde pfriemlich ausgezogen. Siehe Rh. tenellum und Teesdalii.
    — mehr oder minder ansehnlich. Blätter mit breiterem Grunde. b.
  b. Blätter längsfaltig. c.
    — glatt. e.
  c. Blätter in eine lange, feine Haarspitze ausgezogen. Rh. Vaucheri.
    — bloß scharf zugespitzt. d.
  d. Blätter sparrig abstehend, aus herz-eif. Grunde zugespitzt, scharf gesägt. Rh. striatum.
    — aufrecht-abstehend, nur an der Spitze gesägt. Rh. velutinoides.
  e. Blätter mit plötzlich abgesetztem, schlaffem, flackerig-verbogenem Glashaar. Rh. piliferium.
    — mehr oder minder kurz zugespitzt. f.
  f. Blätter aufrecht-abstehend, rundlich-eif., plötzlich kurz zugespitzt; Rippe auffällig dick. Rh. crassinervium.
    — aufrecht-anliegend, breit-eif., gedunsen. Aeste wurmf. gerundet. Rh. illecebrum.
    — abstehend, fast sparrig, allmälig zugespitzt; Rippe dünn. g.
  g. Blattrippe vor der Spitze verschwindend. Fruchtstiel glatt. Rh. strigosum.
    — gegen die Mitte oder vor der Spitze verschwindend. Fruchtstiel warzig-rauh. h.
  h. Stengel entfernt- und unregelmäßig-fiederästig. Rh. praelongum.
    — dicht- und regelmäßig-gefiedert. Rh. Stokesii.

äußerer Mundbesatz rothbraun. In Gebirgswäldern: auf der Erde oder an Baumwurzeln; ziemlich selten. Herbst. **Struppiges Sch.** Rh. strigosum Br. et Sch.

<small>Anm. Blätter lanz., lang zugespitzt, scharf gesägt. Mundbesatz citrongelb. Siehe Isothecium myosuroides.</small>

Blätter eif., ganzrandig oder entfernt und fein gezähnt. An Gestein. 11.

11. Rasen sehr weich, grün bis gelblich. Zweige kriechend, fast gefiedert, mit aufsteigenden, lockern, kurzen, kaum etwas gedunsenen Aestchen. Blätter locker, aufrecht=abstehend, kaum hohl, eif., kurz zugespitzt, durchweg entfernt gesägt; Rippe etwa in der Mitte verschwindend; Blattzellen lang und schmal. Büchse meist eif. mit gehobenem Rücken, der geschnäbelte Deckel von Büchsenlänge. Aeußerer Mundbesatz rothbraun. Vom Spätherbst bis Ende Winter. An naßfeuchtem Gemäuer oder Gestein (bes. an kleinen Steinbrücken); nicht häufig. **Dichtes Sch.** Rh. confertum Br. et Sch.

<small>Anm. Das oft ähnliche Rh. rotundif. unterschieden durch 2zeilige, breitere, trocken verbogene Blätter.</small>

— meist schmutzig=grün, ziemlich dicht. Zweige kriechend, meist einfach, oder unregelmäßig verästelt, zuweilen etwas breitgedrückt (übrigens veränderlich in Färbung, Verzweigung). Blätter dicht, angedrückt, gebunsen=hohl, breit=eif., stumpf, oder kurz zugespitzt, ganzrandig oder doch nur an der Spitze schwach gezähnt; Rippe über der Mitte verschwindend; Blattzellen locker, kurz und ziemlich weit. Büchse w. b. v. Aeußerer Mundbesatz orange. An schattig=feuchtem Gestein und Gemäuer; häufiger a. b. v. Febr., Apr. **Mauer=Sch.** Rh. murale Br. et Sch.

12. Blätter trocken längsfaltig. 13.
— glatt. 14.

13. Rasen niedergedrückt, weich, gelblichgrün, meist ausgebleicht, büschelig=verzweigt, Zweige steif, schlank, einige cm l. Blätter ei=lanz., sehr lang zugespitzt, fast haarspitzig, mit abwärts zurückgeschlagenem Rande, aufwärts scharf aber fein gesägt; Rippe dünn, in der Mitte verschwindend. Büchse klein, eif., gekrümmt übergebogen, roth, dann schwarzbraun, ebenso der etwa 2 cm l. Fruchtstiel. Deckel kurz=kegelf., mit Schnabel meist kürzer als die Büchse. Aeußerer Mundbesatz rostbraun. An Kalkfelsen; sehr selten. Früchte nicht reichlich, reifen im Spätherbst. **Vaucher'sches Sch.** Rh. Vaucheri Br. et Sch.

— niedergedrückt, ziemlich hart, gelbgrün oder kräftiggrün; Stengel kriechend, 2—5 cm l., mit fast fiederiger Verzweigung. Blätter lanz. oder ei=lanz., scharf zugespitzt (aber durchaus nicht haarspitzig), längsfaltig, mit abwärts zurückgeschlagenem Rande, gesägt; Rippe in der Mitte oder gegen die Spitze verschwindend. Büchse eif., mit gehobenem Rücken, nur schief geneigt, aber kaum gekrümmt, dunkelbraun; Deckel groß, gewölbt, mit Schnabel so lang oder länger als die Büchse

An feuchten Felsen, Baumstämmen; sehr selten. Herbst und Frühling. **Sammetähnliches Sch.** Rh. velutinoides Br. et Sch.

14. Blätter feucht **aufrecht-abstehend**, trocken fast anliegend, sehr hohl, gedrängt, fein gesägt. Früchte selten. Wimpern des inneren Mundbesatzes ohne Anhängsel. 15.

— auch trocken entschieden winkelig (Winkel von 60°) bis sparrig **abstehend, fast flach, durchweg scharf gesägt, nicht dicht gestellt, oft fast zweizeilig.** Wimpern mit Anhängseln. 16.

15. Rasen sehr ansehnlich, locker, glänzend, blaß oder gelblichgrün; Stengel mehrere cm bis 1 dm l., mit mehr oder minder regelmäßig-gefiederten, aufsteigenden Hauptzweigen. **Blätter länglich-eif., etwa 2 mm l., rings gesägt, sehr hohl, plötzlich in ein etwa 1 mm langes flackeriges Glashaar zusammengezogen, daburch die Zweigspitzen mit weißem, zarten Pinsel; Rippe kurz, in der Mitte verschwindend.** Büchse gekrümmt-übergebogen, trocken unter der Mündung stark eingeschnürt. Fruchtstiel wenig rauh. In Wäldern, unter Gebüschen, an grasigen Abhängen und Gräben, auf quelligen Wiesen; nicht zu häufig. Früchte selten, reifen im Spätherbst. **Haartragendes Sch.** Rh. piliferum Br. et Sch.

Rasen niederliegend, blaßgrün; Stengel nur 1—2 cm l., kaum gefiedert, die kurzen, herumschweifenden Aeste geschwollen, wurmf., dicht anliegend-beblättert. Blätter ei-länglich und in ein zurückgeschlagenes Spitzchen vorgezogen. Nur in Westdeutschland, am Rhein, auf mergeligem, kalkhaltigem Waldboden. (Scleropodium illecebrum Br. et Sch.) **Wurmstengeliges Sch.** Rh. illecebrum Br. et Sch.

<small>Anm. Gleicht in der Beblätterung und Form der Stengel habituell sehr kurzen Formen von Hypnum purum; aber schon die Aeste stets kürzer und verhältnißmäßig dicker.</small>

— dicht, lebhaft grün oder gelblichgrün; Stengel niederliegend, dicht verzweigt, mit trocken fast angedrückter Beblätterung. **Blätter kurz, rundlich-eif., hohl, plötzlich kurz zugespitzt, fein gesägt; Rippe sehr dick, erst gegen die Spitze verschwindend.** Büchse länglich-eif., gekrümmt und übergebogen, mit merklichem Halse. An schattigen Felsen; sehr selten. Früchte sehr selten, reifen im Herbst und Frühling. **Dickrippiges Sch.** Rh. crassinervium Br. et Sch.

16. Rasen etwas struppig, fast gefiedert, trüb- oder gelbgrün. Blätter aufrecht-abstehend, locker, ei-lanz., gehöhlt, schwach gezähnt; Rippe in der Mitte verschwindend. Büchse dunkelbraun, sehr übergebogen und sich krümmend; der kegelf., geschnäbelte, rothe Deckel so l. oder länger als die Büchse. Fruchtstiel etwa 2 cm l., schwarzbraun werdend. Auf lehmigem, festem (Buchen-) Waldboden, oder auf Geröll; selten. Herbst und Winter. **Kurzästiges Sch.** (Rh. Schleicheri Hartm.) Rh. abbreviatum Schleich.

Blätter lanz. zugespitzt, scharf gesägt; Rippe bis gegen die Spitze. 17.

17. Blätter 2—3 mm l., ei=lanz., glänzend. An feuchten Orten bes. an Gestein; selten. **Ansehnliches** Sch. Rh. speciosum Brid.
— etwa 1 mm l. 18.
18. Rasen locker und ziemlich zart, verworren kriechend, nur zuweilen auf= steigend oder rasig=aufrecht, etwas rauh anzufühlen. Stengel 0,5—2 dm l., unregelmäßig verzweigt, oder büschelig, oder sehr unregel= mäßig gefiedert. Blätter ziemlich weitläufig gestellt, fast zweizeilig, klein (nur etwa 1 mm l.), aus eif. Grunde kurz zugespitzt; Rippe dünn, über der Mitte verschwindend. Büchse eif., mit gewölbtem Rücken, kaum gekrümmt. In Wäldern, Gärten und Park= anlagen auf schattiger Erde, auch auf kurzgrasigen Triften, Ackerrändern; sehr häufig. Früchte vieler Orten selten, reifen im Spätherbst. **Lang= gestrecktes** Sch. Rh. praelongum Br. et Sch.
— b. v. etwas ähnlich, aber dichter beblättert, starrer, der Stengel mit flach=wedelartigen, ziemlich dicht und sehr regelmäßig ge= fiederten, liegenden, kaum aufsteigenden Hauptzweigen. Blätter breit, herzförmig=dreieckig, die der Seitenzweige in eine kurze, die der Hauptstengel in eine längere, feine Spitze ausgezogen, Blatt= grund breiter als b. v., Rippe dünn, gegen die Spitze ver= schwindend. An schattigen Felsen, alten Baumstümpfen, vor Allem aber auf kurzgrasigem, sandlehmigem Waldboden; bes. in Gebirgen, zerstreut. Früchte ziemlich selten, reifen im Herbst. **Stockes'sches** Sch. Rh. Stockesii Br. et Sch.

7. Brachythecium Schpr. (Federmoos).
(brachy kurz, thece Büchse.)

Zweige feucht meist von federartig zerschlissenem Aussehen, und zwar in Folge der in eine lange Pfriemenspitze ausgezogenen, feucht aufrecht=abstehenden Blätter. Büchse etwa doppelt bis 3mal so l. als br. Zwischenwimpern des inneren Mundbesatzes knotig=gegliedert, an diesen Gliedknoten meist **hakige Anhängsel**.

1. Blattrippe durchlaufend. 2.
— vor der Blattspitze verschwindend (oft schon weit vorher). 3.
— gänzlich fehlend:
    a. Blätter gefurcht, gesägt. Siehe Gatt. Hylocomium.
    b. — glatt, ganzrandig. Siehe Gatt. Plagiothecium.
2. Rasen niedergedrückt, mattglänzend, mit zierlich aufgebogenen Aestchen. Blätter trocken dicht anliegend, aus breitem Grunde plötzlich in eine lanz. Spitze ausgezogen, mit scharf gesägtem, nur am Grunde zurückgeschlagenem Rande. Büchse geneigt bis horizontal, schwarz= braun werdend; mit kurzem Deckel. Fruchtstiel durchweg warzig=rauh, etwa 1,3—2 cm l. In Gebirgen: bes. am Grunde alter Stämme, nicht häufig. Winter. **Zurückgebogenes** F. Br. reflexum Br. et Sch.

— mehr oder minder schwellend, mit aufrechten oder wenig gebogenen Aestchen. Blätter nicht allzu dicht, ei-lanz., mit langer, steifer, etwas gesägter Spitze, ganzrandig, auch am Grunde nicht zurückgeschlagen. Büchse 1—4 mm l., geneigt, aber nicht bis horizontal, dunkelbraun bis schwarzbraun; Deckel roth, oft fast schnäbelig gespitzt. Fruchtstiel nur oberwärts ein wenig rauh (unter scharfer Lupe), 1—2 cm l. Aeußerer Mundbesatz gelb. In der Ebene nicht häufig, aber in Gebirgen sehr häufig an schattig feuchten oder nassen Orten, am Grunde alter Bäume und bes. an feuchtem oder nassem Gestein. Früchte häufig und massenhaft, im Frühling. **Pappel-F.** Br. populeum Br. et Sch.

Abarten: majus, Blätter länger und dichter, Rasen derber, oft fast broncefarbig.

subsecundum, Astspitzen hakig; Blätter sichelf., einseitswendig.

Anm. Dies Moos hat fast stets Früchte, durch deren nur oberwärts rauhen Fruchtstiel es stets unverkennbar ist.

3.*) **Fruchtstiel durchaus glatt** (unter der Lupe oder dem Mikroskop). 4.
— abwärts glatt, aber oberwärts (meist nur unter der Büchse) etwas warzig-rauh. 8.
— durchweg warzig-rauh. 9.

4. Rasen aufsteigend oder aufrecht, meist dicht, aber auseinanderfallend, etwas bleich, weiß- oder (seltener) gelbgrünlich, weich, seidenglänzend. Zweige auch im feuchten Zustande völlig stielrund und glatt, strang- oder keulenf. durch die dicht angedrückte Beblätterung, 1—2 mm dick, kaum verzweigt. Blätter sehr lockerzellig, überaus durchsichtig, kaum gefaltet, ganzrandig, mit fein ausgezogener (Haar-) Spitze; Rippe schwach, vor der Mitte verschwindend. An grasigen Wegrändern, sandigen Abhängen u. s. w.; überall gemein. Früchte nicht zu häufig und spärlich. Herbst und Winter. **Weißgrünliches F.** Br. albicans Br. et Sch.

Anm. Dies durch seine meist weißgrüne Färbung und (auch feucht) dicht anliegende Beblätterung unverkennbare Moos ist auch auffällig durch die an den Stengel- und Zweigspitzen pinselig zusammenstehenden feinen Blattspitzen. Die Zweige sind nie eigentlich gefiedert, haben nur hie und da kurze Aeste.

Zweige nicht stielrundlich, Blätter feucht mehr oder minder abstehend. (Die hierher gehörigen Arten einander äußerlich oft sehr ähnlich). 5.

5. Rasen blaß- bis weißlichgrün (nur bei der selteneren var. atrovirens kräftig grün), locker, glänzend. Blätter tieffaltig, breitlanz, in eine sehr lange ($1/2$—$1/3$ so l. als das Blatt) flackerig-verbogene, fein pfriemliche, etwas gezähnte Spitze ausgezogen; Rippe mäßig stark, erst gegen die Mitte verschwindend. Büchse bräunlich, später schwarzbraun; Deckel stumpflich. Aeußerer Mundbesatz rostbraun. In Ebenen und Gebirgen: in schattigen Wäldern, bes. auf (steinigtem) Kalk- oder Thon-

---

*) In einigen Fällen ist die Rauhigkeit des Fruchtstieles nur durch sehr scharfe Lupe oder mikroskopische Vergrößerung wahrzunehmen.

boden; nicht häufig. Herbst und Frühling. Kies=F. Br. glareosum Br. et Sch.

> Anm. Von den verwandten Arten (etwa Br. albicans und salebrosum) unterschieden durch derbere, gedunsene, meist regelmäßig-gefiederte, und von den langen, schlaffen Blattspitzen gleichsam behaarte Zweige.

— grün, braun- oder gelbgrün. Blätter mehr oder minder lang und steif- und gerade-zugespitzt. 6.

6. Lockere, glänzende, freudig gelblichgrüne Polster. Blätter fast gar nicht gefaltet, gesägt. Büchse charakteristisch schlank-walzenf.; Deckel lang zugespitzt, fast geschnäbelt, ziemlich halb so l. als die Büchse. An feuchten Gebirgsplätzen; selten. Freudiggrünes F. Br. laetum Br. et Sch.

Blätter mehr oder minder tief gefaltet, fast ganzrandig. Büchse oval; Deckel kurz-kegelf. 7.

7. Rasen grün oder blaßgrün, locker, aufsteigend, glänzend. Blätter ei-lanz., gefurcht, gesägt; Rippe sehr schwach, etwa in der Mitte verschwindend; Blattzellen locker, etwa 7mal so l. als br. Büchse eif. oder länglich; Deckel kegelf. Am Grunde der Bäume, auf Steingeröll, holperigem Waldboden; ziemlich häufig. Herbst und Winter. Geröll-F. Br. salebrosum Br. et Sch.

> Anm. Im nicht-fruchtenden Zustande meist schwierig zu bestimmen, auch je nach dem Standorte sehr veränderlich in der Tracht, aber charakterisirt durch die fiederigen Zweige, die gesägten, lang zugespitzten (aber nicht eigentlich haarspitzigen) Blätter, die schon über der Blattmitte verschwindende feine Rippe, das etwas weiche, durchsichtige, fast angenehme Blattzellnetz.

— grün oder blaß, hingestreckt, oder aufrecht, im Wasser fast fluthend, straff, ansehnlich, glänzend. Blätter ei-lanz., kurz zugespitzt, kaum gefurcht, ganzrandig oder nur gegen die Spitze schwach gesägt. Rippe schwach, über der Mitte verschwindend. Auf feuchten Wiesen, in und an Gräben u. s. w.; nicht häufig. Herbst. Milde'sches F. Br. Mildeanum Schpr.

> Anm. Ein in Tracht einigen andern Brachythecien (bes. Br. salebrosum, glareosum, Rutabulum) oft sehr ähnliches Moos, aber abgesehen vom Standort unterschieden durch glatten Fruchtstiel, fast ganzrandige Blätter, einhäusigen Blüthenstand.

8. Rasen dicht, kräftig aber niedrig (kurzzweigig), angenehm grün, gelblichgrün oder gelbbräunlich, seidenglänzend. Blätter breit-eif., zugespitzt, kaum gefaltet, ganzrandig, höchstens an der Spitze mit einigen Zähnchen; Blattrippe gegen die Mitte verschwindend. Büchse kurz und dick, braun, später schwarzbraun; Fruchtstiel kurz, nur dicht unter der Büchse etwas rauh. Aeußerer Mundbesatz braun. An nassen Felsen, Holzwerk, Baumstümpfen, bes. gern in und an fließenden Gebirgswässern; bes. in Gebirgen stellenweise sehr häufig. Herbst und Frühling. Echtes F. Br. plumosum Br. et Sch.

Stengel bis 1 dm l., mit zum Theil langhinschweifenden Aesten, grün oder gelblichgrün, seidenglänzend. Blätter ei-lanz. oder lanz., lang zugespitzt, gefaltet, gesägt; Rippe über der Mitte verschwindend. Büchse länglich, hellbraun. In Wäldern auf der Erde, oder auf grasigen Plätzen und an Gemäuer; selten. Winter, Frühling. Feld=F. Br. campestre Br. et Sch.

> Anm. Dem Br. Rutabulum u. s. w. ähnlich, fast nur durch den bloß oberwärts rauhen Fruchtstiel sicher zu unterscheiden.

9. Rasen mehr oder minder zart, oft sammetartig, schwellend oder flach, matt= oder seidenglänzend. Blätter lanz., meist schmal=lanz., lang und fein zugespitzt, dicht; Rand flach, gesägt; Rippe fast durchlaufend. Büchse geschwollen eif., kurz und dick, bis horizontal geneigt, rostbraun, entdeckelt mit stark eingeschnürter Mündung; Fruchtstiel nur 1—1,5 cm l., durchweg sehr warzig=rauh. Ueberall in Wäldern, unter Gebüsch, auf der Erde, an Baumwurzeln und am Grunde der Bäume, an Gestein u. s. w.; ganz gemein. Früchte stets sehr reichlich vorhanden, reifen im Winter oder im April, Mai. Sammet=F. Br. velutinum Br. et Sch.

> Anm. Dies in Laubwäldern und unter Gebüschen überall sehr häufige und stets fruchtende Moos nach der Oertlichkeit sehr abändernd, aber stets unverkennbar durch die lanz., gesägten Blätter mit fast durchlaufender Rippe, sowie durch die reichlichen, plumpen, fast wagerechten Früchte und deren durchweg sehr warzig-rauhen, kurzen (1 cm, nur zuweilen bis 2 cm h.) Fruchtstiel. Dies Moos will, wie z. B. auch H. cupressiforme und einige andere gemeine Arten, an den verschiedensten Standorten beobachtet und förmlich studirt sein.

— derb. Blätter breit=eif., oder ei=lanz.; Rippe meist nur bis zur Mitte. Büchse länglich; wenn kurz und dick, so doch auf mindestens 2 cm l. Fruchtstiele 10.

10. Rasen groß, schwellend=kriechend, oder fluthend, gelbgrün, glänzend, innen gebräunt. Stämmchen büschelig=ästig, fiederig, 0,4—1 dm l. Blätter breit=eif., plötzlich zugespitzt, längsfaltig, mit fein=gesägtem Rande; Rippe über die Blattmitte hinaus, oft erst vor der Spitze verschwindend. Büchse groß, länglich, gedunsen, gekrümmt=übergebogen, rothbraun; Fruchtstiel derb, etwa 2—3 cm l., fast safranfarbig. Aeußerer Mundbesatz citrongelb. Nur in Gebirgen: an Steinen der Quellen, Bäche, oder an quelligen Orten. Herbst. Bach=F. Br. rivulare Br. et Sch.

— An nur schattig=feuchten Orten. Fruchtstiel purpurroth. 11.

11. Blätter ei=lanz., tief gefurcht, lang zugespitzt; Rippe bis vor die Spitze. Zellnetz sehr dicht. Büchse geneigt, geschwollen=eif. Rasen freudiggrün, ansehnlich. An schattigen Basaltfelsen des Rhöngebirges häufig. Geheeb'sches F. Br. Geheebii Milde.

> Anm. Rasen gelb: s. die Gatt. Camptothecium.

— meist kurz zugespitzt, wenig oder gar nicht gefaltet; Rippe kaum über die Mitte; Zellnetz locker. 12.

12. Blätter lang zugespitzt. 13.
— plötzlich in ein etwa 1 mm l. Glashaar abgesetzt. Siehe Rhynchostegium piliferum.
13. Rasen grün bis gelblichgrün, locker, kriechend, glänzend, ziemlich kräftig. Blätter aus eif. Grunde lanz., lang zugespitzt, mit trocken verdrehter Spitze, ungefaltet, wenigstens von der Mitte an entfernt= aber scharf gesägt; Rippe schwach, gegen die Mitte verschwindend. Aeste meist mit allseitig abstehenden Blättern. Büchse olivengrün, dann schwarz= braun, kurz= oder länglich=eif., horizontal geneigt. Fruchtstiel etwa 2—4 cm l., wenig rauh (unter der Lupe noch scheinbar glatt). Wimpern des innern Mundbesatzes mit Anhängseln. In Wäldern, gern da zwischen andern Moosen; in Norddeutschland nicht allzu selten. Stark'sches F. Br. Starkii Br. et Sch.
— ziemlich derb, aber locker, schwellend etwas aufsteigend, grün oder (meist) gelbgrün, mit büschelig=ästigen oder unregelmäßig gefiederten, oft breit gedrückten Aesten. Blätter breit=eil., etwas hohl, kaum oder wenig längsfaltig, lang zugespitzt, gegen die Spitze scharf gesägt; Rippe schwach, nur bis über die Mitte. Büchse braun, braunschwarz werdend, $1½—3$ mal so l. als dick, sich krümmend; Fruchtstiel 1—3 cm l., durchweg sehr warzig=rauh. Die (entfernt ge= gliederten) Wimpern des innern Mundbesatzes haben an den Glied= knoten keine Anhängsel. Ueberall an schattigfeuchten sowie sonnigen Plätzen: auf Wiesen, an Wegen, Steinen, Gemäuer, am Grunde der Bäume u. s. w.; überall sehr gemein. Früchte (stets reichlich vor= handen) reifen zum Winter und im Frühjahr. Gemeines F. Br. Rutabulum Br. et Sch.

8. Thamnium Schpr. (Straußmoos).
(thamnion Bäumchen.)

Aus niederliegend=kriechendem, braunfilzigem, mit Ausläufern versehenem Stämmchen erheben sich aufrechte, 3—7 cm h. Bäumchen (bäumchen= förmige Hauptzweige), welche abwärts völlig astlos sind, oberwärts aber besetzt mit zweizeilig=gestellten, einen charakteristischen Wipfel bildenden Seiten= zweigen. Blätter länglich=eif., zugespitzt, flach, ungefurcht, gesägt, Rippe derb, vor der Spitze verschwindend. Büchse länglich=eif., etwas gekrümmt, auf etwa 2 cm h., purpurrothem Fruchtstiel; Deckel pfriemlich lang und schief geschnäbelt. An feuchten Orten in Gebirgswäldern: besonders in Schluchten an Bächen und nassen Felswänden; nicht häufig, aber stellen= weise massenhaft verbreitet (z. B. im Annathal bei Eisenach, im Ahnethal bei Kassel, bei Münden). Früchte ziemlich selten, reifen im Spätherbst oder Winter (Fig. 23). Fuchsschwänziges Str. Th. alopecurum Br. et Sch.

c. Gruppe: **Camptothecieen.**

9. Camptothecium Schpr. (**Federmoos**).
(camptos krumm, thece Büchse.)

Stengel und Aeste bis an die Spitzen mit dunkelbraunem Wurzelfilz durchzogen, steif und spröde (sehr brüchig), ziemlich regelmäßig gefiedert, stark glänzend, dunkel gelblichgrün, später und besonders abwärts gold- oder rothbraun. Blätter sehr steif, länglich lanz., ganzrandig, tief gefurcht, scharf zugespitzt; Rippe fast bis zur Blattspitze. Auf Torfmooren, dichte Rasen bildend; nicht zu häufig. Fruchtreife im Frühling und Sommer. Glänzendes F. C. nitens Schpr.

— — — ohne Wurzelfilz, derb, biegsam, gestreckt-aufsteigend, unregelmäßig gefiedert, glänzend, meist goldgelb (nur an feuchten Orten grün), abwärts stets schmutzbraun. Blätter trocken anliegend, deshalb die Zweige dann strangartig, feucht rasch aufrecht-abstehend, aus breitem Grunde allmälig lang und steif zugespitzt, gefurcht; Rippe w. b. v.; Blattzellen sehr l., schmal und dicht, gelblich, kaum durchsichtig, nur am Grunde winzig quadratisch und durchsichtig. Büchse aufrecht oder geneigt, länglich; Deckel lang zugespitzt, fast geschnäbelt; Fruchtstiel scharfwarzig. Auf sandigen, kurzgrasigen Plätzen, an Dämmen, Wegen, Abhängen, auf Wiesen, auch an Gemäuer; allerorten sehr häufig, fast gemein. Fruchtreife im Winter und Frühling. Gelbes F. C. lutescens Br. et Sch.

Anm. Durch die goldgelbliche Färbung der Rasen sowie den Standort nicht wohl zu verkennen; in manchen Formen mit Brachythecieen (etwa Br. salebrosum) zu verwechseln, aber durch das Blattzellnetz von solchen auch ohne Früchte sicher zu unterscheiden.

d. Gruppe: **Orthothecieen.**

10. Homalothecium Schpr. (**Seidenmoos**).
(homalos gleich, thece Büchse.)

Rasen ansehnlich, angenehm grün oder gelbgrün, weich, mit überaus starkem Seidenglanz, dicht, kriechend. Blätter dicht, steif; Blattzellen langgestreckt, in den Blattflügelecken quadratisch. Büchse ansehnlich, länglich; Fruchtstiel 1—2 cm l., purpurroth. Mundbesatz doppelt, ähnlich wie bei Antitrichia.

Stengel 2—10 cm l., meist langgestreckt kriechend, mit büscheligen oft dicht und regelmäßig gefiederten Zweigen, deren Aestchen oder Fiederungen im trockenen Zustande aufgekrümmt sind. Blätter breit-eilanz., in eine feine, steife Pfriemenspitze ausgezogen, zart gesägt, scharf-längsfaltig; Rippe vor der Spitze verschwindend. Büchse 2—4 mm l., bis 1 mm br.; Deckel kurz geschnäbelt. Fruchtstiel derb, etwa 1 cm l., warzig-rauh. Ueberall an Felsen, Gemäuer, auch an Bäumen; gemein. Spätherbst. Echtes S. H. sericeum Br. et Sch.

Anm. Hat oft Aehnlichkeit mit Camptothecium lutescens, auch völlig übereinstimmendes Blattzellnetz, unterscheidet sich aber schon durch die meist dicht gefiederten, angepreßt kriechenden Zweige, vor Allem durch die aufrecht-gerade Büchse; zumeist auch schon durch Standort und Färbung.

— viel derber, büschelig-ästig, mit trocken straff-geraden Aestchen. Blattrippe fast oder völlig durchlaufend. Fruchtstiel glatt. Fast nur an schattigem Felsgestein und Gemäuer; nicht häufig. Juni, Juli. Der v. Art sehr ähnlich, aber schon durch kräftigeren Wuchs, glatten Fruchtstiel und die Zeit der Fruchtreife alsbald zu unterscheiden. H. Philippeanum Br. et Sch.

11. Orthothecium Schpr. (Orthothecie).
(orthos gerade, thece Büchse.)

Rasen zart, locker und weich, gelblich- oder bräunlichgrün, glänzend. Stengel kriechend, umherschweifend mit aufrechten, kurzen Aestchen. Blätter klein, dicht, fast einseitswendig, schmal lanz., pfriemlich lang zugespitzt, hohl, ganzrandig, undeutlich gefurcht. Büchse länglich-eif., reif mit erweiterter Mündung. Mundbesatz gelblich, ohne Zwischenwimpern. An Felsen zwischen andern Moosen; sehr selten und nie mit Früchten gefunden (in Thüringen an Felsen bei Eisenach). Gewirrte O. O. intricatum Br. et Sch.

— derber, grünlichgelb oder (meist) fuchsroth, sehr glänzend. Aeste gekrümmt, rundlich-zusammengedrückt. Blätter lanz., rippenlos, ganzrandig, mit langer, oft glasheller Haarspitze. Auf den Alpen: besonders an Kalkfelsen bei Wasserfällen und Gletscherbächen. Rothbräunliches O. O. rufescens Dicks.

12. Isothecium Brid. (Mäuschenschwanz).
(isos gleich, thece Büchse.)

Rasen nicht unansehnlich, blaßgrün; Stämmchen kriechend, mit etwa 2 cm h., aufsteigenden Aesten, welche büschelig oder fiederig verzweigt sind, zuweilen bäumchenartige Form haben. Büchse eiförmig oder elliptisch-länglich. Deckel zugespitzt oder kurz geschnäbelt. Fruchtstiel 1—2 cm l. Mundbesatz wie bei Hypnum.

Rasen locker-schwellend, weich, blaß- oder trübgrün, mattglänzend; Aeste büschelig oder entfernt und ungenau gefiedert; Aestchen durch die feucht sowie besonders trocken anliegende Beblätterung stielrundlich, oft schlank keulenf., meist etwas aufgekrümmt. Blätter eif. oder länglich-eif., gedunsen hohl, kurz zugespitzt. Büchse aufrecht; Deckel orangefarbig, aufwärts hochroth, kurz und schief geschnäbelt. In feuchten Wäldern am Grunde alter Stämme und an Gestein, auch auf Waldboden; überall ziemlich häufig, in Gebirgen fast gemein. Herbst bis Frühling. Echter M. J. myurum Brid.

— viel zarter a. b. v., wollig-kraus, mit 2—5 cm h., strauchig verzweigten, bogig eingekrümmten, ziemlich dicht und regelmäßig gefiederten Aesten, mit auch in trockenem Zustande abstehender Beblätterung. Blätter länglich lanz. (besonders die Stengelblätter), lang zugespitzt. Büchse später oft etwas übergebogen, auch wohl ein wenig gekrümmt. Nur in Gebirgen, an ähnlichen Orten w. b. v., besonders an feuchten Steinblöcken; ziemlich selten, aber stellenweise massenhaft. Früchte nicht häufig, reifen im Spätherbst. Zarter M. J. myosuroides Brid.

13. Pylaisia Schpr. (Pylaisie).
(De la Pylaie Schweizer Bryolog.)

Glänzende, dichte, meist niedrige Rasen mit 2—4 cm l. kriechenden Stengeln, etwas gekrümmter oder aufrechter, dünner, mehr oder minder gefiederter Verzweigung. Blätter aus breitem Grunde lanz., lang zugespitzt, trocken anliegend, rippenlos, ganzrandig. Büchse elliptisch-walzenf., 2 mm l., aufrecht und gerade; Deckel klein, kegelf. Fruchtstiel etwa 1,5 mm l. An Feld- und Waldbäumen (besonders Weiden und Obstbäumen); überall ziemlich häufig. Früchte meist reichlichst vorhanden, reifen im Herbst. Reichblüthige P. P. polyantha Schpr.

14. Climacium Web. et M. (Bäumchenmoos).
(climax Leiter.)

Lockere, aufrechte, meist bräunlichgrüne Rasen. An feuchten oder nassen Orten: auf Wiesen, Sümpfen, in Wäldern; fast überall ganz gemein. Echte Bäumchenform, 0,5—2 dm h., mit unterhalb astlosem, sehr robustem, dunkelbraunem, schuppenblätterigem, oberhalb büschelzweigig gewipfeltem Stamm; derselbe legt sich seiner Zeit nieder und aus ihm erheben sich neue Bäumchen. Gipfelzweige großblättrig, dick, etwa 2,5 cm l., nur hie und da unmerklich gefiedert. Fruchtstiele zahlreich, lang, kirschroth. Büchse gerade aufrecht, mit zugespitztem Deckel. Haube eng kapuzenf., weit unter die Büchse hinabreichend. Mundbesatz ansehnlich, sehr regelmäßig, doppelt: der äußere besteht aus 16 lanz., mit einer Schlangenlinie den Rücken entlang versehenen, trocken kuppelf. zusammengeneigten Zähnen; der innere besteht aus mit jenen alternirenden, gekielten, zarthäutigen, leiterartig durchbrochenen Zähnen. Früchte selten, reifen im Herbst. Bäumchenmoos. Cl. dendroides Hedw.

Anm. Dies zumeist durch seine Bäumchenform genugsam ausgezeichnete Moos ändert auf nassen Wiesen und Sümpfen ab, wird bis über handlang und von Grund auf strauchig-verzweigt, fruchtet übrigens da weit häufiger.

15. Cylindrothecium Schpr. (Walzenfruchtmoos).
(cylindros Walze, thece Büchse.)

Rasen ansehnlich, gelblich- oder goldgrün, glänzend, abwärts schmutzigbraun, Stengel lang, angenehm fiederästig, Aestchen stielrund-glatt und zugespitzt, gekrümmt. Blätter trocken dicht anliegend, hohl länglich eif., stumpf; Mittelrippe fehlt, dafür zwei sehr kurze Rippchen am Blattgrunde; Blattrand am Grunde zurückgeschlagen, aufwärts eingebogen, ganz. Büchse aufrecht und gerade, schlank-walzenf.; Deckel kegelf., stumpf. In mitteldeutschen Gebirgen: nur auf Kalkboden und an Kalkfelsen, daselbst stellenweise sehr verbreitet, aber fast immer ohne Früchte. (Neckera orthocarpa C. Müller.) Geordnetes W. C. concinnum Schpr.

> Anm. Dies Moos pflegt von Anfängern für das gemeine Hypnum Schreberi gehalten zu werden, mit dem es äußerlich größte Aehnlichkeit hat und von dem es sich wesentlich fast nur durch die (aber seltenen) Früchte unterscheidet. Doch schon das Vorkommen nur auf Kalkboden bezeichnet es, ferner die goldgrünliche Färbung, dichtere Beblätterung, gedrungenerer Bau, völlig faltenlose Blätter.

16. Lescuraea Schpr. (Lesquereur'sches Moos).
(Leo Lesquereux franz. Bryolog.)

Rasen weich, etwas verworren, grün, glänzend; Stengel aufsteigend kriechend, unregelmäßig gefiedert. Blätter trocken anliegend, lanz., pfriemlich zugespitzt, 2faltig, mit bis in die Spitze auslaufender Mittelrippe, mit derselben parallel je ein grüner Streifen (daher der Name); Blattrand umgeschlagen, an der Spitze ganz oder gezähnelt. Büchse klein, eif.; Deckel kegelf. In Geb., an Nadelhölzern (Buchen und Ebereschen), oder an Felsen; selten. (Leptohymenium striatum Schwaegr. Pterogonium striatum Schwaegr. Pterigynandrum mutabile Brid.) Gestreiftes L. M. L. striata Br. et Sch.

17. Platygyrium Br. et Sch. (Breitschlundmoos).
(platy breit.)

Rasen niedrig, olivengrün oder goldbraun, stark seidenglänzend Stengel kriechend, büschelig oder fiederästig. Aestchen bis 1 cm l. und 0,6 mm dick, stielrund, eingekrümmt, dicht beblättert. Blätter klein, allseitig, aufrecht-abstehend, trocken ziemlich dicht anliegend, eilanz., kurz zugespitzt, hohl; Blattrand am Grunde zurückgeschlagen, ganz; Mittelrippe fehlt, dafür zwei verkümmert kurze Rippchen am Blattgrunde. Büchse aufrecht und gerade, klein (etwa 2 mm l.), länglich, gelb- dann rothbraun; Deckel kegelf., geschnäbelt. Fruchtstiel 1 cm l. Am Grunde alter Waldbäume, besonders auf alten Bretterwänden; ziemlich selten. Früchte meist reichlich, reifen im Frühling (Leptohymenium repens Schleich., Pterigynandrum repens Brid.) Kriechendes Schw., Platygyrium repens Br. et Sch.

e. Gruppe: Pterigynandreen.
18. Pterigynandrum Hedw. (Zwirnmoos).
(pteron Flügel, gynandrum mann-weiblich.)

1. Rasen völlig plattgedrückt-anliegend, dicht, mattglänzend, meist blaßgrün; Stengel und Zweige zwirnfadendünn, schlangenf.-glatt, oft

lang gestreckt, etwas starr, verbogen, hie und da etwas aufgekrümmt oder anliegend, umherschweifend. Blätter winzig, eif., zugespitzt, warziggrauh, mit ziemlich großem, maschigem, rhombischem Zellgewebe; trocken dicht anliegend; Blattrand zart gesägt, fast bis zur Spitze schmal-zurückgerollt; Rippe fehlt oder verschwindet doch in der Mitte. Büchse länglich; Deckel lang geschnäbelt. In Gebirgswäldern: an Bäumen, auch an Gesteinen, oft weite Ueberzüge bildend; nicht häufig. Früchte sehr selten, reifen im Mai, Juni. Fadenf. Zw. (Leptohymenium filif. Hübn.) Pt. filiforme Hedw.

Abart: heteropterum Brid., mit schwellenderen, dunkelgrünen, fast glanzlosen Rasen, etwas einseitswendigen, größeren und stumpferen Blättern; an ziemlich nassen Orten.

2. Fam. **Fabroniaceen**.

Gruppe: **Fabronieen**.

19. Anacamptodon Brid. (**Biegzahnmoos**).
(ana hinauf, camptos gekrümmt, odon Zahn.)

Ein äußerst seltenes Moos, das als kleine, grüne, glänzende, dichte Rasen hie und da, besonders in süddeutschen Gebirgen gefunden ist. Blätter fast wagerecht abstehend, ei-lanz., ganzrandig. Fruchtstiel kurz. Büchse kurz-eiförmig, mit schmalem, zierlichem Halse (der etwa so lang als die Büchse ist), blaß ocherbräunlich, sehr symmetrisch, unter der Mündung eingeschnürt. Mundbesatz sichtlich, doppelt: der äußere besteht aus 16 paarweise zusammenstehenden, trocken nach außen gekrümmten Zähnen, der innere aus zarten, mit jenen alternirenden Wimpern. An Buchen, selten an Tannen. Anfang Frühling. **Kropfbüchsiges B.** A. splachnoides Froel.

20. Anisodon Schpr. (**Ungleichzahnmoos**).
(anisos ungleich, odon Zahn.)

Rasen dicht, zart, mit gedrängt aufrechten sowie kriechenden Aestchen. Blätter eif., plötzlich lanz. zugespitzt, mit unmerklich gesägter Spitze, Rippe bis zur Blattmitte; Blattzellen dicht, rhombisch. Büchse winzig, kurz gehalst, kugelrundlich, geöffnet weitmündig, auf kleinem, derbem Fruchtstiel; Deckel breit, kurz, schiefgeschnäbelt. Mundbesatz wimperförmig, kurz, ungleich. **Bartram's M.** (Clasmatodon pusillus, Anisodon perpusillus Br. et Sch.) A. Bartrami Schpr.

Anm. An Kieferstämmen im J. 1851 in der Haide bei Düben von dem Apotheker Bartram entdeckt, seitdem aber nicht wieder gefunden.

3. Fam. Leskeaceen.

Gruppe: Thuidieen.

21. Thuidium Schpr. (Thujamoos).
(Thuja Lebensbaum.)

Zweige meist holzig, 4–10 cm l., von der Spitze bis zum Grunde überaus regelmäßig gefiedert. Die Büchse in allen ihren Theilen wie bei Hypnum, dahin es von den Autoren früher auch gerechnet wurde.

1. **Zweige einfach=gefiedert, Fiederästchen derb, oft kurz=peitschenf., gerade oder eingekrümmt.** 2.
— **zwei= bis dreifach= (äußerst fein, dicht und regelmäßig) gefiedert.** (Fig. 24.) 3.
2. **Stengel (und Aeste) mit braunem Wurzelfilze zart durchzogen, etwa fingerlang. Blätter herz=eif., zugespitzt; kaum längsfaltig, mit sehr lockerem durchsichtigem Zellgewebe. Büchsen walzenf., stark gekrümmt, braunroth; meist reichlich vorhanden. Rasen weich, locker, hellgrün oder braungelb. Auf quelligen Sumpfwiesen, Torfmooren; ziemlich selten.** Eine der f. äußerlich sehr ähnliche Art, aber schon durch den Standort nicht zu verkennen. Blandow'sches Th. Th. Blandowii Br. et Sch.
— — — **ohne solchen Wurzelfilz, fast starr, 0,4–1 dm l. Fiederäste oft nicht allzu dicht gestellt, fast bis zur Stengelspitze gleich lang (etwa 1 cm). Blätter breit eilanz., mit tiefen Längsfalten, auf beiden Seiten warzig (bei der v. Art nur unterseits). Büchse fast aufrecht, etwas gekrümmt, braungelb. Rasen rostgelb oder (besonders abwärts) gelbbraun und meist nur die Spitzen grün oder gelbgrün. Auf trockenem Sandboden an Abhängen, Dämmen, Chausseegräben, auch an Gemäuer; sehr häufig. Früchte äußerst selten, reifen im Spätsommer.** Tannenförmiges Th. Th. abietinum Br. et Sch.
3. **Zweige meist 3fach gefiedert, die zarteste und reichste Fiederung, welche bei den Moosen überhaupt vorkommt Blätter locker gestellt, aus dreieckig herzf. Grunde lanz. zugespitzt, gezähnt; Rippe vor der Blattspitze verschwindend. Perichätialblätter in mehrere faserige Fransen auslaufend. Büchse groß (mehrere mm l.), walzenf., sich krümmend, rothbraun; ohne Ring. Deckel kurz geschnäbelt. Fruchtstiel mehrere cm l., purpurroth. Sporen bräunlichgelb, trübe. Besonders in Wäldern, unter Gebüsch, auf dürftigen Grasplätzen; gemein. Früchte nicht häufig, reifen Ende Herbst und Anfang Winter.** Tamariskenförmiges Th. Th. tamariscinum Br. et Sch.

> Anm. Diese Art ist von den f., ohne Früchte (welche ziemlich selten sind), oft schwer zu unterscheiden; doch hat sie meist ansehnlichere, zartere und 3fach gefiederte Zweige. Auch sind die Blätter ziemlich verschieden. Es sind beide aber die zartest und malerischeft gefiederten Zweige überhaupt.

— meist nur doppelt gefiedert, außerdem kürzer und gedrungener als b. v. Blätter gedrängt, aus dreieckigem (nicht herzförmigem) Grunde lang lanz., gesägt Büchse kleiner als b. v.; Ring vorhanden. 4.

4. Blattrippe gegen die Spitze sich sehr verdünnend. Blätter wenig pupillös. Deckel dünn und lang geschnäbelt. Perichätialblätter an ihrer Spitze nur gesägt. Auf Sand- und Thonboden; selten. Früchte nicht häufig, reifen Anfang Sommer. **Zierliches Th.** Th. delicatulum Lindb.

In Tracht fast ebenso. Blätter abwärts sehr papillös, Rippe gegen die Spitze sich verbreiternd und sie völlig ausfüllend. Deckel kurz geschnäbelt. Perichätialblätter ohne Wimpern. In Wäldern, auf Wiesen u. s. w.; sehr häufig. **Untersuchtes Th.** Th. recognitum Schpr.

22. Heterocladium Br. et Sch. (Wechselzweigmoos).
(heteros anders, clados Zweig.)

Rasen starr, entfernt oder dicht gefiedert, fädig verworren kriechend und weit zarter als bei allen übrigen Thuidieen; Zweige kaum zwirndünn und kurz, zierlich, die Blätter der Stammzweige und Fieberäste verschieden (daher der Name). Büchse geneigt bis wagerecht, sich krümmend, reif unter der Mündung eingeschnürt. Früchte ziemlich selten, ähneln in Größe und Form denen von Amblystegium serpens.

Rasen dicht, gelblichgrün bis dunkelgrün. Blätter der Hauptzweige sparrig-zurückgekrümmt, breit lanz., lang zugespitzt, mit fast unmerklicher Doppelrippe; Zweigblätter trocken locker anliegend, kleiner. Büchse länglich, sich stark krümmend; Deckel kegelf.-gewölbt, stumpf. Im Gebirge: auf schattigem, steinigtem Waldboden, an Felsblöcken; sehr selten. Herbst bis Frühling **Zweigestaltiges W.** H. dimorphum Br. et Sch.

— meist angenehm dunkel- fast schwarzgrün, starr zerbrechlich, dem v. äußerlich sehr ähnlich. Blätter der Hauptzweige abstehend-einseitswendig, mit überaus kurzer Rippe; Zweigblätter fast einseitswendig abstehend. Büchse eif.; Deckel geschnäbelt. Im Gebirge: an feuchten Felsen und schattigen, quelligen, steinigten Plätzen; ziemlich selten. Herbst. **Ungleichgefiedertes.** H. heteropterum Br. et Sch.

b. Gruppe: Leskeen.

23. Pseudoleskea Br. et Sch. (Trügleskee).

Rasen dicht, flach, verworren, mit schlanken, durch dichte, trocken anliegende Beblätterung kätzchen- oder strangartigen Zweigen. Büchse geneigt bis wagerecht, etwas gekrümmt. Mundbesatz doppelt, der innere meist mit dünn fädigen Zwischenwimpern.

1. Rasen dunkelgrün bis schwarzgrün, derb; Zweige etwa 1 mm dick. Blätter meist einseitswendig, aus eif. Grunde lanz.; Blattrand abwärts zurückgeschlagen, gegen die Spitze sägezähnig; Rippe stark, dicht unter oder in der Blattspitze verschwindend. Deckel kurz kegelf. (ungeschnäbelt). Auf höheren Gebirgen: an Felsen und Bäumen; selten. April, Mai. Schwarzgrüne Tr. Ps. atrovirens Br. et Sch.

Zweige fadendünn. Blattspitze ganz. Deckel geschnäbelt. 2.

2. Rasen weich; Aeste einfach. Blätter breit-eif., plötzlich lang zugespitzt; Rippe kurz, dick, gabelig. Auf Dächern — Süddeutschland. Dachbewohnende Tr. Ps. tectorum Schpr.

Rasen angenehm dunkelgrün, zart, dicht, sehr flach. Aeste fadenf., entfernt gefiedert. Blätter stets allseitswendig, eif., kurz zugespitzt, trocken dicht angedrückt (daher die Zweige strangartig=stielrund und zwirndünn); Blattrand abwärts zurückgeschlagen; Rippe etwa bis zur Blattmitte einfach. An (Kalk= und Dolomit=) Felsen; selten. Früchte sehr selten, reifen im Sommer. Kettenförmiges Tr. Ps. catenulata Br. et Sch.

24. Leskea Hedw. (Leskee).
(Gottfr. Leske, botan. Prof. in Leipzig. † 1786.)

Zarte, trocken etwas starre Rasen; Aeste meist strangartig gerundet, wirr verzweigt. Der äußere Mundbesatz besteht aus 16 schmallanz. Zähnen, die sich trocken einkrümmen, der innere aus gekielten Zähnen. — Früher rechneten die Autoren noch viele andere Moose in diese Gattung.

1. Blätter winzig, schmal=lanz., rippenlos, ziemlich flach. Dunkelgrüne, dichte, überaus zarte, weiche Rasen. Siehe Amblystegium subtile.

— aus eif. Grunde zugespitzt; Rippe ansehnlich, bis zur Blattspitze laufend. 2.

2. Blätter eilanz., hohl, kurz zugespitzt, locker gestellt; Rippe vor der Spitze verschwindend. Zarte Rasen, mit aufsteigenden Aestchen. Büchse walzenf., meist leicht gekrümmt, gelbroth; Deckel gerade; äußerer und innerer Mundbesatz braun. An Baumstümpfen und Steinen feuchter Wälder, an Gräben u. s. w.; überall häufig. Früchte meist reichlich vorhanden, reifen im Frühling. Reichfrüchtige L. L. polycarpa Ehrh.

Abart: paludosa Hedw., mit längeren Aesten, größeren Blättern, längerer Büchse. An überschwemmten Orten.

— schmal lanz., lang zugespitzt, dicht gestellt, trocken fest angedrückt, daher die Aeste stielrund, steif. Rippe fast durchlaufend. Deckel schief (gebogen); äußerer und innerer Mundbesatz orange. Früchte sehr selten. Nur in Gebirgen: an Felsgestein und Bäumen; ziemlich selten. Starkrippige L. L. nervosa Myr.

25. Anomodon Hook. (Trugzahnmoos).
(anomos abnorm, odon Zahn.)

Glanzlos-rauhe, grüne, büschelig-verzweigte, starr-härtliche Rasen, meist mit schopfblättrigen Zweigspitzen und schlanken Ausläufern. Büchse aufrecht, symmetrisch; Deckel geschnäbelt. In Wäldern.

1. Rasen sehr derb. Aeste dick, lang, fast einfach. Blätter zungenförmig-stumpf. 2.
   — mittelzart. Aeste dünn, meist büschelig-verzweigt. Blätter kaum über 1 mm l., lanz. oder ei lanz., zugespitzt. 3.
2. Rasen sehr ansehnlich, starr, rauh, angenehm gelbgrün bis dunkelgrün, abwärts (besonders im Alter) abgestorben ockergelb oder schmutzbraun; Aeste 0,5—1,5 dm l., 2—4 mm dick, straff, einfach oder mit nur vereinzelten Aesten, mit gedrängter, meist einseitswendiger, zurückgekrümmter, trocken well-verdrehter Beblätterung. Blätter 2—3 mm l., ei-lanz., stumpf, mit welligem, am Grunde umgerollten Rande; Rippe vor der Spitze verschwindend. Büchse walzenf., rothbraun; Deckel schief kegelf., zugespitzt. Fruchtstiel gelb, 1—2 cm l. An alten Waldbäumen und feuchtem Gestein; überall ziemlich häufig. Früchte besonders an nässigen schluchtigen Orten reichlich vorhanden. Herbst bis Frühling. Ausläufertreibendes Tr. A. viticulosus Hook.
   Aeußerlich dem v. sehr ähnlich; aber Blätter allseitig (durchaus nicht einseitswendig), aus breit eiförmigem Grunde zungenförmig ausgezogen, mit flachem Rande. An schattigen Felsen und Baumstämmen, selten. (Rhön, Schlesien.) A. apiculatus Br. et Sch.
3. Blätter angedrückt, ei-lanz., in eine lange, fadenförmige, hin und her gebogenen Spitze endend. Deckel sehr lang geschnäbelt. An Felsen, selten (um München, Alpen). Geschnäbeltes Tr. A. rostratus Br. et Sch.
   Blätter stumpflich oder in eine lanzettliche oder pfriemliche, gerade Spitze ausgezogen. 4.
4. Rasen angedrückt-liegend, fast zart, dunkel- oder gelbgrün. Stengel- und Aeste fadenförmig 2—8 cm l., mit langgestreckter, vielverästelter Verzweigung und stets verdünnten Enden. Blätter schmal-lanz., pfriemlich ausgezogen, am Grunde 2faltig, Rand umgerollt, völlig ganz (nur durch Wärzchen rauh, wie auch bei den andern Arten); Rippe dicht unter der Spitze verschwindend. Fruchtstiel kurz (1 cm) und zart, gelblich. Besonders im Gebirge: an Baumstümpfen und Gestein; nicht allzu häufig. Früchte selten, Herbst bis Frühling. Langblättriges Tr. A. longifolius Hartm.
   — locker, derber, mit strangartigen Ausläufern, dunkel- oder gelbgrün. Stämmchen 2—8 cm l., aufsteigend, an den Gipfeln mit schopfig gehäufter Beblätterung. Blätter (herz-) eif., stumpflich oder mit plötzlich aufgesetztem Spitzchen, Rand flach, an der Spitze mit

einigen Zähnchen; Rippe vor der Spitze verschwindend. Fruchtstiel ziemlich lang (1,5—2 cm), roth. In Gebirgen und in der Ebene an schattig-feuchten Bäumen und Gestein überall ziemlich häufig. Herbst. Verdünntästiges Tr. A. attenuatus Hartm.

4. Fam. Hukeriaceen.

26. Hookeria Smith (Hukerie).
(Sir W. J. Hooker, engl. Botaniker.)

Rasen niederliegend-aufsteigend, mattglänzend, blaßgrün oder gelbgrünlich, trocken bleichgrün und rauschend. Stämmchen 2—6 cm l., bis 5 mm br. Blätter fast zweizeilig, locker gestellt, überaus ansehnlich, eirund oder eilänglich, sehr stumpf, flach, ganzrandig; ohne Rippe; Blattzellen sechseckig, sehr locker, die größten, welche überhaupt bei den Laubmoosen vorkommen und schon mit schwacher Lupe deutlich zu unterscheiden. Büchse eilänglich, geneigt bis wagerecht, dunkelbraun; Deckel geschnäbelt; Haube kurz, mützenf. Fruchtstiel etwa 2 cm l., röthlich. Im Gebirge: an quelligen, schattigen Orten, Felsen, Mühlen, Bächen; selten. Spätherbst. (Pterygophyllum lucens Brid.) Glänzende H. H. lucens Smith.

5. Fam. Neckeraceen.

a. Gruppe: Leukodonteen.

27. Leucodon Schwaegr. (Weißzahnmoos).
(leucos weiß, odon Zahn.)

Lockere, dicke, dunkelgrüne, trocken schwarzgrüne (fast glanzlose) Polster mit grünen, stumpflichen Spitzen. Hauptstamm kriechend, einfach oder unregelmäßig verzweigt, bogig aufsteigend, mit schwänzchenf. aufgebogenen Aesten. Beblätterung trocken dicht anliegend, feucht aufrecht-abstehend, dicht, allseitig, wodurch die Aeste im feuchten Zustande ein überaus charakteristisches chenillef. Aussehen haben. Blätter aus eif. Grunde scharf zugespitzt, fast dreieckig, ganzrandig, rippenlos. Büchse eif., symmetrisch, schwarzbraun; Deckel stumpf kegelf., schwarzbraun; Mundbesatz blaßgelb, fast weißlich. Fruchtstiel rothbraun bis über 1 cm h. Ueberall ganz gemein an alten Bäumen, seltener an Gestein. Früchte äußerst selten, reifen im März, April. Eichhornschwänziges W. L. sciuroides Schwaegr.

28. Antitrichia Brid. (Hängemoos).
(anti gegen, trix Haar; wegen vermeintlicher Gegenüberstellung der haarförmigen Wimpern des innern Mundbesatzes, welche indessen alterniren.)

Rasen sehr ansehnlich, aber locker, wenig glänzend, dunkel olivengrün. Stengel etwa 1 dm l., liegend, mit herumschweifender, mehr oder minder fieberäſtiger Verzweigung; Fieberäſtchen etwa 2 mm dick, ſtumpf, ſtarr=elaſtiſch. Blätter dicht, feucht faſt ſparrig abſtehend, eif., ſtark längsfaltig, mit umgeſchlagenem Rande, ſcharf zugeſpitzter und geſägter Spitze; am Grunde 3—5 Rippchen angedeutet, deren mittelſtes breit und faſt bis zur Blattmitte. Büchſe ſymmetriſch eif., hell braunroth, anſehnlich, engmündig, anfangs aufrecht und gerade, nach der Entdeckelung aber hängend, auf einige mm bis etwa 1 cm l., rothem Fruchtſtiel. Mundbeſatz weißlich. An alten Bäumen, ſowie an ſchattig=feuchten Felſen; in allen Gebirgen und da ſtellenweiſe ſehr häufig. Früchte nicht überall vorhanden, reifen im Spätherbſt oder erſten Frühling. (Anomodon curtipendulus Hook; Neckera curtip. Hedw.) A. curtipendula L.

Anm. Dies Moos hat meiſte Aehnlichkeit mit Leucodon, unterſcheidet ſich [vor Allem durch die Rippen, indeſſen auch durch ſchlaffere Streckung und größere Länge der Zweige, meiſt etwas ſchopfig verdickte Stengelſpitzen, auch in trockenem Zuſtande olivengrüne Färbung, Vorkommen beſonders am Grunde der Bäume (während Leucodon ſich meiſt höher hinauf anſiedelt).

29. Pterogonium Sw. (Blattflügelzellmoos).
(pteron Flügel, gonos Winkel.)

Raſen ergrün, ſpäter oft fahlgelb oder braun, bronzeartig matt=glänzend, liegend=geſtreckt, mit ſtrauchartig=büſcheliger, ſtraffer oder eingekrümmter Verzweigung; Aeſtchen trocken ſchlangenrund und völlig glatt, ſchlank, kaum 1 mm dick, ſteif=ſpröde, mit verdünnten oder etwas verdickten Spitzen. Blätter trocken feſteſt angepreßt, feucht raſch aufrecht=abſtehend, aus breitem, umfaſſendem Grunde zugeſpitzt, an der Spitze geſägt=randig; am Blattgrunde zwei kurze Rippchen angedeutet; Zellnetz überaus angenehm. Büchſe aufrecht, oft etwas gekrümmt, walzenf.; Deckel kurz geſchnäbelt. An Felſen und auf ſteinigten Plätzen; ſelten (maſſenhaft am Herzſtein bei Wilhelmshöhe). Früchte ſehr ſelten. (Pterigynandrum gracile Hedw., Leptohymenium gracile Hübn.). Schlankes Bl. Pt. gracile Swartz.

b. Gruppe: **Neckereen**.

30. Neckera Hedw. (Ringmoos).
(Necker, ein elſäſſiſcher Botaniker, † 1793.)

Ausgezeichnete Mooſe der Gebirge. Meiſt kriechende, platte Raſen; mit nur wenig aufſteigenden, angenehm gefiederten, durch ſcheinbar zweizeilige Blattſtellung blattflachen Zweigen. Büchſe eiförmig (1—2 cm l., halb ſo dick), braun, mit pfriemlich geſchnäbeltem Deckel; Fruchtſtiel ganz fehlend oder doch verhältnißmäßig kurz, gelb. Mundbeſatz doppelt; äußerer beſteht aus 16 mit ſtarken Querbalken verſehenen, lineal=lanzettlichen Zähnen, innerer aus 16 mit jenen alternirenden Wimperfäden. Früchte ziemlich ſelten, reifen im März, April, Mai.

1. Blätter querwogig-gerunzelt, wodurch sie geschuppt-flimmigeren Glanz haben, kurz zugespitzt. (Fig. 34.) 2.
Rasen stark glänzend, dicht gelagert; Stengel dicht gefiedert, etwa 0,3 bis 1 dm l., kaum 2 mm br. Blätter glatt und eben, zungenf., länglich, an der Spitze bogig-gerundet, aber plötzlich mit ganz kurzem Spitzchen. Fruchtstiel gelblich, etwa 1 cm l. Besonders an Buchen, seltener an Gestein; in Gebirgen sehr häufig. Früchte ziemlich selten. **Glattes R.** N. complanata Hedw.
2. Rasen groß, flach, grün bis braungrün; Stengel 0,5—2 dm l., gefiedert. Blätter 3—4 mm l., stumpf zugespitzt, zungenf., starkwogiggerunzelt. Fruchtstiel etwa 1 cm l. Am Grunde der Bäume, schattigem Gestein; ziemlich häufig. **Krausblätteriges R.** N. crispa Hedw.
   Anm. Eins der ansehnlichsten und herrlichsten deutschen Moose, unverkennbar durch die angenehm gefiederten, sehr breiten, glanzflimmerigen Zweige.
— zarter. Stengel nur etwa bis 6 cm lang, 2—3 mm breit. Blätter 1—2 mm l. 3.
3. Büchse stiellos eingesenkt, versteckt, von den scheibigen Hüllblättern fast überragt. Blätter lanz. zugespitzt, dicht stehend. In Geb.: an Bäumen, bes. Buchen; nicht häufig. **Gefiedertes R.** N. pennata Hedw.
   Anm. Bes. durch eine gewisse Starrheit aller Theile, sowie durch aufrechte, fast einfache Hauptzweige von der folg. Art, welche sehr ähnliche Tracht hat, zu unterscheiden.
— auf etwa 4 mm l. Fruchtstiel. Rasen zart, dunkelgrün, angedrücktkriechend. Blätter eilanz. oder zungenf., oft mit geschlängeltem Spitzchen, wenig über 1 mm l. Bes. in Geb.: an alten Tannen- und Buchenstämmen; nicht häufig. **Niedriges R.** N. pumila Hedw.

31. Homalia Brid. (Flachmoos).
(homalos flach.)

In Tracht der vorigen Gatt. ähnlich. Rasen niederliegend-aufsteigend, blaß- oder gelblichgrün, glänzend. Zweige nur etwas gabelästig (nicht gefiedert), etwa 2 mm br. Blätter zungenf., glatt, stumpf; Blattrippe kräftig, bis über die Mitte reichend. Büchse klein, etwa 1 mm l., elliptisch oder fast walzenf.; Deckel schief pfriemlich-geschnäbelt; äußerer Mundbesatz aus schmalen, blaßgelben, querrippigen Zähnen bestehend; der innere gleich hoch. Fruchtstiel roth, 1—2 cm l. In Wäldern, bes. am Grunde alter Bäume; überall sehr häufig. Herbst. **Strichfarniges Fl.** H. trichomanoides Br. et Sch.

c. Gruppe: Leptodonteen.
32. Leptodon Mohr. (Krullast).

Rasen angedrückt, gelb- bis dunkelgrün, sehr starr. Stempel einige cm l., wedelartig dicht gefiedert oder doppelt gefiedert, diese Fiedern und Fiederchen in trockenem Zustande auffällig eingekrümmt. Blätter sehr gedrängt, 1 mm l., länglich-eif., stumpf; Rippe bis über der Mitte verschwindend; Blattzellen winzig, gerundet, weich, chlorophyllreich, abwärts rechtwinklig. Büchse kurzgestielt, elliptisch. An alten Bäumen, Felsen, Gemäuer; in Deutschland sehr selten und steril (in Bayern bei Hassellohe, in Tirol bei Meran, in Wallis, bei Genf am Saleve). **Smith's Kr.** (Lasia Smithii Brid.) L. Smithii Mohr.

> Anm. Ein völlig eigenartiges Moos, auffällig durch seine glanzlosen, krummästigen, an zarte Formen des Lebermoos Ptilidium ciliare erinnernde Rasen.

d. Gruppe: **Cryphäeen** (Schleiermoose).
33. Cryphaea Mohr. (**Schleiermoos**).
(crypha verborgen.)

Stämmchen aufsteigend, schlank, gelbgrün, glanzlos, 1 cm bis über 2 cm h. Blätter dicht, ziegeldachf., aufrecht-abstehend, trocken dicht anliegend. Büchse länglich-eif., in den scheidigen Perichätialblättern fast versteckt, blaßbraungelb, roth gesäumt; Haube glockenf., fast über die ganze Büchse. In Deutschland äußerst selten, an Bäumen, bes. Pappeln, Ulmen: vereinzelt bei Zweibrücken, bei Griesbach im Schwarzwald, am Heidelberger Schloß, bei Freiburg im Breisgau, bei Bonn, hier und da in Westfalen, auf den Inseln und Küsten Ostfrieslands. **Einseitswendiges Schl.** C. heteromalla Brid.

6. Fam. **Fontinalaceen** (**Brunnenmoose**).
34. Fontinalis Dill. (**Brunnenmoos**).
(fons Quelle, Brunnen.)

Bis über 2 dm l., ansehnlichste Moose; an Gestein und Holzwerk angewachsen-fluthend in Teichen, Flüssen, Gebirgsbächen, Brunnen; stark verzweigte, dunkelgrüne Büschel. Blätter 2—8 mm lang, bis über 1 mm breit, gehöhlt, glatt. Büchse stiellos oder fast stiellos, derb, eif., 2 mm l., mit kegelf. Deckel. Haube mützenf., etwa $1/4$ der Büchse bedeckend. Mundbesatz dunkelroth, doppelt: der äußere besteht aus 16 lineal-lanz. Zähnen, die sich trocken spiralig nach außen krümmen; der innere besteht einzigartig aus einer zusammenhängenden (nur an der Spitze offenen) Kuppel, welche regelmäßig gitterartig durchbrochen ist. (Fig. 17.) August.

1. Stengel mit scharf 3kantiger Spitze (indem die dreizeilig gestellten Blätter der Stengelspitze dicht anliegen, außerdem der ganzen Länge nach kielig gefaltet sind); Blätter oval-lanzettlich, mit kappenf. hohler Spitze, etwa 8 mm l., 1 mm br. Auch im Flachlande in Bächen und Teichen, an Steinen und Holzwerk, die allerhäufigste Art. F. antipyretica L.

> Abarten: gracilis Lindb., schlank, zarter; Blätter ei-lanz., gespalten, kaum gefaltet. Büchse größer.

laxa Milde, schlaff, mit undeutlich 3kantiger Stengelspitze, Blätter locker, eilänglich, stumpflich. Bei Sagan und Hamburg.

— mit stielrunder Spitze (indem die Blätter zwar dicht anliegen, aber nicht kielfaltig sind). 2.

2. Blätter lanz. zugespitzt, nur wenige mm l. In Gebirgsbächen, nicht zu selten. F. squamosa L.

— lang pfriemlich ausgezogen. Stengel fädig. 3.

3. Stengel sehr verzweigt. Nur in mehreren Seen unweit Danzig, da aber reichlichst. F. dalecarlica Schimp.

— wenig verzweigt, zart und weich, aber lang. Blattzellen locker und ziemlich weit. Büchse klein elliptisch, halb emporgehoben. Zerstreut. F. hypnoides Hartm.

35. Dichelyma Myrin. (Hakenmoos).

Stengel sehr verzweigt, bis über 1 dm l., fluthend, von goldig braungrüner Färbung. Blätter dicht gestellt, sichelf. herabgebogen, lanz., lang und fein zugespitzt, gekielt. Fruchtstiel bis über 1 cm l., etwa zur Hälfte von den scheidigen Perichätialblättern umschlossen; Büchse verhältnißmäßig klein, etwa 1 mm l., eif.; Deckel kegelf., spitz geschnäbelt; Mundbesatz w. b. v.; Haube bis unter die Büchse hinabreichend. Sehr selten, in Gebirgswassern (besonders in den Sudeten am Ausflusse des kleinen Teiches). Sichelblättriges H. D. falcata Hedw.

Tracht ähnlich, aber zarter. Blätter aus sehr schmal lanzettlichem Grunde in eine lange, haarfein gesägte Pfriemenspitze ausgezogen, etwa 6 mm l. Perichätialblätter den ganzen Fruchtstiel umwickelnd. Nur bei Danzig in Zellenschütte am Canal und Mühlteich, sowie auf Moorwiesen am Canal nach den Wittstockseen, da in Gesellschaft von Hypnum fluitans und Fontinalis dalecarlica. Haarblättriges H. D. capillaceum Br. et Sch.

7. Fam. Fissidentaceen (Spaltzahnmoose).

a. Gruppe: Fissidenteen.

36. Fissidens Hedw. (Farnmoos, Spaltzahnmoos).
(fissus gespalten, dens Zahn.)

Grüne, wenig verbreitete, aber überall, stellenweise reichlich vorkommende Moose, rasen- oder heerdenartig in Wäldern, auf nassen Wiesen, Torfmooren u. s. w. — Stämmchen aufrecht, einfach oder gabeltheilig, zierlich-wedelförmig in Folge der vertikal gestellten, zungenf. oder breitlanz. Blätter. Büchse 0,5—3 mm l., gestielt, meist etwas geneigt, mit geschnäbeltem Deckel; Haube kapuzenf. Mundbesatz roth, besteht aus 16 querrippig-gegliederten, mit Divisuriallinie versehenen, bis zur Hälfte und darüber gespannten

Zähnen, welche sich feucht kuppelartig zusammenneigen, trocken bogig abstehen. (Fig. 12.)

1. Wedelchen 1—5 cm h., am Grunde meist verzweigt; Blätter vielpaarig, dicht gedrängt. Fruchtstiele seitlich aus Gipfel, Mitte, oder Grund der Wedelchen. Büchse nicht unansehnlich, 1—2 mm l. 2.

— nur 2—8 mm hoch; Blättchen etwas entfernt. Fruchtstiele stets aus dem Gipfel der Wedelchen. Büchse winzig, noch nicht bis 1 mm l. 5.

2. Wedel 1—4 cm, braun- oder dunkelgrün. Blätter zungenf., ungesäumt, an der Spitze winzig gekerbt; Rippe vor der Spitze verschwindend. Büchse gestielt, gipfelständig. Haube mützenf., mit gelapptem Saum. Einhäusig. Auf sumpfigem oder torfigem Boden, bes. in Gebirgen; nicht häufig. Herbst und Frühling. **Königsfarniges F.** (Osmundula fissidentoides Rabh. (F. osmundoides Hedw.)

Blätter licht gesäumt oder licht gezähnelt. 3.

3. Die Fruchtstiele entspringen aus der Mitte oder dem Grunde der Wedel. 4.

— — — — dem Gipfel der Wedelchen. Siehe F. crassipes.

4. Wedelchen robust, 2—5 cm h. (auf Sümpfen bis 1 dm). Blätter breit lanz., licht gesäumt, unbedeutend aber durchweg gezähnt, zugespitzt; Rippe in oder vor der Blattspitze verschwindend. Fruchtstiel entspringt etwa aus der Mitte der Wedelchen. An sumpfig-nassen Orten, bes. auf Torfmooren, Sumpfwiesen, nassen Waldstellen, bes. Erlenbrüchen, auch an überrieselten Felsen; ziemlich häufig. Winter oder Frühling. **Krullfarniges F.** F. adjantoides Hedw.

Anm. Dem P. adjantoides habituell sehr ähnliche zwei Arten noch, welche bisher nur unfruchtbar bekannt sind, kommen für die deutsche Flora am Rheinfall bei Schaffhausen (auf weißem Jura) und bei Constanz vor, wo sie zuerst von Schimper entdeckt und bis in die neueste Zeit von den Bryologen gesammelt wurden:

F. rufulus Schpr. Wedel 1—2 cm h., meist ziemlich dichte Rasen bildend. Blätter schlank-lanz., Rand mit starkem, licht-rothbräunlichem Saum, ebenso die Rippe rothbräunlich, bes. so an jüngeren Blättern, bei älteren mehr licht-farblos; Blattzellen klein, rundlich-quadratisch.

F. grandifrons Schpr. Wedel sehr schlank, mehrere cm h., etwas verbogen, verzweigt; lockere, trübgrüne Rasen bildend. Blätter sehr derb, lineal-lanz., ganzrandig; Blattzellen dicht, fast undurchsichtig, eckig-rundlich.

— nur etwa 1 cm h., angenehm saftgrün. Blätter breit-lanz., licht gezähnt, stumpf; Rippe durchlaufend und als kurzes Stachelspitzchen heraustretend. Fruchtstiel aus dem Grunde der Wedelchen entspringend. An schattig-feuchten Stellen in Laubwäldern, an aufgeworfenen Grabenrändern, Hohlwegen u. s. w.; durchaus nicht selten. Herbst oder Winter (Fig. 21). **Taxusblätteriges F.** F. taxifolius Hedw.

5. Blattrand bis zur Spitze hell gesäumt. 6.
— ungesäumt, oder wenigstens an der Spitze ungesäumt. 7.
6. Wedelchen 5—10 mm l. Blätter an der Spitze etwas gezähnt, trocken sehr verbogen; Rand gleich der Rippe gelblich oder rothbräunlich, Rippe vor oder mit der Blattspitze endend. Büchse stets aufrecht; Fruchtstiel 3—8 mm l., röthlich, aufwärts gelblich, stark. An nassem Gestein, überrieselten Felsen; selten. **Derbstieliges F.** F. crassipes Wils.
    Abart: rufipes 2—4 cm l., untergetaucht in Bächen.
    Anm. Von F. taxifolius und F. adjantoides sicherst zu unterscheiden durch die gipfelständige Frucht, meist auch durch den Blattsaum, von F. osmundoides stets durch den Blattsaum.

Wedelchen zart, nur 3—6 mm h. Blätter ganzrandig, aber vom Grunde bis zur Spitze mit hellem, gelblichem Saum; Rippe durchlaufend, meist als Stachelspitzchen heraustretend. Büchse meist aufrecht. An schattig-feuchten Waldstellen, daselbst an Hohlwegen, aufgeworfenen Gräben, Baumwurzeln u. s. w.; häufig. Winter und bes. Frühling. **Birnmoosiges F.** F. bryoides Hedw.

7. Stämmchen winzig, meist nur 1 mm l. Blätter gar nicht gesäumt, an der Spitze gezähnelt; Rippe in der Spitze sich auflösend. Gern an lehmigen Grabenrändern in Buchenwäldern, oft in Gesellschaft des v. (F. exilis Schpr.) F. Bloxami Wils.
Blätter bis vor die Spitze gesäumt. 8.

8. Wedelchen 4—8 mm h. Blätter lanz., mit ungesäumter, stumpf gesägter Spitze. Büchse meist geneigt. Einhäusig. An schattig-feuchten Weg- und Grabenrändern, auch an Felsen; ziemlich selten. Winter und Frühling. **Geneigtfrüchtiges F.** F. incurvus Schwaegr.

— kaum 2 mm h. Blätter schmal lanz., sich zur Spitze deutlicher verschmälernd, scharf zugespitzt. Büchse stets aufrecht. Zweihäusig. An Felsen; selten (Schlesien, Westfalen, Oberfranken). Sommer. **Winziges F.** F. pusillus Wils.

37. Conomitrium Montagne (Kegelmütze).
(conos Kegel, mitra Mütze.)

Stengel etwa 5 cm l., mit lang-lanz., mehrere mm l., sehr entfernt gestellten Blättern (Fig. 22). Büchse winzig, eif., eingesenkt, grünlich-dunkel, Mündungssaum roth; Deckel stumpflich geschnäbelt, so l. als die Büchse. Haube kegelförmig. Mundbesatz: 16 zwei- bis dreifach gespaltene Zähne. Lockere, an Steinen im Wasser (in Bächen, Wassertrögen, Brunnen) wachsende, fluthende Rasen; selten, aber an den wenigen bekannten Standörtern äußerst reichlich; zuerst von Savi in den Julianischen Quellen Etruriens entdeckt. Anfang Sommer. **Julianische K.** C. Julianum Savi.

b. Gruppe: **Schistostegeen.**

38. Schistostega Mohr. **(Leuchtmoos).**
(schistos gespalten, stege Deckel.)

Stämmchen etwa 5 mm hoch, äußerst zierlich, mit schopfig gestellten Gipfelblättern (wenigstens immer bei den fruchttragenden Stämmchen). Büchse punktklein, auf etwa 5 mm langem, äußerst zartem Fruchtstiel; Haube glockenförmig, Mundbesatz fehlt ganz. Ein nicht gerade häufiges Moos; besonders gern an Porphyr- und Sandsteinfelsen (vielfach in der sächs. Schweiz, z. B. an der Bastei, dem Kuhstall, im Utewalder, Wehler und Bilaer Grunde; im Harz, z. B. bei Blankenburg, in den sog. Sandgruben am Fuß des Regenstein; in Thüringen, z. B. bei Rudolstadt und bei Gotha, im Annathal bei Eisenach, auf der Schmücke und bei Oberhof; im Fichtelgebirge bei Wunsiedel; von mir gefunden im sogenannten Schneeloch auf dem Ochsenkopf; am Wolfsbrunnen bei Heidelberg; ebenso noch hier und da in anderen mittel- und süddeutschen Gebirgen). Mai bis in den Sommer. Königsfarniges L. Sch. osmundacea Diks.

> Anm. Merkwürdig ist dies Moos durch sein im Dunkeln grünliches sanftes Leuchten; es wird vom Vorkeim bewirkt, dessen stark lichtbrechende Zellen so eigenthümlich reflektiren. Es verräth sich dadurch von selbst in seinem dunkeln Versteck in Höhlen, Grotten, Felsspalten, wo es einzig seinen Standort hat.

8. Fam. **Buxbaumiaceen.**

39. Buxbaumia Haller **(Koboldmoos).**
(Joh. Chr. Buxbaum, Prof. in Petersburg. † 1730.)

Büchse derb, braunroth, sehr unsymmetrisch, gleichsam verkehrt-hufförmig, etwa 4 mm l., 2—3 mm br., auf 1—2 cm h. derbem braunrothem Fruchtstiel; letzterer sprießt scheinbar direkt aus der Erde, indem das Stämmchen überaus verkürzt ist und obenein seine Blätter sehr vergänglich, daher selten vorhanden sind: die unteren eiförmig, die oberen handförmig-gespalten, gefranset. Die Zähne des äußern Mundbesatzes einreihig, kaum den Ring überragend, der innere bildet einen längsfaltigen, weißlichen, fast 1 mm h. Kegel. Bes. im Flachlande in Kieferwäldern auf nackter Erde, auch an Hohlwegen der Gebirge. Frühling und Sommer. (Fig. 37.) Blätterloses K. B. aphylla Haller.

— ebenso gestaltet, aber olivengrünlich bis blaßgelb, etwas größer; charakteristisch reißt die Haut der obern Seite auf und rollt sich zusammen; Fruchtstiel w. b. v. Die Zähne des äußern Mundbesatzes vierreihig; innerer w. b. v. An Hohlwegen u. s. w., gern an faulen Baumstümpfen; ziemlich selten. Schleier-K. B. indusiata Brid.

40. Diphyscium Mohr. (**Blasenmoos**).
(dis doppelt, physce Blase.)

Stengel kaum merklich, daher das ganze Moos, so groß auch die Büchse ist, nur etwa bis 4 mm h. Untere Blätter zungenförmig, obere eilanzettlich mit dreizackiger Spitze; Blattrippe durchgehend. Büchse gebunsen eiförmig, 2—3 mm l., etwa 2 mm br., zarthäutig, blaßgelb oder grünlich, schief sitzend, fast stiellos den Hüllblättern eingesenkt. Haube kaum den Deckel bedeckend. Mundbesatz doppelt, der äußere bildet unscheinbar nur einen wulstigen Ring, der innere ist weiß, zuckerhutförmig, rings geschlossen (nur an der Spitze offen), mit 16 feinen, scharfen Längsfalten. Truppweise und zerstreut, oder dicht gedrängte, gleichsam geschorene, kurze Rasen bildend; besonders in Gebirgen an Waldwegen, schattigen Grabenrändern u. s. w. Herbst, Winter und Frühling. (Fig. 38.) Beblättertes Bl. D. foliosum L.

9. Fam. **Polytrichaceen.**

41. Polytrichum L. (**Widerthon, Filzhut**).
(polys viel, trix Haar.)

Sehr ansehnliche Rasen oder Trupps. Stämmchen schlank, meist unverzweigt, 0,1 bis über 2 dm hoch. Büchse prismatisch, oder cylindrig, groß, nach Abwerfung des Deckels noch durch eine blasse Trommelhaut verschlossen, welche dem Mittelsäulchen aufsitzt; Haube (Filzmütze) mit meist bis unter die Büchse herabwallenden, dichtfilzigen Haaren. Mundbesatz besteht aus 64 derben, blassen aufrechten, zungenförmigen Zähnen. — Die männlichen Individuen (Fig. 5) zu besonderem Rasen vereint, durch ihre rosettenartigen, grünen, gelben, braunen oder rothen Perigonalblätter (Fig. 5a) ein reizender Anblick.

1. Büchse walzen- oder eif.-gerundet; ohne Halsansatz. (Pogonatum P. B.). 2.
   — prismatisch-längskantig, und zwar vier- bis sechskantig; mit scheibigem Halsansatz (Fig. 36, b, c). 5.
2. Stämmchen einfach, nicht über 1,5 cm h. In Gebirgen sowie im Flachlande. 3.
   — einfach, oder gabelig-gezweigt, 2—15 cm h. Fast nur in Gebirgen 4.
3. Stämmchen 0,4—1 cm h. Blätter gezähnelt, stumpflich. Büchse napf- oder krugförmig, kaum länger als dick, nach der Entdeckelung kreiself. Haube die Büchse nicht ganz überdeckend. An trockenen Gräben, Hohlwegen, gern in der Nähe von Nadelwäldern, auch in diesen selbst; nicht zu häufig. Herbst und erster Frühling. Zwerg-W. P. nanum Hedw.
   — 0,5—1,5 cm h., zuweilen sprossend. Blätter sehr scharf gesägt, zugespitzt. Büchse walzenf., etwa 3—4 mm l., 2—3mal länger als dick; Haube über die Büchse herabfließend. An Hohlwegen, Aus-

ſtichen; in Gebirgen vielfach gemein, im Flachland nicht häufig. **Aloe=
blättriger W.** P. aloides Hedw.

> **Anm.** Inſonderheit bei dieſem Moos erhält ſich dauernd der Vorkeim, welcher bei faſt allen Mooſen alsbald völlig verſchwindet, nachdem ſich die Stämmchen zu entwickeln beginnen. Selbſt die fruchtreifen Stämmchen erheben ſich daher ſtets aus grünem Erdanfluge, welcher aus den conferbenartigen Vorkeimfäden gewoben iſt.

4. Stämmchen 2—10 cm h. Blätter mit kurzſcheidigem Grunde, ſcharf ge=
ſägtem Rande. Büchſe walzenf., ſymmetriſch. Beſonders in Ge=
birgen: an Waldrändern, Hohlwegen u. ſ. w.; nicht allzu häufig. Winter
und Frühling. Urnenfrüchtiges W. P. urnigerum. L.

— 4—9 cm h. Blätter mit langſcheidigem Grunde, ſcharf geſägtem
Rande. Büchſe faſt eiförmig, aber auf der einen Seite bauchig ge=
hoben. In den mittel= und norddeutſchen Gebirgen nicht häufig, mehr
im Süden und auf den Alpen. Sommer. **Alpen=W.** P. alpinum L.

Abarten:

> P. campanulatum (dem P. nanum ähnlich) mit ſilberglänzender,
> die Büchſe ganz überfließender Haube.

> P. arcticum mit angedeutet=einſeitswendigen Blättern, faſt cylinderf.
> Büchſe.

5. Stämmchen 1—2 cm h., abwärts nackt, oberwärts ſchopfig beblättert.
Blätter in ein greisgraues Glashaar auslaufend. Auf ſonnigen
Sandplätzen, Haiden, an Hügeln und Wegen, allerorten gemein. **Haar=
blättriger W.** P. piliferum Schreb.

— ohne ſolches Glashaar, höchſtens ſcharf zugeſpitzt. 6.

6. Blätter mit ſcharf geſägtem Rande. Büchſe vor der Reife mit
ſtumpfen oder undeutlichen Kanten, die ſpäter allerdings ſogar ſcharf
werden und die Büchſe dann prismatiſch formen; Hals unbedeutend, wenig=
ſtens nicht abgeſetzt; Deckel kegelf. zugeſpitzt; Haube nur etwa $1/3 - 2/3$
der Büchſe überhüllend. 7.

— ſcharf geſägt, oder ganzrandig. Büchſe alsbald durch 4 ſcharf
ausgedrückte Kanten prismatiſch; Hals ſchon vor der Reife ſcheibig ab=
geſetzt; Deckel flach=gewölbt (ſpäter faſt vertieft), mit aufgeſetztem,
kurzem (1 mm l.), pfriemlichem Schnabel; Haube die ganze Büchſe
bis unter den Hals umhüllend. 8.

7. Stämmchen 5—7 cm h. Blätter 4—7 mm l., mit breiterem, lichtem
Rande als b. f., aufrecht abſtehend, trocken ſtraff angedrückt.
Büchſe ſtumpfkantig, faſt eif.; Deckel hoch=kegelf. geſchnäbelt; Haube nur
$1/3$ der Büchſe völlig bedeckend. Auf Torf= und Sumpfwieſen; häufig.
Mai, Juni. **Schlanker W.** P. gracile Menz.

— 2—15 cm h. Blätter bis über 1 cm l., faſt wagerecht abſtehend und
etwas zurückgekrümmt, trocken wenig angedrückt. Büchſe kantig=
prismatiſch; Deckel breit=kegelf., kurz geſpitzt; Haube die Büchſe faſt

ganz bedeckend. Besonders in trockenen Laubwäldern; überall gemein. Juni, Juli. **Schöner W.** P. formosum Hedw.

8. Stämmchen 2—15 cm h. Blätter gedrängt, abstehend, trocken anliegend, scharf gespitzt, sehr steif, nur an der Spitze scharf gesägt. Büchse etwa doppelt so l. als dick. Haube rothbraun, später bleichweiß, die ganze vierkantige, orangegelbe Büchse überhüllend. Rasen meist mit blaugrüner Färbung. Auf Haideboden, Triften, lehmig-sandigen Plätzen; häufig. Juni, Juli. **Wachholderblättriger W.** P. juniperinum Hedw.

Büchse wenig länger als dick, trocken zuweilen fast würfelförmig. Zumeist an sumpfigen Orten. 9.

9. Stämmchen 0,5 bis über 3 dm h. Blätter bis über 1 cm l., am ganzen Rande (von der Spitze bis zum Grunde) fast dornig gesägt. Büchse rothbraun, scharfkantig (mit etwas eingedrückten Wänden); Haube durchgehends rothbraun, die ganze Büchse überhüllend. An nassen Orten, auf bruchigen Sümpfen und in feuchten Wäldern; gemein. Juli. **Gemeiner W.** P. commune L.

Abarten:

P. uliginosum Hübn., bis 4 dm h., mit wagerechten, oft sparrig zurückgekrümmten Blättern, etwas länglicher, sehr scharfkantiger Büchse.

P. humile Br. et Sch., nur etwa 2 cm h, mit kurzen, anliegenden Blättern, blasser Haube; häufig.

P. perigonale Mchx., wenig höher, mit häutig-trocknen, langbegrannten Hüllblättern. Die beiden letzten Abarten nur an sonnig-trockenen Orten, woher ihre Eigenthümlichkeit rührt.

Rasen bläulichgrün, dicht verfilzt; Stämmchen 0,5—1,5 dm h. Blätter nur an der Spitze sägezähnig, auffällig kurz (nur 2—3 mm l.), starr, trocken steif aufrecht und dicht anliegend, wodurch die Stämmchen schlank-säulenartige Form haben. Stengel von weißem Filz dick überzogen. Büchse kaum 1—2 mm l., meist genau würfelf., Haube klein, nur an der Spitze gebräunt, unterhalb (wenigstens späterhin) silberweiß verbleichend. Auf Sümpfen, gern zwischen Sphagneen; nicht selten. Juni, Juli. **Steifer W.** P. strictum Menz.

42. Catharinea Ehrh. (Katharinenmoos).
(Zu Ehren Katharine II., Kaiserin von Rußland.)

Aufrechte, sehr ansehnliche Rasen; in Wäldern und unter Gebüschen. Blätter groß, länglich-lanz. oder zungenf., grün, trocken mißfarbig und krausverbogen. Büchse ansehnlich, länglich, gerade oder etwas geneigt, auf 1—4 cm l. röthlichem Fruchtstiel; Mundbesatz: 16, 32 oder 64 zungenförmige, derbe, längsfaltige, blasse Zähne.

1. Rasen kaum bis 2 cm h., etwas starr. Blätter dick und starr, lanz., mit zurückgeschlagenem, entfernt gesägtem Rande, am Rücken kammf. gesägter Rippe; trocken hakig eingekrümmt. Büchse urnen=eif. oder flaschenf. (d. h. am Grunde etwas bauchig), stets aufrecht, trocken gestreift; Deckel gewölbt=kegelf., mit stumpfer Spitze (ungeschnäbelt); Haube spärlich behaart. In Gebirgen: auf steinigten Plätzen; ziemlich selten (Harz, Vogesen auf Hoheneck, Alpen). Sommer, Herbst. (Oligotrichum hercynicum D. C. Polytrichum hercynicum Hedw.) **Harzer K.** C. hercynica Ehrh.

Büchse kurz= oder lang=walzenf., oft geneigt oder gekrümmt, Deckel pfriemlich lang geschnäbelt; Haube kahl. 2.

2. Rasen 2—5 cm h. Blätter lang zungenf. oder breit=lanz., etwa 0,6 mm l., bis über 1 mm br., mit wogig=krausem, scharf gesägtem Rande. Büchse stark geneigt und leicht gekrümmt, braun, etwa 5 mm l., 1 mm dick; Deckel so l. als die Büchse; Fruchtstiel etwa 3 cm h., roth. Ueberall in Laubwäldern, unter Gebüschen, auf gebüschigen Wiesen; sehr gemein. Spätherbst und Winter. (Atrichum undulatum P. B.) **Wellenblättriges K.** C. undulata W. et M.

— kaum bis 2 cm h.; Fruchtstiel nur 1—2 cm. Blätter etwa 2—3 mm l. Büchse aufrecht oder wenig geneigt, weit kleiner als w. b. v. 3.

3. Rasen 1—2 cm h. Blätter nur an der Spitze ein wenig gesägt, trocken lockig gekrümmt. Büchse fast aufrecht, zuweilen leicht gekrümmt, 3—6 mm l., schlank walzenf., dünn, bei der Reife purpur= oder blut=roth; Deckel kaum halb so l. als die Büchse. Auf schattig=feuchtem, lehmsandigem Boden in Wäldern, an Gräben, Abhängen u. s. w.; nicht häufig. Winter. **Schmalfrüchtiges K.** (Atrichum angustatum Br. et Sch.) C. angustata Brid.

— meist niedriger (0,5—1,5 cm h.) Blätter bis unter die Mitte gesägt. Büchse etwas geneigt, sehr kurz, 1—2 mm l., walzeneif., weitmündig, röthlich oder braun; Deckel so l. oder länger als die Büchse; Fruchtstiel gelb oder röthlich. Auf sandigem oder thonigem, feuchtem oder schlammigem Boden; ziemlich selten. Sommer. (Atrichum tenellum Br. et Sch.) **Zartes K.** C. tenella Röhl.

10 Fam. **Bryaceen.**

a. Gruppe: **Timmieen.**

43. Timmia Hedw. (**Timmie**).
(Timm, Apotheker in Mecklenburg. †)

Eine Uebergangsgatt. von Polytrichum und Catharinea zu den Mniaceen, d. h. Blätter, Stämmchen und Rasen fast wie bei Polytrichum, Büchse völlig wie bei Mnium, (aber trocken gefurcht). Mundbesatz doppelt: die lanz., mit

Querbalken durchlegten Zähne des äußeren biegen sich eingeknickt nach innen, der innere Mundbesatz besteht aus einer kurz cylinderf. Haut, aus der sich gegliederte Wimpern erheben. Derbe, bis über fingerhohe Rasen. Auf moorigen, nassen Orten; sehr seltene Moose.

 Blätter steif und straff bleibend, gelbgrün. Büchse gedrungen, birnf., braunstreifig. Wimpern des inneren Mundbesatzes nur rauh. Nur auf Gebirgen, besonders auf den alpinen des Südens, doch auch im Harze im Bodethal gefunden. Oestreichische T. T. austriaca Hedw.

 Stämmchen meist nur 2 cm h.; Blätter hellgrün, feiner als b. v., feucht bozig abstehend, trocken gekräuselt, durch die eingerollten Ränder fast röhrig. Büchse länglich eif.; Wimpern des inneren Mundbesatzes mit Anhängseln. Auf Torfwiesen bei Malchin in Mecklenburg (daher der Beiname) von Timm entdeckt; nicht selten auf den Alpen und süddeutschen Gebirgen, daselbst gern unter feuchten Felsen, zwischen nassem Feldgeröll. (T. Bavarica Hessler, T. cucullata Rich.) Mecklenburgische T. T. Megapolitana Hedw.

  Anm. Viel kleiner und zarter a. b. v., die Rasen haben einige Aehnlichkeit mit denen von Barbula tortuosa.

b. Gruppe: Bartramieen.

44. Breutelia Schpr. (Breutelie).
(Chr. Breutel, Botaniker.)

Rasen sehr ansehnlich, derb, gelblich-grün, starr elastisch, stark glänzend. Stämmchen 0,5—1 dm h., fast wirtelig verzweigt, mit sparrig abstehender, trocken unveränderter Beblätterung. Blätter einige mm l., aus breit-eif., stengelumfassender Basis lanz., tief gefurcht, scharf gesägt. Büchse kugel-eif., röthlich-gelb, zarthäutig; Fruchtstiel etwa 1 cm h., abwärts knief. gebogen. An feuchten Felsen; sehr selten und meist ohne Früchte, (am Rigi oberhalb Arth, am Fuße des Vierwaldstätter See mehrfach, bei Münster). Herbst. Sparrigblättriger Br. (Hypnum chrysocomum Dicks; Bartramia arcuata Brid.) Br. arcuata Schpr.

  Anm. Das überaus eigenthümliche Moos hat fast die Tracht eines Schlafmooses und erinnert, abgesehen von den aufrecht-stengeligen, akrokarpischen Rasen, durch Glanz und sparrige Beblätterung sehr an Hylocomium loreum.

45. Bartramia Hedw. (Apfelmoos).
(William Bartram, Pflanzer und Bryolog in Pensylvanien. † Mitte des 18. Jahrh.)

 Grüne, weiche Rasen Stämmchen einfach oder gabelig verzweigt; Blätter meist fein und lang, dicht gestellt. Büchse, Deckel und Mundbesatz wie bei v. Fruchtreife zum Sommer. (Fig. 53.)

 1. **Stämmchen bis 7 cm h. und darüber. Blätter abstehend, wallend. Büchse den Hüllblättern fast stiellos eingesenkt.** Ein herrliches

aber nirgends häufiges Moos in allen deutschen Gebirgen an schattigen Felsen, auf steinigtem Waldboden; Halle'sches A. B. Halleriana Hedw.

Büchse auf etwa 1 cm l. Fruchtstiele hervorragend. 2.

2. Blätter auch in trockenem Zustande straff=gerade. 3.
— trocken kraus=verbogen. 6.

3. Rasen dunkel= bis schwarzgrün, bis in die äußersten Triebe von braunem Filz durchzogen, 3—12 cm h. Blätter sparrig abstehend, lanz., kaum 2 mm l.; Blattzellen ohne die den Bartramien eigenthümliche Walzenbildung an den Querwänden. Büchse ziemlich klein, auch trocken kugelig, schief. In fast allen höheren Gebirgen; an feuchten (Kalk=) Felsen; ziemlich selten. Oeder'sches A. B. Oederi Swartz.
Blätter aufrecht abstehend, länger. 4.

4. Rasen angenehm grün oder gelbgrün, wenige mm bis etwa 3 cm hoch. Blätter aus trockenhäutiger, bleichweißer Scheide pfriemlich= borstenförmig. Büchse kugelig, trocken länglich=eif.; Mundbesatz doppelt. Bef. in Gebirgen: auf lockerem, lichtem Waldboden, in Felsritzen u. s. w.; nicht selten. Straffblätteriges A. B. ithyphylla Brid.

Anm. Hat große Aehnlichkeit mit B. pomiformis, ist aber durch die straff bleiben= den Blätter und deren bleiche, weißglänzende Scheide stets sicher zu unter= scheiden.

Büchse bleibt kugelig; Mundbesatz einfach oder fehlt völlig. Nur auf den Alpen. 5.

5. Rasen dicht, verfilzt, graugrün, wenige mm, kaum bis 1 cm h. Mund= besatz fehlt. Nur auf dem höchsten Gipfel des Gaisstein im Pinzgau, an Felsen des Schleinitzstockes. Pfriemblättriges A. B. subulata Bruch.
— locker, angenehm gelbgrün, 0,5—2 cm h. Mundbesatz einfach. Nur auf den südlichen Alpen: an Bergabhängen, Hohlwegen. Steifästiges A. B. stricta Brid.

6. Rasen 1—5 cm h., von rothbraunem Filz durchzogen, weich. Blätter trocken ziemlich verdreht oder verbogen, freudig gelbgrün bis bläulichgrün, ziemlich glatt (auch unter der Lupe). Auf schattigem Waldboden, an Waldwegen, Hohlwegen, auch an Felsen u. s. w.; ziemlich häufig. Ge= wöhnliches A. B. pomiformis Hedw.
— 0,2—1 dm h., mit rothgelbbraunem Wurzelfilze. Blätter sehr stark gekräuselt, gelbgrün, ochergrünlich, rauh. Nur Abart d. v. Kraus= blätteriges A B. crispa Swartz.

46. Philonotis Brid. (Quellmoos).

Rasen dicht, sehr ansehnlich, gelbgrün; äußerst schlanke, dünne Stämmchen; meist mit reichlichen, oft wirteligen Gipfeltrieben. Blätter kurz, zugespitzt; Rippe auslaufend; Blattzellen klein, meist kurz=rechteckig. Büchse kugelig, meist sehr groß (1—2 mm br.), in trocknem Zustande unsymmetrisch eif. und mit schiefer Mündung; Deckel klein, kurz, kegelf.; Haube sehr zart, klein, kapuzenf., fällt bald ab. Mundbesatz doppelt: die 16 lanz. Zähne des äußern hängen anfangs kuppelf. zusammen, geben sich dann auseinander, aber neigen im feuchten Zustande wieder zusammen; der innere besteht aus 16 zarthäutigen, gefärbten (gelbbräunlichen oder orangen), schenkelig-getheilten Zähnen, zwischen denen noch meist je 2—3 Wimpern stehen. Juni bis August.

1. Stämmchen meist 1—2 dm h., grün oder gelbgrün, abwärts rostfarben und verfilzt. Blätter zwiefach (an demselben Stämmchen), nämlich bald angedrückt, kurz-eif. und zugespitzt, bald (bes. aufwärts) abstehend und oft einseitswendig, lanz., sowie länger, 1 mm l., am Grunde längsfaltig, gesägt-randig; Zellnetz dicht. Blüthen der männlichen Stämmchen flach-rosettig, groß, mit 1—4 mm br. Scheibe und wagerecht ausgebreiteten Perigonalblättern, deren innere breit, stumpf und fast rippenlos. Fruchtstiel 4 bis über 7 cm h. Auf sumpfigem, quelligem oder doch nässigem Boden (der Wiesen, Gräben-, Ackerränder u. s. w.); überall häufig. Gemeines Qu. Ph. fontana Schwaegr.

Abart: falcata Brid. Blätter einseitswendig, sichelf., mit derber, rothbrauner Rippe.

Blätter gleichförmig. Blüthen der männlichen Stämmchen gleichsam knospenf. geschlossen, klein (etwa 1 mm br.), also ihre Perigonalblätter aufrecht, die inneren lanz., scharf zugespitzt, mit deutlicher Rippe. 2.

2. Stämmchen nur etwa bis 6 cm h., zart, freudig grün. Blätter schmallanz., nicht gefaltet, zugespitzt, etwas glänzend; Blattrippe als Stachelspitzchen hervortretend. Büchse ziemlich klein, zarthäutig, gebuckelt, stark geneigt; Fruchtstiel 2—4 cm h., geschlängelt. Gern an Grabenrändern, überschwemmt gewesenen Plätzen sowie auf Sümpfen; nicht zu häufig. Märkisches Qu. Ph. Marchica Schwaegr.

— 1—2 dm h., derb, gelbgrün oder freudiggrün. Blätter eif., zugespitzt, meist einseitswendig, dicht, lang. Perigonalblätter alle spitz, mit starker, deutlicher Rippe. In Geb. auf kalkhaltigem, nassem Boden, bes. an Bächen; ziemlich selten. Kalkholdes Qu. Ph. calcarea Br. et Sch.

Anm. Von der ähnl. Ph. fontana schon unterschieden durch längere, grüne Blätter, wesentlich aber durch die Perigonalbl. und kürzeren Mundbesatz.

47. Catoscopium Brid. (Schwarzkopfmoos).

Stämmchen 2 cm bis weit höher. Büchse winzig-kugelrund, glatt, glänzend braun, dann schwarz; auf etwa 1 cm hohem, steifem, rothem Fruchtstiele geneigt, fast nickend. Tiefe, schwammige, gelbgrüne Rasen an triefenden Felsen sowie auf Mooren und Sumpfwiesen fast nur der Alpen. C. nigritum Brid.

48. Oreas Brid. (**Bergnymphe**).
(oros Gebirge.)

Rasen sehr dicht, 1—3 cm h., gelblichgrün, abwärts braun verfilzt. Stämmchen schlank, gipfelsprossend, daher die Früchte trotz der mehrere cm bis 1 cm l. Fruchtstiele den Rasen doch oft kaum überragend. Blätter etwa 1 mm l., lanz., aufrecht-abstehend, trocken kraus verbogen. Büchse braunroth, glänzend, kugelrund, mohnkorngross, trocken stark gefurcht und mit erweiterter Mündung, auf dem übergebogenen Fruchtstiel nickend; Deckel schief geschnäbelt. Mundbesatz einfach, besteht aus 16 breit-lanz., orangerothen Zähnen. Auf den Hochalpen Tirols und Kärnthens; an Felsen und in Felsritzen; ziemlich selten. Martius'sche B. (Catoscopium Martina Hübn.; Weisia Martiana Hnsch.) O. Martiana Brid.

c. Gruppe: **Meeseen**.

49. Meesea Hedw. (**Bruchmoos**).
(Zu Ehren des holländ. Gärtners Meese.)

Echteste Sumpf- und Torfbodenmoose. Lockere, meist freudig- oder gelbgrüne Rasen, mit dunklem Wurzelfilze durchzogen. Büchse aus langem, aufrechtem Halse übergebogen, schief-birnförmig (bis 5 mm l.), auf bis über 1 dm langem Fruchtstiele. Innerer Mundbesatz meist ohne Wimpern und mit durchlöcherten oder gespaltenen, zarthäutigen Zähnen. Juni, Juli.

1. Blätter 3 zeilig, entfernt gestellt, aus stengelumfassendem Grunde lanzetlich und in auffälliger Weise sparrig zurückgekrümmt, scharf gesägt. Fruchtstiele bis 1 dm l.; Büchse aus bis 4 mm l., aufrechtem Halse (meist länger als die Büchse) gekrümmt. Besonders in Norddeutschland häufig, selten in Mittel- und Süddeutschland. M. tristicha Br. et Sch.

— 5- oder 8zeilig, meist locker gestellt, aufrecht- oder fast wagerecht abstehend, ganzrandig (höchstens an der Spitze gezähnt). Fruchtstiel meist lang. 2.

2. Stämmchen 0,5—2 cm h. Blätter klein, schmal zungenf., rinnighohl, stumpf, am Rande eingerollt, ganzrandig. Büchse aus aufrechtem, kurzem Halse übergebogen, schief birnförmig. Ueberall verbreitet, von Norddeutschland bis auf die Alpen; nirgends häufig. M. uliginosa Hedw.

    Abarten: angustifolia Brid., mit fast borstenf. (schmal pfriemlichen) Blättern;

    stricta Brid. (alpina), mit allseitswendigen oder fast einseitswendigen, elastischen, zugespitzten Blättern.

— 2 cm bis über 1 dm hoch. Blätter breit lanz. oder ei-lanz., zugespitzt. Büchse mit langem Halse. 3.

3. Rasen nur etwa 1 cm h., bleichgrün, später weißlich. Blätter ziemlich dicht gedrängt, länglich eif., an der Spitze gezähnt, flachrandig. Ueberall vorhanden, doch nicht häufig. (Amblyodon dealbatus B. P.) M. dealbata Hedw.
— meist bedeutend höher, bis über 1 dm. Blätter sehr entfernt gestellt, ganzrandig. 4.
4. Blätter 5 zeilig, lanz., Rand sehr eingeschlagen. Deckel an der Spitze mit einem Grübchen (so nur noch bei M. dealbata). Lockere Rasen, mit schwärzlichem Filz durchwebt. In allen Gegenden, doch sehr selten. (M. hexagona Albert; Diplocomium hexastichum F. K.) M. Albertinii Bruch.
— 8 zeilig, ei-lanz., ziemlich flachrandig. Deckel ohne Grübchen. Vorkommen w. b. v. (Fig. 55.) M. longiseta Hedw.

50. Paludella Erh. (Sumpfmoos).
(palus Sumpf.)

Ansehnliche, aufrechte, angenehm dunkelgrüne oder satt gelbgrüne Rasen von 0,4—1 dm Höhe; bis in die äußersten Astspitzen mit braunem Wurzelfilze zart durchzogen; Stämmchen und Zweige sehr schlank walzenf., etwa 2 mm dick. Blätter breit, gekielt, 1—2 mm l., sparrig zurückgekrümmt; Rand ausgefressen gezähnelt; Rippe dick, vor der Spitze verschwindend. Büchse 2—3 mm l., $\frac{1}{3}$ gehalst, walzen-eif., mit etwas gehobenem Rücken und schiefer Mündung, auf 2—5 cm l. Fruchtstiele geneigt und leicht gekrümmt; Deckel gewölbt, kegelf., stumpf; Mundbesatz etwa wie bei Mnium. Auf Torfmooren überall in Norddeutschland nicht selten; in Mittel- und Süddeutschland nur hie und da. Früchte sehr selten, reifen im Juni. Sparrblätteriges S. P. squarrosa Brid.

Anm. Vor allen andern auf Sumpfboden vorkommenden Moosen ausgezeichnet durch die sparrig zurückgekrümmte, vom Grunde auf gleichmäßig dichte Beblätterung, wodurch die Zweige ein chenilleartiges Aussehen haben; nur noch bei Meesea tristicha sind die Blätter ähnlich zurückgekrümmt.

d. Gruppe: Aulocomnieen.

51. Aulacomnium Schwaegr. (Kopfmoos).
(aulax Furche, mnion Moos, wegen der gestreiften, trocken gefurchten Büchse.)

Ein durch eigenthümliche, grüne Spreu- oder Staubköpfchen (Pseudopodien), welche die Spitze jedes der oberwärts blattlosen Stengel krönen, ausgezeichnetes Moos. Büchse etwas unsymmetrisch, stark gefurcht, mit unmerklichem Halse; Deckel kaum geschnäbelt; Haube kappenf., sehr klein, l. gespitzt. Mundbesatz dem von Mnium gleich.

Stämmchen etwa 2 cm h., abwärts meist mit rothbraunem Filze durchzogen. Stets sehr zahlreiche, kugelrunde Pseudopodien, aber Büchsen sehr selten. Blätter kurz (1—2 mm), aus breitem Grunde lang zugespitzt.

Freudig grüne, weiche Polster. An schattig feuchten Orten: am Grunde von Bäumen, besonders in Erlenbrüchern; überall häufig. Juni, Juli. (Fig. 39.) **Zwitteriges K.** (Gymnocephalus adrogynus Schwaegr.) Aul. androgynum L.

> Anm. Die kugelrunden Staubköpfe, oder bei der folgenden Art Spreuköpfchen, dieser eigenartigen Schösse (Pseudopodien) haben scheinbar die Bedeutung von Brutknöspchen; sie sind monströse Blattorgane, nicht aber monströse Fruchtbüchsen. Man hielt sie früher für Antheridienhäufchen und gab daher der häufigsten Art den Beinamen androgynum.

— höher, 0,3—1 dm h., bis zum Gipfel mit gelbbraunem Filz durchzogen. Pseudopodien nicht ganz so häufig und reichlich w. b. v., aber Büchsen nicht selten. Blätter 2—4 mm l., locker ziegeldachf., fast wallend, aus breitem Grunde l. zugespitzt. Fahlgelbe oder gelbgrünliche, dickzweigige, schwammige Rasen, auf Torfwiesen und Sümpfen; überall gemein. Mai, Juni. **Sumpf-K.** (Limnobryum palustre Rabh.) Aul. palustre Schwaegr.

> Abart: polycephalum Brid., mit zahlreichen, langen Pseudopodien und pfriemlichen, feinen Blättern.

e. Gruppe: **Mnieen.**

52. Mnium L. (Sternmoos).
(mnion Moos.)

Zu den schönsten deutschen Moosen gehörig; ausgezeichnet durch große, bei den männlichen Exemplaren am Gipfel sternig gestellte Blätter mit sehr derber Rippe und oft wulstigem, gefärbtem und einfach- oder paarig-hornig gezähntem Rande. Büchse mit unmerklichem Ansatz, eif., ansehnlich, geneigt bis wagerecht oder zierlich überhängend; Mundbesatz doppelt: der innere besteht aus 16 zarthäutigen Zähnen mit je 2—3 dazwischengestellten Wimpern; Deckel meist flach gewölbt, brustwarzenförmig-genabelt oder geschnäbelt; Haube sehr klein, fällt bald ab. Fruchtstiel derb, meist über 2 cm l. Fruchtreife der meisten Arten im Mai, Juni.

1. Blätter abgerundet-stumpf (aber die Rippe zuweilen als Stachelspitze heraustretend), fast kreisrund, eirundlich oder zungenf. 2.
 — spitz zulaufend. 7.
2. Blätter völlig ganzrandig; Fruchtstiele einzeln. 3.
 — gesägt, wenigstens gegen die Spitze. Stets mehrere Fruchtstiele aus je einem Stämmchen. Stengel mit kriechenden Ausläufern. 6.
3. Blätter ei- bis kreisrund, etwa 5 mm l. und 2—4 mm br. Blattrand verdickt (besäumt), sammt der Rippe braunroth. 4.
 Rasen meist fingerhoch (0,5—1,5 dm), angenehm grün, im Alter schwärzlich. Blätter br.-eif., sehr ansehnlich, etwa 8 mm l., 4 mm br. Blattrand nicht verdickt, noch besäumt; Blattrippe am Grunde röthlich, aufwärts gelblich, vor der Rippe verschwindend. Auf sumpfigen

ober quelligen Bergwiesen, Bergmooren; sehr selten und meist ohne Frucht. **Kuppelmoosartiges** St. M. cinclidioides Hübn.
4. Blattrippe in ein winziges Stachelspitzchen auslaufend; Blattrand kaum rothbraun, wulstig gesäumt; Blattfläche durchscheinend-punktirt (wie bei Mn. punctatum). Gipfelblätter köpfig gehäuft. Deckel nur genabelt. Siehe die Gattung Cinclidium.
— kurz vor der Blattspitze verschwindend, Blattrand rothbraun, dickwulstig. Besonders an feuchten Orten werden die Blätter leicht schwarz. 5.
5. Sehr lockere, 1—7 cm h., dunkelgrüne Rasen. Blätter breit, rundlich-eif., gegen das Licht gehalten erscheinen die jungen Blätter hell-punktirt. Büchse eif.; Deckel schief geschnäbelt. In feuchten Wäldern, an Gräben, Hohlwegen, Schluchten; fast häufig, stellenweise sehr häufig, auch meist fruchtend. Spätherbst oder Winter. (Fig. 41.) **Punktirtes** St. Mn. punctatum Hedw.

Büchse fast kugelförmig; Deckel ungeschnäbelt. Aeußerst selten, auf Torfsümpfen, im Harze auf dem Brocken und an der Heinrichshöhe, Vogesen, Westfalen. **Kugelrundliches** St. Mn. subglobosum. Br. et Sch.
6. Rasen locker, gelbgrün, 0,5—2 dm h. Blätter sehr lang zungenf. (bis über 1 cm l., etwa 2 mm br.); Blattrand wogig-verbogen, kaum verdickt, einfach-gezähnt. Büchse mit gewölbtem (ungeschnäbeltem, kurz gespitztem) Deckel; Fruchtstiele meist zahlreich aus je einem Stämmchen. Ein auffällig schönes Moos. Die männlichen Stämmchen durch eigenthümliche, wedelf. Gipfelinnovationen von palmenartigem Wuchse. An schattig-feuchten Orten, unter Gebüsch, in Wäldern, Obstgärten u. s. w., überall sehr häufig. Früchte nicht häufig, reifen im Mai, Juni. **Wellenblätteriges** St. Mn. undulatum Neck.

Rasen locker, blaß- oder kräftiggrün, oft auch geschwärzt, 1—2 cm h. Blätter br.-eif., die unteren länglich-eif., mit verdicktem, straffem Rande, winziger Stachelspitze, wenig und kurz gezähnt. Fruchtstiele zwei bis mehrere aus je einem Stämmchen. Deckel mit fast aufrechtem Schnabel, meist so l. als die Büchse. In feuchten, schattigen Wäldern; nicht häufig. Früchte nicht häufig, reifen im Frühlinge. **Geschnäbeltes** St. Mn. rostratum Schrad.
7. Blattrand gar nicht verdickt, auch durchaus nicht gesäumt, einfach gesägt oder gezähnt (und zwar oft unregelmäßig und nur von der Mitte bis zur Spitze). 8.
— verdickt, meist sogar wulstig, mit einfachen oder paarigen Zähnen (vom Grunde oder von der Mitte bis zur Spitze). 9.
8. Stengel nach abwärts allmälig kleiner beblättert. Blätter schmal ei-lanzettlich, etwa 3 mm l., 1 mm br., von der Mitte bis zur Spitze gesägt. Die ganze Pflanze (Blätter, Büchse u. s. w.) nach dem Trocknen bald

von schmutzig-schwärzlicher Färbung. In schattigen, bes. schluchtigen Wäldern; nicht häufig. Mai, Juni. **Sternblätteriges St.** Mn. stellare Hedw.

— unterhalb völlig nackt, am Gipfel rosettig beblättert. Blätter größer. Siehe die Gattung Rhodobryum.

9. Blattrand mit einfachen Zähnen. Deckel völlig ungeschnäbelt. 10.
— — Paarzähnen. 13.
10. Rasen ziemlich dicht, aufrecht, etwa 2—3 cm h. Die unteren Blätter breit-eif., die oberen ei-lanz., etwa 4 mm l., 1 mm br. (an den Ausläufern fast kreisrund), herablaufend; Blattrand gelblich, durch 3 Zellenreihen gesäumt, durchweg scharf gesägt; Blattrippe vor der Spitze verschwindend, am Rücken gesägt. Fruchtstiele einzeln aus je einem Stämmchen. Zwitterig. Auf schattig feuchtem Waldboden, in Grasgärten und Parkanlagen unter lichtem Gesträuch, auch an Felsen u. s. w.; sehr häufig. Mai. **Spitzblätteriges St.** Mn. cuspidatum Hedw.

Fruchtstiele meist **mehrere** aus je einem Stämmchen. Blätter größer überhaupt die ganze Pflanze in all ihren Theilen ansehnlicher. 11.

11. Rasen hoch, dicht wurzelfilzig, zuweilen mit schlanken und unfruchtbaren Sprossen. Untere Blätter entfernt, groß, eiförmig, zugespitzt, Gipfelblätter länglich-zungenförmig, zugespitzt, bis zum Grunde gesägt; Rand mit breitem, aus 5 Zellenreihen gebildetem Saum; Rippe nur fast auslaufend. Zellnetz doppelt so groß als bei Mn. cuspidatum. Büchse hängend, eif.-länglich; Fruchtstiele zu 1—2. Einhäusig. An schattigen, sumpfigen Plätzen. Auf den Alpen, im Riesengebirge, sonst selten (Königsberg, Berlin, Harz). Mai, Juni. **Vermittelndes St.** Mn. medium Br. et Sch.

Blattrippe stachelspitzig austretend. Zweihäusig. 12.

12. Rasen 2—6 cm h., aufrecht. Zwitterig: die männlichen Stengel mit großen, scheibigen Gipfelrosetten. Die unteren Blätter ei-lanz., die Gipfelblätter zungenf.-lanz, nicht herablaufend; Blattrand schmal, entfernt gesägt, Zähne 2—4zellig; Blattrippe als Stachelspitzchen austretend. Meist **mehrere** (2—5) Fruchtstiele aus je einem Stämmchen. In schattig-feuchten oder moorigen Laubwäldern; nicht häufig. Früchte nicht immer vorhanden, reifen im Mai, Juni. **Scharfgesägtes St.** Mn. affine Schwaegr.

Abarten: elatum Lindb. Hoch. Sprossen sehr verlängert, oft die Büchse überragend. In Waldsümpfen.

humile Milde. Niedrig. Blätter lang gezähnt. In trockenen Kieferwäldern.

integrifolium Lindb. Niedrig. Blätter fast ungezähnt.

Tracht von Mn. affine, Abart elatum. Rasen sehr hoch (etwa 1 dm). Blätter weit herablaufend; Zähne meist 1zellig, sehr kurz. In Sümpfen; häufig, aber meist ohne Früchte. Mn. insigne Mitt.

13. Rasen dichtgedrängt, von rostrothem Filz durchzogen, 3 cm bis 1 dm h.; Stengel von Grund auf reichlich beblättert. Blätter alle schmal=lanz. oder lineal=lanz., etwa 3 mm l., scharf gespitzt; Blattrand braunroth. Fruchtstiel meist einzeln aus je einem Stämmchen. Deckel un= geschnäbelt. In moorigen Wäldern, unter Gebüschen, bes. in Erlen= brüchen und Buchenwäldern, massenhaft in nassen Schluchten; sehr häufig, stellenweise gemein. April, Mai, Juni. (Fig. 40.) Schwanhalsiges St. Mn. hornum Hedw.

Deckel geschnäbelt. 14.

14. Blattrand hell (gelb, grünlich oder sehr blaß röthlich). Blattrippe gesägt oder glatt. 15.
— braun= oder purpurroth. Rippe stets glatt. 16.

15. Rasen dicht, fast verfilzt. Blätter eif., zugespitzt, die oberen länger, fast spatelf., am Rande mit dornigen Paarzähnen; Blattrand grün oder gelb; Rippe am Rücken gesägt. Fruchtstiele meist einzeln. Büchse meist horizontal In feuchten Niederungen (Mecklenburg, Thüringen an Felsen bei Oberhof, sonst nur in den Alpen); sehr selten. Früchte selten. Geradschnäbeliges St. Mn. orthorhynchum Br. et Sch.

Rasen sehr locker, 1—3 cm h. Die unteren Blätter eif., zugespitzt, die Gipfelblätter lanzettlich; Blattrand gelb oder blaßröthlich; Rippe am Rücken glatt. Fruchtstiele zu 1—2. In Laubwäldern; nicht selten. Gesägtblätteriges St. Mn. serratum Brid.

16. Rasen ziemlich hoch, locker. Blätter entfernt, schmal, lang. Blattzellen besonders zum Grunde hin lang und hell, gegen die Spitze etwas dichter und grün. Büchse langgestielt, sehr groß, keulenförmig. Auf den Alpen, sehr selten. Bärlappstengeliges St. Mn. lyco= podioides Schw.

Blattzellen bis zum Grunde dicht und rundlich. 17.

17. Rasen fast dunkelgrün, 1—3 cm h. Blätter ei-lanzettlich, trocken kraus verbogen; Blattrippe als Stachelspitze austretend. Büchse gelbbraun, nach der Reife rothbraun; Deckel geschnäbelt; Fruchtstiele zu 2—6. In Gebirgswäldern; selten. Dornzähniges St. Mn. spinosum Schwaegr.

— freudig= oder hellgrün, 1—2 cm h. Blätter länglich=eif.; Blattrippe als Stachelspitze austretend. Büchse nach der Reife gelbröthlich. Deckel pyramidal zugespitzt; Fruchtstiel zu 1—6. In schattigen Wäldern; selten (meist mit Mn. spinosum zusammen). Dornzähniges St. Mn. spinulosum Br. et Sch.

53. Cinclidium Swartz (Kuppelmoos).
(cinclis Gitter.)

Stämmchen schlank, 0,3—1 dm h., braun=filzig dicht verwoben. Blätter dunkel, trübfarbig, oft düster=purpurn, aus verengertem Grunde abgerundet-eif.,

die Rippe in ein winziges Spitzchen auslaufend, Blattrand wulstig gesäumt, un=
gezähnt. Büchse röthlich, mit derbem Halse. Besonders auf den Alpen, sowie
in Norddeutschland auf Sumpfwiesen und tiefen Torfmooren, aber überall selten.
Früchte sehr selten in Norddeutschland, häufig in den Alpen, reifen im Juli.
Dunkelblätteriges K. C. stygium Sw.

> Anm. Aeußerlich einigen Arten von Mnium (M. punctatum, M. affine) ähnlich,
> aber wesentlich unterschieden durch den inneren Mundbesatz, dessen orange=
> farbene Zähne zu einer kuppelf. gefalteten Haut verwachsen und oben mit
> 16 Löchern durchbrochen sind, welche den äußeren (quergerippten, hellgelblichen)
> Zähnen gegenüberstehen.

f. Gruppe: Bryeen.

54. Rodobryum Schpr. (Rosensternmoos).
(rhodon Rose, bryon Moos.)

Stengel 1—3 cm h., von palmenartigem Wuchs, d. h. unterwärts völlig
nackt, rothbraun, nur mit angedrückten Schüppchen besetzt, aber am Gipfel mit
ausgebreiteter, 1—1,5 cm br., freudig=grüner Blattrosette. Diese Gipfelblätter
etwa 0,8 cm l., 2—3 mm br., ei=lanz., fast spatelf., zugespitzt, vor der Mitte
bis zur Spitze scharf gesägt; Mittelrippe stark; Blattzellen wie bei Bryum.
Mehrere Fruchtstiele aus einem Stammgipfel. Büchse ansehnlich, eif., mit
leicht gehobenem Rücken, nickend; Deckel roth, glänzend. Heerdenartig zer=
streute oder zu lockeren Rasen vereinigte, oft auch ganz vereinzelte Stämmchen.
Ueberall in Deutschland in schattig feuchten Laubwäldern, sowie unter Park=
gebüschen; Früchte selten. Sommer. (Bryum r. Schreb.; Mnium r. Hedw.)
Rabh. roseum Schpr.

> Anm. Dieses schöne Moos ist nicht überall häufig; Früchte, mit welchen es sich
> wahrhaft prächtig ausnimmt, treibt es nur in tiefen (Wald=)Sümpfen.

55. Bryum Dill. (Birnmoos).
(bryon Moos.)

Moose von überaus verschiedener Tracht. Büchse an der zierlich ge=
bogenen Spitze des Fruchtstieles geneigt oder wagerecht bis hängend, birn=,
keulen=, walzen= oder eif., mit nicht sehr auffälligem Halse, gewölbtem,
brustwarzenf. gespitztem Deckel, unbedeutender Haube. Mundbesatz doppelt;
äußerer besteht aus 6 lanz., trocken nach innen sich krümmenden Zähnen,
innerer besteht aus 16 zarthäutigen, kielfaltigen Zähnen, oft mit dazwischen ge=
stellten Wimpern.

Bei der Mannichfaltigkeit dieser Gattung haben manche Autoren ver=
sucht, sie in mehrere Gattungen zu zerlegen. Indem man sich dabei wesent=
lich an den inneren Mundbesatz hielt, wurden aber im übrigen doch
nächstverwandte Arten auseinandergerissen. Ich habe wenigstens die wohl

fraglichen Gattungen Ptychostomum, Webera, Pohlia und Bryum vereinigt gelassen.*)
1. Blätter fast kreisrund, stumpf Sehr selten. 2.
— lineal=lanz., lanz. oder eilanz. 3.
2. Lebhaft grüne, lockere Rasen. Stämmchen wenige mm bis 2 cm h., mit oft sehr verlängerten Sprossungen. Obere Blätter abgerundet=stumpf, ganzrandig aber gesäumt, lockerzellig; Rippe gegen die Spitze verschwindend. Perichätialblätter zungenf. Büchse ei=birnf., hängend. Sporen braun. Auf feuchtem Schlammboden, in ausgetrockneten Teichen; sehr selten. Früchte überaus selten, reifen im Frühlinge. Kreisblätte=riges B. Br. cyclophyllum Br. et Sch.
Sehr ähnlich d. v. Blätter ungesäumt, auch die oberen, stumpf=gespitzt. Büchse eif., gedrungen. Auf feuchtem Sandboden; überaus selten. (Br. calophyllum R. Br.) Breitblätteriges B. Br. latifolium Br. et Sch.
3. Blattrippe vor (oft ganz kurz vor oder in) der Blattspitze verschwindend. 4.
— völlig durchlaufend, und meist noch über die Blattspitze als Stachel=spitze heraustretend.**) 18.
4. Stämmchen und Zweige durch die dachziegelförmig dicht=anliegenden Blätter glatt, schlangen= oder strangartig oder keulig, etwa 0,5 mm dick; Räschen silbergrau oder grau=grün oder gelbgrün. 5.
— wenigstens im feuchten Zustande mit aufrecht=abstehender Beblätterung, daher nicht schlangenartig=gerundet; Rasen nie silbergrau. 7.
5. Räschen silbergrau oder weißgrün, zuweilen gelbgrün, mattglänzend. 6.
— gelbgrün, sehr glänzend, mit fädigen, schlanken, straffen Aesten. Blätter fast stumpf. Büchse gelb, dann braun. Nur in den Alpen, in

---

*) Die nach Beschaffenheit des inneren Mundbesatzes besonders durch Schimper auf=gestellten Gattungen sind folgende:
Ptychostomum: Der innere Mundbesatz ist eine 16faltige Haut, welche an den Zähnen des äußeren Mundbesatzes festgewachsen ist und bei deren Auseinandertreten zu Fetzen zerreißt. (Bryum pendulum.)
Der innere Mundbesatz nicht verwachsen mit dem äußeren:
Pohlia: Der innere Mundbesatz besteht nur aus Zähnen (Bryum acuminatum, elongatum, inclinatum, lacustre, uliginosum, latifolium, polymorphum, cucullatum, Zierii, demissum.
Webera: Zwischen je zwei Zähnen des inneren Mundbesatzes stehen knotig=ge=gliederte Wimpern. (Bryum Ludwigii, nutans, annotinum, crudum, carneum, albicans.
Bryum: Zwischen je zwei Zähnen des inneren Mundbesatzes stehen gegliederte Wimpern, an denen Gliederungen mit hakigen Anhängseln versehen sind. (Dahin gehören alle übrigen Arten.)
**) Dieser Verlauf der Blattrippe ist vielfach schon mit der Lupe deutlich zu erkennen, in zweifelhaften Fällen möge man das Mikroskop mit schwacher Vergrößerung benutzen, um genau zu sehen, ob die langgestreckten Zellen der Rippe sich an der Blattspitze in kurze Maschen, wie sie das Blatt hat, auflösen oder unverändert sich als Stachelspitze über die Blattspitze hinaus fortsetzen.

der Nähe von Wasserfällen und an feuchten Orten; sehr selten. **Kätzchen-zweigiges B.** Br. julaceum Sw.

6. Sehr dichte, meist 1—1,5 cm hohe, silbergrüne Stämmchen, meist verzweigt. Stengelblätter winzig, löffelf., mit kurzem Spitzchen; Schopfblätter eilanz., lang-gespitzt. Büchse eif., 1 mm l., gelblich, zur Reife dunkel rothbraun. Deckel rothgelb, glänzend; Fruchtstiel röthlich, etwa 5 mm l. Ueberall gemein auf sterilen Plätzen, Dächern, Steinen, zwischen Steinpflaster an Wegen. Herbst oder Frühling. **Silbergraues B.** Br. argenteum L.

— Rasen fast ebenso, Büchse birn-keulenf., halb so l. als die eigentliche Büchse), 4 mm. In schattig-feuchten Felsritzen, ziemlich selten. **Zier'sches B.** Br. Zierii Dick.

Anm. Nicht zu verwechseln mit dem gleichfalls alpinen, äußerlich ähnlichen Br. demissum. welches sich aber schon durch röthlich oder braunroth angelaufene Räschen und weniger dicht anliegende Blätter unterscheidet.

7. Büchse kurz, gedunsen-birnf., mit dem kurzen Halse nur 1½ bis kaum 3mal so l. als dick. Blätter breit. 8.

— länglich-birnf. oder keulen-walzenf., 3—8mal so l. als dick. Blätter meist schmal. 12.

8. Räschen locker, kaum 3—8 mm h., dicht, gelblichgrün, mit zahlreichen, überragenden Schößlingen. Büchse klein (kaum 0,5—1 mm l.), zuweilen etwas unsymmetrisch, birn- oder eif., geöffnet fast halbkugelig, weitmündig, purpurn; auf etwa 1 cm l., blaßröthlichem, auffällig dickem Fruchtstiel. Auf feuchtem, thonigem Boden, an Gräben, Dämmen, auf Aeckern; ziemlich selten. Fruchtreife im Mai, Juni. **Fleischfarbiges B.** Br. carneum L.

Anm. Diese niedlich kleine Art ist vor allen übrigen genugsam durch den starken, aber kurzen Fruchtstiel ausgezeichnet.

— Räschen niedrig, zart. Blätter klein, stumpf, kahnf. gehöhlt. Büchse winzig, kugelf., kurzhalsig, rothbraun, verengt-mündig; Fruchtstiel sehr zart, wellig verbogen. Bisher nur in Ostfriesland; auf feuchtem Sand. Br. Maratti Wils.

Büchse größer, Fruchtstiel nicht auffällig stark. 9.

9. Lockere, leicht auseinanderfallende Häufchen oder Räschen; Stämmchen etwa 1 cm h., durch Sprossung oft bis 2 cm h., spärlich beblättert, abwärts fast nackt. Die oberen Blätter eilanz., hohl, ganzrandig; Rippe in oder mit der Blattspitze verschwindend, mit röthlichem Grunde. Büchse klein (kleiner als bei den verwandten Arten), ei-birnf., mit enger, gar nicht eingeschnürter Mündung, derb, braun, hängend; Fruchtstiel meist verborgen, 1—2 cm l. An sandigen Bach- und Teichufern, im Flachlande und im Gebirge vorkommend, aber überall sehr selten. Fruchtreife im Mai, Juni. **See-B.** Br. lacustre Bland.

Blätter wenigstens an der Spitze etwas gezähnelt. 10.

10. Rasen blaßgrün, mit durchscheinend purpurbraunen Stengeln, 1—3 cm h. (Abart glacialis 4—6 cm h. und berber); Stämmchen abwärts sehr kurz und spärlich, oberwärts reichlich beblättert, aus liegendem Grunde aufsteigend, oft Sprossen treibend. Die oberen Blätter lanz., mit großmaschigem Zellnetz, gesägter Spitze; Rippe roth. Büchse mit nur ¼ so l. Hals, kurz-birnf., etwa 2 mm l., hängend oder fast wagerecht, derb, nach der Entdeckelung rothbraun, mit orangefarbiger, weit geöffneter Mündung (dadurch fast kreiselförmig); Fruchtstiel derb, gebogen und etwas gedreht, etwa 2—3 cm l. Auf feuchtem Sandboden, in oder an Quellen und Gräben, besonders im alpinen Gebirge, im Flachlande nur hier und da. Fruchtreife im Mai, Juni. Wahlenberg'sches B. (Br. albicans Wahlenb.) Br. Wahlenbergii Schwaegr.

Die geöffnete Büchse nicht mit erweiterter Mündung. Rasen werden weder weißgrün, noch auffällig hellgrün. 11.

11. Rasen dicht und niedrig, aus etwa 1 cm h., an den Gipfeln knospig-geschlossenen Stämmchen zusammengesetzt. Büchse gedunsen-birnf., groß (etwa 4 mm l. und 2 mm dick), auf derbem, steifem, 4—5 cm l. Fruchtstiel; Deckel sehr klein. Auf feuchtem Sand- oder ausgetrocknetem Schlammboden; sehr selten. Waren'sches B. Br. Warneum Bland.

Rasen locker zusammenhängend, wenige mm h., gelbgrünlich, schwach glänzend. Stämmchen zart, meist einfach, schlank. Blätter schmal und lang (2—3 mm l.), die unteren eilanz., die oberen lanz., locker angedrückt, mit sehr engmaschigem Zellnetz; Rippe röthlich. Büchse ei-birnf., (etwa 1—3 cm l.), blaß, zart, auf 2—3 cm l., wellig verbogenen, sehr dünnen, blaßröthlichen Fruchtstielen hängend. In den Alpen, auf feuchtem Boden; selten. Fruchtreife im Juli, August. Niedliches B. Br. pulchellum Hedw.

12. Büchse etwas unsymmetrisch. Rasen zuweilen röthlich angehaucht. 13.
— völlig symmetrisch. 14.

13. Rasen licht-grün, seidenglänzend, weich, abwärts braunfilzig; Stämmchen etwa 2 cm h., locker beblättert, abwärts fast nackt, so daß die purpurbraunen Stengel durchschimmern. Blätter etwa 2 mm l., lanz., an der Spitze scharf gesägt, sehr zart; Rippe an der Basis roth, weit vor der Blattspitze verschwindend. Büchse elliptisch-keulenf., horizontal-geneigt, bei der Reife gelbbraun, unter der rothen Mündung kaum eingeschnürt; Sporen braun. In den Wäldern an aufgeworfenen Grabenrändern, Hohlwegen, auch an Felsen und Gemäuern; ziemlich häufig. Fruchtreife Anfang Sommer. Hellgrünes B. Br. crudum Schreb.

— angenehm dunkelgrün, im Alter geschwärzt, fast glanzlos, oft weithin sich streckend. Stämmchen etwa 3 cm h., Sprossen treibend, welche oft röthliche Färbung haben. Die untern Blätter breit-eif., die mittleren ei=lanz., die oberen lanz. Büchse länglich=birnf., etwas gekrümmt; Fruchtstiel aus knief. gebogenem Grunde aufsteigend, verbogen, zart, etwa 2 cm l. In alpinen Gebirgen: auf feuchter Erde, gern in der Nähe von Bächen. Fruchtreife im Sommer. Ludwig'sches B. Br. Ludwigii Spreng.

14. Hals so l. oder länger und kaum dünner als die eigentliche Büchse, daher die ganze Frucht schlank=keulenf. Innerer Mundbesatz fast oder völlig ohne Zwischenwimpern. In Gebirgen an Felsen (Pohlia). 15.
— kaum so l. als die Büchse. Zwischen den Zähnen des inneren Mund=
besatzes knotig gegliederte Wimpern. 16.

15. Rasen weich, grün, 1—2 cm h. Stämmchen abwärts fast nackt, oberwärts entfernt beblättert, am Gipfel etwas schopfig, zuweilen Sprossen treibend. Untere Blätter ei=lanz., obere lanz., bei diesen oft mit in die Spitze aus= laufender Rippe, gegen die Spitze hin gesägt. Büchse 4—6 mm l., etwa 0,7 mm br., auf 2—4 cm l. Fruchtstiel wagerecht geneigt; Deckel kegelf. und zugespitzt; Sporen griesig. In Gebirgen an Felsen; ziemlich selten. Zugespitztes B. Br. acuminatum. Br. et Sch. Obere Blätter gegen die Spitze hin geschweift=gezähnt. Büchse schmäler, reif fast aufrecht; Deckel gewölbt, kurz geschnäbelt; Sporen glatt. Ziemlich selten. Langfrüchtiges B. Br. elogantum Dicks. Rasen dichter, schwellender, Blätter breiter, lockerer gewebt. Büchse kürzer, auch mit kürzerem Halse. Auf den Alpen in feuchten Fels= ritzen. Langhalsiges B. Br. longicollum Swartz.

16. Büchse wagerecht, kurzhalsig, geöffnet mit erweiterter Mündung. Schopf= blätter knospig=geschlossen; Blattzellen sehr klein, schmal, dicht. Antheridien paarweise, frei zwischen den Blattachseln. Nur in Gebirgen: in Felsritzen und an der Erde; ziemlich selten. Eine sehr veränderliche Art. Viel= gestaltiges B. Br. polymorphum Br. et Sch.

Anm. Tracht etwa von Br. acuminatum, aber die Blätter schlaffer, ei=lanz., deutlicher gezähnt, Büchse kurzhalsiger und gedrungener; ändert sehr ab, aber charakterisirt bes. durch die Blattzellen und den Blüthenstand.

— hängend. 17.

17. Rasen grün, locker, niedrig (etwa 1 cm h.), fast zart, feinblätterig, mit zahlreichen, überragenden, unfruchtbaren, steif=aufrechten Sprossen, welche meist knospig (d. h. mit Blattknöllchen) gegipfelt sind. Büchse nicht allzu groß, lang=birnf., auf 2—5 cm l. Fruchtstiel hängend. Auf sandigem Boden, an Grabenrändern, Dämmen, besonders gern in Aus= stichen; nicht häufig. Fruchtreife im Frühling und Sommer. Jähriges B. Br. annotinum Hedw.
— hellgrün, röthlich oder purpurn überhaucht, locker, schlaff und weich, mit vielen, mehrere cm l., locker beblätterten, die Früchte meist noch überragenden Schößlingen. Blätter entfernt gestellt, breit=eif., mit herablaufendem Grunde, kurz zugespitzt. Büchse keulen=birnf. oder flaschenf.

(Hals fo l. als die eigentliche Büchse), bräunlich, später purpurbraun, auf 2—6 cm l. Fruchtstiel; Deckel der Büchse gleichfarbig, glänzend. Auf Sumpfwiesen und Torfmooren oft weithin verbreitet; ziemlich häufig (Früchte aber selten). Düval'sches B. Br. Duvalii Voit.
    Anm. Rasen braun-olivenfarbig; Blätter trocken unverbogen, dicht anliegend. An Gestein. Siehe Br. Mühlenbeckii.

Rasen derb, dicht oder locker, 1—3 cm h., grün, etwas glänzend, ohne überragende Schößlinge. Blätter schopfig gehäuft, aber nicht knospig geschlossen; Rand nicht gesäumt; Blattrippe wenigstens am Grunde rothbraun, kurz vor der Blattspitze verschwindend; Blattzellen oberwärts schmal und lang, nach dem Blattgrunde hin verkürzt und locker. Büchse länglich-birnf. oder fast walzig, braun, hängend, 2—4 cm l., 1 mm dick; Fruchtstiel derb, 2—10 cm l., roth, oberhalb röthlich. Massenhaft in allen Kiefernwäldern und Haiden, an Hohlwegen u. s. w.; überall gemein. Mai und Juni. Nickendes B. Br. nutans Schreb.
    Anm. Diese Art hat einige Aehnlichkeit mit Br. caespiticium, von welchem sie sich aber auf den ersten Blick schon durch die stets offenen Schopfblätter unterscheidet.

18. Stengel durch die auch im feuchten Zustande dicht anliegenden Blätter kätzchen-keulenf. (d. h. drehrund und glatt, nur die Blattspitzen trocken etwas abgebogen), dicklich, steif, zerbrechlich, 0,5—3 cm h., angenehm gelbgrün, glänzend, dichte Polster bildend. Blätter eif. bis länglich, löffelartig hohl, kurz gespitzt, mit stachelspitzig austretender, gelber oder röthlicher, dicker Rippe; Rand ganz und ungesäumt; Zellnetz besteht aus kleinen, mehr oder minder durchsichtigen Maschen. Büchse dick ei-, fast birnf., blaß gelbbräunlich, mit dunkel-orangener Mündung, übergeneigt bis hängend; Fruchtstiel ansehnlich, dick, purpurroth. In Gebirgen: an alten Steinmauern, (Sandstein-) Felsen, thonig-sandigem Boden; ziemlich selten. Früchte nicht häufig, reifen im Mai, Juni. Funk's B. Br. Funkii Schwaegr.

Blätter feucht abstehend. 19.

19. Büchse etwas unsymmetrisch, entweder durch Einkrümmung oder (wenngleich oft unbedeutend) gehobenen Rücken. Rasen meist röthlich oder purpurn angehaucht. 20.
— völlig gerade und symmetrisch. 23.

20. Büchse etwas glänzend, anfangs strohgelblich, erst später rothbraun. In Gebirgen. 21.
— völlig glanzlos, röthlich- oder lederbraun bis schwarzbraun. 22.

21. Rasen locker, blaßgrün, meist purpurröthlich überhaucht, trocken mißfarbig, wenige mm bis 3 cm h., hie und da mit verlängerten Trieben. Blätter ei-lanz., entfernt, locker, trocken etwas gekräuselt, hohl, gegen die Spitze hin gezähnelt, durchweg steif; Rand besäumt (d. h. verdickt) und zurückgeschlagen; Blattrippe röthlich, als kurze, gezähnelte Grannenspitze hervortretend. Büchse birn- oder keulenf.

(Hals zuweilen fast so l. als die Büchse), etwas buckelig und eingekrümmt, übergebogen, 2—5 mm l., anfangs gelblich, zur Zeit der Reife blaßgelbgrünlich bis rothbraun; Mündung nicht eingeschnürt; Deckel von der Farbe der Büchse; **Fruchtstiel 2—4 cm l.** Besonders in Gebirgen: auf quelligem, kiesigem Grunde oder an Felsgestein; nicht selten. Fruchtreife im Juni, Juli. Abblassendes B. Br. pallens Swartz.

— **sehr dicht, röthlich bis braunroth, nur 4—8 mm h.**, mit klein= und angedrückt=hohlblätterigen, knospenartigen Sprossen. Blätter trocken aufrecht anliegend, klein, ganzrandig; Rippe purpurfarbig. Büchse 2—3 mm l., birnf., gebuckelt und stark gekrümmt, hängend, gelb, dann braun; **Fruchtstiel wenige mm bis kaum 1 cm l., steif.** Nur auf den höchsten Alpen (2000 m): bes. in Felsritzen; selten. Herabhängendes B. Br. demissum Hook.

<small>Anm. Sehr ähnlich dem Br. Zierii, von dem es sich aber schon durch die Färbung der Rasen und die weniger anliegenden Blätter unterscheidet; von andern verwandten durch die niedrigen, zierlichen Rasen und den stets kurzen Fruchtstiel.</small>

22. Rasen grün, dunkelgrün oder röthlich, fast glanzlos, locker. Blätter länglich=lanz., lang zugespitzt, **Rand durch lange, schmale Zellen breit gesäumt; Blattrippe trübgrün, als Grannenspitze hervortretend.** Büchse langhalsig (Hals fast ½ der Büchse), keulig=birnf., etwas gebuckelt und ein wenig gekrümmt, etwa 5 mm l., röthlich=purpur= bis schwarzbraun, nach der Entdeckelung lederbraun, glanzlos, mit schiefer Mündung; Deckel gelblich. Fruchtstiel etwa 5 cm l., steif. Auf nassem oder feuchtem Boden, in Sandgruben, an Gräben, auf Torfmooren und nassen Wiesen, auch in feuchten Mauerritzen. Verbreitet, jedoch überall ziemlich selten. Oktbr. und Novbr. Moor=B. Br. uliginosum Br. et Sch.

— niedrig (etwa 1 cm h.), aber kräftig, grün und etwas glänzend, auch im trockenen Zustande. Blätter lanz., lang zugespitzt, dicht, trocken aufrecht anliegend, oft etwas spiralig; **Rand ungesäumt**, aber bes. abwärts zurückgerollt, **Blattrippe röthlich oder gelb, als kurze, zuweilen gezähnelte Grannenspitze heraustretend.** Büchse birn= oder flaschenf. (Hals fast so l. als die Büchse), lederbraun, im Alter schwarzbraun, etwa 4 mm l.; Fruchtstiel 3—5 cm h. Auf feuchtem Sandboden, gern in Ausstichen und Sandgruben, auch an feuchten Felsen; ziemlich selten. Bastard B. Br. intermedium Brid.

<small>Anm. Durch die ein wenig gebuckelte und gekrümmte Büchse schon unterscheidet diese Art sich von verwandten, bes. dem äußerlich ähnlichen Br. nutans.</small>

23. **Deckel intensiv blut= oder purpurroth, glänzend.** Büchse klein (1—2 mm l.), braun, bei der Reife purpurbraun; Fruchtstiel meist nur 1—2 cm l. Rasen locker, truppartig, nur wenige mm bis kaum 1 cm hoch. 24.

— gelb, leder= oder orangebraun. 25.

24. Blätter aufrecht= oder wagerecht=abstehend oder etwas zurückgekrümmt, lanz., **an der Spitze etwas gezähnelt; Rippe bis an die Spitze**,

aber nicht als Stachelspitze austretend. Büchse lang=birnf., mindestens doppelt so l. als dick, bräunlich bis purpurbraun, wagerecht oder fast hängend. An trift= oder haideartigen Plätzen, Gemäuer, über=schwemmt gewesenen Orten; ziemlich selten. Ende Frühling. **Roth=früchtiges B. Br. erythrocarpum Schw.**

— anliegend oder aufrecht abstehend, abwärts entfernt und spärlich, eif., zugespitzt, ganzrandig; Rippe als Stachelspitze heraustretend. Büchse kurz=birnf., später geschwollen=eif., etwas länger als dick, düster=purpur=roth, stets hängend. Fruchtreife und Vorkommen w. b. v. **Dunkel=rothfrüchtiges B. Br. atropurpureum Wahlb.**

Anm. Diese zwei Arten kommen gern gesellschaftlich untermischt vor, meist auch noch in Gesellschaft von Br. argenteum, caespiticium und Funaria hygrometrica.

25. Rasen sehr dicht, fast polsterf., starr, robust, olivengrün, braungelb oder röthlich angelaufen, stets mit auffällig starkem Gold= oder Seidenglanz, 1—6 cm h.; Stämmchen und Aeste starr, schlank, von Grund auf gleichmäßig beblättert, mit verdünnten Spitzen. Blätter dicht gedrängt, trocken straff anliegend, kurz, lanz., hohl, mit kaum gezähnelter Spitze, ungesäumtem aber zurückgerolltem Rande; Blattzellen sehr schmal=lanz. Büchse birnf., dick, hängend; Deckel orange. Fruchtstiel purpurbraun, etwa 2 cm l. In fast allen Gebirgen an feuchten Felsen; aber überall selten. Früchte nicht häufig. **Alpen=B. Br. alpinum L.**

Von ganz ähnlicher Tracht, aber die Rasen fast glanzlos und die Rippe unter der Blattspitze verschwindend. Bes. auf Granit der Alpinen=Region (auf dem Joch des St. Gotthard, hinter dem Grimsel=hospiz). **Mühlenbeck'sches B. Br. Mühlenbeckii Br. et Sch.**

Stämmchen und Aeste auffällig anders beschaffen. Meist ganz anderer Standort 26.

26. Blätter sämmtlich mit völlig unbesäumtem Rande (d. h. Randzellen unterscheiden sich wenig von den übrigen). Gipfelblätter schopfig gedrängt, im trockenen Zustande etwas gedreht und spiralig=knospenartig zusammen=gelegt. 27.

— mit besäumtem Rande (d. h. durch 2—3 Reihen sehr langgestreck=ter, engerer Zellen am Rande verdickt). Gipfelblätter stets gerade und offen (nicht knospig geschlossen). 30.

27. Büchse sehr kurz=birnf. (gedunsen=kreiself.), auch nach der Entleerung ge=dunsen=dick, auf ansehnlichem Fruchtstiel. Siehe Br. turbinatum Hedw.

— eif. oder gestreckt=birnf. 28.

28. Gipfelblätter knospenf. anliegend. Büchse stets hängend; kurzhalsig, zur Reife lederbraun. 29.

Rasen dicht oder locker, bis in die Gipfel verfilzt. Stämmchen 0,2—4 cm h. (in letzterem Falle ästig). Blätter ei=lanz.; Blattrippe abwärts roth, ebenso die Blattgrundzellen, aufwärts gelb. Büchse meist wagerecht, länglich-birnf., ziemlich langhalsig, glanzlos, blaß rostfarbig, später braun, bis tief rothbraun, trocken unter der Mündung etwas eingeschnürt. Einhäusig. In Gebirgen an Felsen und Gemäuer. **Abblassendes B. Br. pallescens Schleich.**

29. Stämmchen wenige mm bis 2 cm h., durch die trocken verdrehten, knospenf. anliegenden Schopfblätter von verwandten Arten auf den ersten Blick leicht zu unterscheiden. Blätter (bes. die Schopfblätter) ei-lanz., lang zugespitzt, mit zurückgerolltem Rande, höchstens an der Spitze gezähnelt; Rippe sehr derb, als Stachelspitze austretend. Büchse etwa 2—4 mm l., 1 mm dick, nickend, lederbraun, später dunkelbraun, nach der Entdeckelung mit wenig eingeschnürter Mündung; Deckel gewölbt, warzenf. gespitzt, glänzend; Fruchtstiel 2—5 cm l. Blüthen zweihäusig, die männlichen knospenf. Ueberall gemein auf nacktem, festem Erdboden, an Steinen, Felsen, Gemäuern, morschem Holzwerk u. s. w. Fruchtreife zum Sommer. **Rasiges B. Br. caespiticium L.**

Tracht sehr ähnlich (mit Br. caespiticium auch häufig gesellig untermischt vorkommend), aber kürzere, meist nur 1,5 cm l. Fruchtstiele, Deckel gewölbt, kegelf. zugespitzt, kleinermündige Büchse. Innerer Mundbesatz besteht nicht wie bei jenem aus freien Zähnen und Wimpern, sondern einer 16-faltigen Haut, welche dem äußeren Mundbesatz angewachsen ist und durch dessen Ausbreitung fetzig zerreißt. Blüthen hermaphroditisch. **Hangfrüchtiges B. Br. (cernuum Brid.) pendulum Hnsch.**

— Blätter länger, kurz zugespitzt, breiter gesäumt. Büchse unter der Mündung kaum eingeschnürt; Deckel warzenf. gespitzt. Fruchtstiel sehr lang. Innerer Mundbesatz aufwärts frei, Wimpern verkümmert. An Gestein, auch auf feuchtem Moorboden; überall selten. **Geneigtfrüchtiges B. Br. inclinatum Br. et Sch.**

Abart: longisetum kleinere Blätter, Rippe purpurn. Auf nassen Plätzen.

30. Büchse länglich-birnf. oder keulenf. Blätter stets deutlich besäumt. 31. Rasen mehr oder minder dicht, meist roth angelaufen, bis in die Spitzen mit Wurzelfilz durchzogen. Blätter schmal ei-lanz., scharf gespitzt, mit kaum oder schmal verdicktem, nur abwärts umgerolltem Rande; Rippe stark, roth oder gelb. Büchse sehr gedrungen (kurz-birnf. oder gedunsen-kreiself.), oft kaum viel länger als dick, nach der Entleerung wie gedunsen; nickend oder hängend, auf 2—3 cm l. Fruchtstiel. Deckel von Farbe der Büchse, welche gelblich, später rostbraun ist. An feuchten oder nassen Felsen, überrieselten Steinen, auf nassen Wiesen; nicht häufig. Juni, Juli. **Kreiselfrüchtiges B. Br. turbinatum Hedw.**

31. Rasen angenehm grün, locker. Stämmchen etwa 2 cm h., locker beblättert, so daß der rothbraune Stengel durchschimmert, meist verzweigt. Blätter, wenigstens die oberen, breit, spatel-eif. oder breitzungenf.; Blattrippe röthlich oder gelb, nur zuweilen vor der Blattspitze verschwindend,

faſt ſtets als Glashaar plötzlich aus der ſtumpfen Blattſpitze heraustretend. Büchſe keulen- oder flaſchenförmig, etwa 3 mm l., 1 mm dick; Deckel orangeroth, ſehr glänzend. Auf waldigen Abhängen oder Hohlwegen, unter Gebüſch, auch an feuchten Felſen; überall ziemlich häufig. In Größe, Färbung und Dichtigkeit der Raſen ſehr abartend. Fruchtreife Ende Frühling. **Haarblätteriges B.** Br. capillare Hedw.
Blätter allmälig zugeſpitzt, ſtets ohne Glashaar. 32.

32. Fruchtſtiel zur Zeit der Fruchtreife roſt- oder kirſchbraun, ſpäter ſchwarzbraun, etwa 3 cm l. An naſſen, beſonders ſumpfigen Orten. 33.
— hell- oder dunkel-ziegelroth. 28.

33. Raſen bräunlich- oder trübgrün, derb, 0,2—1 dm h., dicht, faſt bis in die Gipfel von braunem Filz durchzogen. Blätter breit ei-lanz., etwas herablaufend, zugeſpitzt, mit austretender Rippe. Büchſe hängend, lederbraun, langhalſig. Zweihäufig: männliche Stämmchen roſettenf. (die dem einhäuſigen Br. bimum fehlen, welches bei größter Aehnlichkeit mit dieſer Art beſ. häufig damit verwechſelt wird, aber abgeſehen von andern Unterſchieden ſchon durch düſterere und lockerere Raſen ſich leicht unterſcheiden läßt). Auf Sümpfen, tiefen Torfmooren; ziemlich häufig. Sommer. **Bauchiges B.** Br. pseudotriquetrum Hedw.

— von gleicher Färbung, überhaupt dem Br. pseudotriquetrum ſehr ähnlich, aber alsbald zu unterſcheiden durch abwärts rundliche, durchweg ſehr hohle, dachziegelförmig übereinander liegende Blätter; Blattſpitze ſtumpf abgerundet. Auf tiefen, moorigen Sümpfen, gern in Geſellſchaft von Hypnum intermedium, scorpioides und Meesea tristicha; ſcheinbar ſehr ſelten, aber wohl nur überſehen. **Neudammer B.** Br. Neodamense Itzigs

— braun oder ſchwarzgrün, ſonſt wie b. v., nur lockerer und mit ſchlankeren Aeſten. Blätter ei-lanz., kurz zugeſpitzt; Rand geſäumt und umgerollt, an der Spitze gezähnt; Rippe rothbraun, als Grannenſpitze hervortretend; Zellnetz engmaſchig. Büchſe birn- oder flaſchenf., hängend, zur Zeit der Reife gleich dem Fruchtſtiel ſchwarzbraun; Deckel hochgewölbt und zugeſpitzt, gelbroth und ſehr glänzend. Standort und Fruchtreife wie b. v. **Zweijähriges B.** Br. bimum Schreb.

— hellgrün (die Spitzen nie bräunlich). Blattrippe lang grannenf. austretend. Außerdem ganz von der Tracht des B. bimum, mit der dieſe Art häufig verwechſelt wird. Gern in feuchten Sandausſtichen; in Norddeutſchland ziemlich verbreitet. Br. cirratum H. et Hnsch.

56. Leptobryum Schpr. (Seidenbirnmoos).
(leptos zart, bryon Moos.)

Raſen 1—2 cm h., zart und ſehr weich, freudig-gelbgrün, mit ſtarkem Seidenglanz, durch welchen auch Fruchtſtiel und Büchſe ſich auffällig auszeichnen. Blätter wenige mm l., aber zart und haarfein, entfernt geſtellt, flatterig; Fruchtstiel etwa 2—3 cm h., fein. Büchse birnf., glänzend, 1—2 mm l., zarthäutig; Deckel halbkugelig, warzig gespitzt. An schattig feuchten Orten, Felsen, Erde, Gemäuer; überall nicht selten. Mai bis August. (Fig. 43.) Wahres S. Br. pyriforme Hedw.

57. Mielichhoferia Nees et Hnsch.
(Mielichhofer, welcher dies Moos 1817 in den Salzburger Alpen entdeckte.)

Rasen weich und schwellend, angenehm grün, seidenglänzend, etwa 1 cm h. Blätter lanz., etwa 1 mm l., starr, dicht anliegend, feucht aufrecht abstehend, an der Spitze scharf gesägt; Rippe vor der Spitze verschwindend. Blattzellen sehr schmal, am Grunde weiter. Büchse keulen=birnf., symmetrisch, aufrecht oder geneigt, zart=häutig, rostfarben; Deckel flach= und stumpf=kegelf.; Fruchtstiel zart, schlängelig gebogen. Mundbesatz einfach, blaßgelb, besteht aus linearen, knotig-gegliederten Zähnen. Nur auf den Alpen und auch da selten, bes. an Glimmerfelsen. Spätsommer. Glänzende M. M. nitida Nees et Hnsch.

11. Fam. Grimmiaceen.

a. Gruppe: Tetraphideen.

58. Tetraphis Hedw. (Georgia Ehrh.) (Vierzahnmoos.)
(tetra vier, rhaphis Nabel.)

Mundbesatz besteht aus nur 4 robusten, augenfälligen, pyramidalen Zähnen.

1. Büchse schlank walzenf., etwa 3 mm l., von der Haube nur halb bedeckt. Stämmchen 1—2 cm h., dicht gedrängt, oftmals oberhalb nackt und mit Spreuköpfchen gekrönt. Blätter unterhalb winzig, die obern größer, ei=lanz., trocken angedrückt (das Stämmchen unterhalb oft nackt), freudiggrün. In schattig=feuchten Waldgründen, gern an Hohlwegen, in Schluchten; nicht zu häufig, aber bes. in Gebirgen allgemein verbreitet. Frühling und Anfang Sommer. Durchsichtig=zähniges V. (Georgia Mnemosynum Ehrh.) T. pellucida Hedw.

    Anm. Durch die hie und da mit Spreuköpfchen gegipfelten Stämmchen hat dies Moos eine gewisse Aehnlichkeit mit Aulacomnion androgynum; da es aber stets Früchte trägt, welche überaus eigenartig sind, ist es nicht wohl damit zu verwechseln.

    — eif., kaum 1 mm l., ganz von der Haube überhüllt. Stämmchen 1—2 mm h. Selten. 2.

2. Aus dem Grunde des Stämmchens schlanke, aufrechte, dichtblätterige Aestchen; seltsame, lange, keilförmige Wurzelblätter, die an der Spitze gespalten sind, die darüber stehenden Blätter sind ei=lanz., knospenartig zusammengelegt. Büchsenmündung nicht geschweift. Braungrüne oder braune Räschen, an Granit= und Sandsteinfelsen in kleinen Vertiefungen (Fichtel=

gebirge, sächs. Schweiz u. s. w.). Sommer. (Fig. 60.) Brown'sches B. (Tetrodontium Brownianum Dicks.) T. Browniana Brid.
Aus dem Grunde haarfeine, unfruchtbare Triebe; die Stämmchen meist kaum 2 mm h., Stengel oftmals kaum zu erkennen; Blätter knospenf. dicht gestellt. Büchsenmündung geschweift. Röthlichbraune Rasen bildend, an Schiefer- und Sandgestein in Gebirgen (Harz, Fichtelgebirge, Alpen). Ausgeschweiftmündiges B. (Tetrodontium repandum Fk.) T. repanda Fk.

b. Gruppe: **Encalypten.**

59. Encalypta Schreb. (**Glockenhut**).
(encalyptós eingehüllt.)

Rasen ziemlich dicht, angenehm grün. Blätter ansehnlich, breit-lanz. Büchse elliptisch-walzenf., aufrecht; Haube glockig-cylinderf., über die Büchse herabhängend. In der Ebene kommt (wenigstens mit Früchten) nur E. vulgaris vor.

1. Rasen ansehnlich, derb und dicht; Stämmchen 2—3 cm h., mit steifen, fast lederartigen, trocken verbogenen, völlig glanzlosen Blättern. Büchse ei-walzenf., spiralig-gestreift, trocken schraubig-gefurcht; Fruchtstiel purpurroth, glänzend. Innerer und äußerer Mundbesatz vorhanden. An Felsen und feuchtem Gemäuer; ziemlich häufig. Früchte nicht häufig, reifen im Sommer. Gedrehtfrüchtiger Gl. E. streptocarpa Hedw.

   Anm. Meist steril. Aber auch abgesehen von der zierlich schraubig-gefurchten Büchse und dem doppelten Mundbesatz von den verwandten Arten leicht zu unterscheiden durch die sehr derben Rasen.

   Büchse glatt oder gerabfurchig. Mundbesatz einfach oder fehlend. 2.
2. Haube mit gefranstem (fädig-gewimpertem) Saum. Mundbesatz stark, stets bestens vorhanden. 3.
   — ohne Fransen. Mundbesatz sehr schwächlich, meist fehlend. 5.
3. Rasen locker, 1—4 cm h., freudiggrün. Blätter länglich eif., zugespitzt, etwas wogig-randig, trocken verbogen. Büchse walzenf., fast halslos, olivengelblich, dann rothbräunlich, glatt. Haube grünlich-strohgelb glänzend. Fruchtstiel und Blattrippe gelblich. Mundbesatz: 16 dunkelrothe, lanzettliche, entfernt gegliederte Zähne. In schattigen Felsspalten, Mauerritzen, an gebüschigen Abhängen und Hohlwegen; nicht häufig. Mai bis Juli. (Fig. 56.) Wimperhaubiger Gl. E. ciliata Hedw. Büchse mit sehr auffälligem Halse. Haube gebräunt bis braun 4.
4. Rasen dicht, mehrere cm h., sattgrün, sich bräunend. Blätter breit lanz., zugespitzt, trocken gekräuselt. Büchse schlank walzenf., mit sehr ansehnlichem, geschwollenem, aufwärts allmälig verdünntem oder unter der Büchse sanft eingeschnürtem Halse; blaßgelb, glatt. Haube strohgelb, sich bräunend. Mundbesatz: 16 blaßrothe, schmal

linealische Zähne. Nur auf den höchsten Alpen hie und da in Felsspalten oder auf der Erde. **Kropffrüchtiger Gl.** E. apophysata N. et H.

— wenige mm h. Stengel meist fast fehlend, Blätter gedrängt, breit lanz. Büchse länglich-birnf., mit **sehr langem Hals** (welcher so lang als die eigentliche Büchse) und nach der Entdeckelung **sehr erweiterter Mündung**; braun, glatt. Haube gelbbraun, gegen ihre Spitze hin kastanienbraun. Mundbesatz purpurbraun, fädig. Auf humosem Boden der Alpenhöhen hier und da. Sommer. **Langhalsiger Gl.** E. longicolla Bruch.

5. Rasen 1—4 cm h., nur an den Spitzen der Triebe grün, abwärts rostbraun. Blätter ei-lanz., die oberen lang zugespitzt, **querwogiggerunzelt**. Büchse ei-walzenf., dunkelbraun, glatt. Haube gebräunt, gegen die Spitze kastanienbraun. **Mundbesatz fehlt stets gänzlich.** Nur auf den höchsten Alpen in Felsspalten und auf der Erde. **Abgeändertes Gl.** E. commutata N. et Hnsch.

Haube gelblich oder grünlich. 6.

6. Rasen 1—3 cm h. Blätter flach und glatt. Büchse länglich eif. bis ei-walzenf., schwarzbraun, mit **zahlreichen rothbraunen Längsstreifen**, trocken ebenso vielen tiefen Längsfurchen. Haube strohgelb. In der alpinen und subalpinen Region auf Erdboden und in Felsspalten, nicht häufig. Sommer. **Gestreifter Gl.** E. rhabdocarpa Schwaegr.

— meist nur 2—7 mm h., freudiggrün. Blätter zungenf., zugespitzt (oder stumpf, oder mit Haarspitze), ein wenig wogig verunebnet, trocken verdreht; Rippe rothbräunlich, vor der Spitze verschwindend. Büchse ei-walzenf., trocken walzenf. und unmerklich gefurcht, olivengelb, Hals und Mündung orange. Fruchtstiel und Blattrippe roth. Auf Lehmboden an trockenen Grabenrändern, Weglehnen, kleinen Abhängen und Ausstichen; nirgends häufig. Früchte stets reichlichst, reifen Ende Winter zum Frühling. (Fig. 57.) **Gemeiner Gl.** E. vulgaris Hedw.

c. Gruppe: **Orthotricheen.**

60. Orthotrichum Hedw. (Goldhaar).

(orthos aufrecht, trix Haar.)

Meist dunkelgrüne, kleine Rasen oder halbkugelige Pölsterchen, an Bäumen und Zäunen, sowie an Gestein und auf Dächern. Blätter lanz., allseitig, meist durch papillöse Wärzchen rauh; Blattrippe vor der Spitze verschwindend. Büchse länglich, meist gestreift und trocken gefurcht; Haube glockig, die Büchse $1/3$, $1/2$ oder ganz deckend, mit **aufrechten, steifen, meist goldiggelben Haaren** mehr oder minder reichlich besetzt. Mundbesatz einfach, aus 16 paarigen Zähnen bestehend (bei O. copulatum, Sturmii, Ludwigii, anomalum); oder (bei

den übrigen) doppelt: ein innerer und äußerer, von denen trocken der äußere zurückgeschlagen, der innere nach innen gebogen ist.
1. Fruchtstiel etwa 2—3 mm über die Hüllblätter hinausragend (Fig. 59); Büchse langhalsig; Haube behaart. Blätter im trockenen Zustande meist verbogen gekräuselt. (Ulota.) 20.
— kaum etwas sichtbar, oder die Büchse den Hüllblättern eingesenkt und daher scheinbar ungestielt; Haube kahl oder behaart. Blätter trocken straff (meist anliegend), nie gekräuselt. 2.
2. Blätter in ein längeres oder kürzeres (unter dem Mikroskop gezähneltes) Glashaar oder doch in eine weißliche Spitze auslaufend. Stämmchen bis etwa 7 mm h. Gemein an Steinen, Holzwerk (Zäunen), Bäumen. April, Mai. Glashaariges G. O. diaphanum Schrad.
— ohne Glashaar oder weiße Spitze. 3.
3. Blätter meist mit kolbigen, bräunlichen Auswüchsen (welche einfach oder gegliedert und schon mit bloßen Augen sichtbar sind) und crystall=hellen Papillen besetzt, besonders am Rande und auf der Rippe. Haube die ganze Büchse bedeckend, behaart. Flatterige, 2—7 cm h., dunkelgrüne oder gelbgrüne Rasen. An Waldbäumen (Buchen); nicht zu selten. Früchte sehr selten, reifen im Sommer und Herbst. Lyell'sches G. O. Lyellii Hook.
— ohne solche Auswüchse. 4.
4. Büchse längsstreifig, später gefurcht. 5.
— kurz=eif., ganz glatt (ohne Streifen und Furchen), in den Hüll=blättern versteckt. Haube bleich, wenig behaart. Braun= oder trübgrüne, 3 cm h. Räschen. An Wald= und Feldbäumen und Holzwerk; hie und da, nirgends ganz fehlend. Frühling. Glattfrüchtiges G. O. leiocarpum Br. et Sch.
5. Blätter ganz stumpf, zungenf. oder länglich eif., gehöhlt, nur 1—2 mm l., mit glashellen, zahnartigen Papillen crystallinisch besetzt, trocken wenig eingerollt und schuppenartig dicht anliegend (daher die Stämmchen kätzchenartig=stielrund), feucht aufrecht=abstehend. Büchse allmälig in den Hals verdünnt, länglich birnf. Etwa 1 cm h., gelbgrünliche oder rostgelbliche, steife Räschen an Feld= und Obstbäumen; nicht häufig. Früchte selten, reifen im Mai. Stumpfblätteriges G. O. obtusifolium Schrad.
— mehr oder minder zugespitzt, meist auch länger. Räschen oft viel größer und meist dunkeler; saftgrün, schwarzgrün oder braungrün. 6.
6. Innerer Mundbesatz fehlt. Büchse kurz=eif., trocken glatt oder gefurcht, den Hüllblättern (scheinbar stiellos) eingesenkt. Nur an Felsen. 7.
— — vorhanden. Büchse trocken stets gefurcht, aus den Hüllblättern oft mehr oder minder (oft sichtlich gestielt) hervortretend. An Gestein oder Bäumen. 8.

7. Büchse stark gestreift, kugel-eif., groß (2—3 mm l., 1 mm dick), trocken gefurcht und urnenartig erweitert; Mundbesatz trocken zurückgeschlagen. An Gemäuer und Gestein oder alten Weiden; nicht häufig. Mai, Juni. Becherförmiges G. O. cupulatum Hoffm.
— fast gar nicht gestreift, eif.; Mundbesatz trocken aufrecht. Haube dunkelbraun, sehr behaart. Besonders in den Alpen an Felsen; selten. Frühling und Sommer. Sturm'sches G. O. Sturmii H. et Hnsch.

8. Büchse auf etwas sichtbarem Fruchtstiel die Hüllblätter überragend. 9.
— scheinbar stiellos den Hüllblättern eingesenkt. 11.

9. Haube stark behaart. Siehe O. speciosum.
— nackt oder doch nur mit sehr vereinzelten Härchen. 10.

10. Blätter trocken etwas gekräuselt. Büchse klein, oval, blaßgelb, stark gefurcht, die nicht verengerte Mündung roth. Räschen zart, klein, meist kaum 1 cm h., gelblichgrün, kraus. Sehr selten; z. B. auf Strohdächern gefunden. Niedliches G. O. pulchellum Br. et Sch.
— trocken straff und aufrecht anliegend. Siehe O. stramineum.

11. Räschen klein und zierlich, nur 3—6 mm h., dicht, angefeuchtet saftgrün und die Blätter sich nicht zurückkrümmend. Büchse (scheinbar stiellos) eingesenkt. 12.
— 1 cm bis über 3 cm h. Blätter feucht meist sparrig zurückgekrümmt. Büchse eingesenkt oder die Hüllblätter etwas überragend. 14.

12. Gipfelblätter stumpf gespitzt, nur die unteren zugespitzt. Büchse länglich-elliptisch, langhalsig, entdeckelt unter der Mündung nicht eingeschnürt. Innerer Mundbesatz meist 16zähnig. Nur an Sträuchern; selten. Blasses G. O. pallens Br.
Blätter stumpflich. Büchse länglich-walzenf., breit gestreift, an der verengerten Mündung faltig, fast hervorragend; Haube fast über die ganze Büchse, daher lang und schmal, strohfarben-bräunlich, spärlich behaart. Räschen 0,4—1 cm h. An Feldbäumen; nicht häufig. Fruchtreife im Mai (das ähnliche, sehr oft auch niedrige O. affine reift erst Ende Juni). Zartes G. O. tenellum Bruch.
— lanz. zugespitzt. Büchse unter der Mündung eingeschnürt, faltig. An Feldbäumen oder Sträuchern; häufig. 13.

13. Büchse eingesenkt, klein, kugelig-eif., plötzlich in den kurzen Hals übergehend. Haube sehr locker anliegend, nur die halbe Büchse deckend; äußerer Mundbesatz länger als der innere. Blätter stumpflich. Trügliches G. O. fallax Schpr.
— etwas emporgehoben, länglich-eif., fast elliptisch, etwa 1 cm l. (etwas über doppelt so l. als b. v.), allmälig in den fast gleich langen Hals übergehend. Haube dicht anliegend, $2/3$ der Büchse deckend; äußerer und innerer Mundbesatz gleich lang. Blätter zugespitzt. Zwergiges G. O. pumilum Sw.

14. An Steinen in Gewässern fluthend. 2—5 cm l. Selten. Bach-G.
O. rivulare Turn.
   An Gestein, Bäumen und Holzwerk; nicht im Wasser. 15.
15. Haube stark behaart. 16.
   Haube nackt, oder doch nur mit einigen Härchen. 17.
16. Büchse länglich, walzenf., den Hüllblättern eingesenkt (bei der Abart rupincola fast ganz hervorragend, bei der Abart Sehlmeyeri ganz überragend und lange liegende Stämmchen). Lockere, 2 cm h. Rasen. Nur an Felsgestein, nicht häufig. Fruchtreife im Juni, Juli. Felsen-G.
O. rupestre Schleich.
   — über die Hüllblätter mit sichtbarem Fruchtstiel hinausragend, vor der Reife ungestreift; Deckel mit rothem Saum. Freudiggrüne, ansehnliche, 2—5 cm h. Rasen; besonders an Bäumen, überall gemein. Fruchtreife im Juni, Juli. Prachtvolles G. O. speciosum. N. ab E.
17. Büchse vor der Entleerung mit gold- oder orangegelben Streifen. Der innere Mundbesatz besteht aus 16 Wimpern. 18.
   — — — — fast oder ganz ungestreift. Der innere Mundbesatz besteht aus 8 Wimpern. 19.
18. Büchse zarthäutig, eif., gelbgrün, glänzend, goldgelb gestreift, trocken gefurcht und gedreht. Blätter zugespitzt. Räschen bis 2 cm h., lebhaft-grün. Nicht häufig, in Norddeutschland sehr selten. Fruchtreife im Mai, Juni. Abstehendblätteriges G. O. patens Bruch.
   Büchse auf meist sichtbarem (1—2 mm l.) Fruchtstiel, die Hüllblätter etwas überragend, derbhäutig, länglich-birnf., gelbbraun, mit breiten orangefarbigen Streifen, trocken gefurcht. Haube wenig behaart, zur Zeit der Fruchtreife strohgelb, mit schwarzbrauner Spitze. Blätter trocken straff und aufrecht dicht anliegend. Rasen saft- oder gelbgrün, fast etwas glänzend, 1—2 cm h. Nicht zu häufig. Juni, Juli. Strohgelbhaubiges G. O. stramineum Hnsch.
19. Ansehnliche, lebhaft-grüne, 1—5 cm h., flatterige Rasen. Büchse länglich, bräunlich, kaum gestreift, aber trocken gefurcht; Deckel gelb, mit schmalem, rothem Rande; Haube zart, blaß-grünlich oder bräunlich, schmal, über die halbe Büchse reichend, kaum behaart, mit gebräunter oder brauner Spitze. Die oberen Blätter plötzlich zugespitzt. An Bäumen, Holzwerk, seltener an Gestein; überall gemein. Juni, Juli. Gemeines G. O. affine Schreb.
   Ansehnliche, wenn auch nicht ganz so hohe, straffstengelige Polster oder Räschen, der vorigen Art ähnlich, aber die Büchse ei-birnf., mit längerem Halse und kürzerem Fruchtstiel, daher tiefer eingesenkt; Deckel gelb, mit breiterem, röthlichen Rande; Haube breiter, gelblich bis braun, mit schwärzlicher oder schwarzbrauner, scharfer Spitze. Blätter ei-lanz., kürzer, starrer, trocken steif anliegend, die oberen allmälig

zugespitzt. An Pappeln, Weiden u. s. w.; nicht so häufig als d. v.
Mai. **Gleichgipfeliges** G. O. fastigiatum Bruch.

20. Rasen locker, schlaff aufsteigend, gelbgrün oder bräunlich, breit, 1—2 cm h.
Blätter trocken sehr kraus, auffällig lang und zart, lanz., lang zugespitzt:
Rippe dick, verschwindend oder durchlaufend und dann an der Spitze
mit braunen, stern- oder wimperf. gestellten Zäserchen. In
Küstengegenden: an feuchtstehenden Buchen, seltener an Feldbäumen; für
Deutschland nur in den Nordsee-Ebenen (bei Jever) gefunden. (O. Iutlandicum Brid.) **Blattsprossendes** G. O. phyllanthum Brid.

> Anm. Nur unfruchtbar bekannt, auch an allen außerbeutigen Standorten stets ohne Früchte; aber unverkennbar durch die gekräuselten Blätter mit den braunen kurzen Zasern an der Spitze.

Blattspitze nackt. 21.

21. Blätter in trockenem Zustande verbogen-gekräuselt. Mundbesatz doppelt.
An Waldbäumen. 22.
— mehr oder minder straff, locker anliegend. Mundbesatz doppelt oder
einfach. 24.

22. Blätter trocken verbogen, aber kaum gekräuselt. Büchse länglich-eif.,
ansehnlich, durch den langen Hals keulenf., im entleerten Zustande
aber ist sie sehr verlängert, lang keulenf., etwa 5 mm l., an der Mündung (nicht etwa unter derselben) zusammengezogen; Deckel länger
als bei b. beiden f. Arten. Fruchtstiel mehrere mm bis 1 cm l. Ueberall
häufig. Juli bis Sept. (Ulota Bruchii Hnsch., O. dilatatum Br. et
Sch.) **Engmündiges** G. O. coarctatum B. S.

Blätter stark gekräuselt. Büchse kurz-eif., oder fast kugelf., klein
(etwa 1,5 mm l.), durch den Hals birnf., im entleerten Zustande aber
cylinderf. langgezogen. 23.

23. Blätter aus breitem Grunde lineal-lanz. Büchse entleert unter (nicht an)
der Mündung eingeschnürt, derbhäutig. Mit der vorigen Art oft
beisammen; häufig. August, Septbr. (Ulota crispa Bruch.) **Krausblätteriges** G. O. crispum Hedw.

In allen Theilen kleiner, meist auch kleinere Polster bildend. Blätter kürzer
und breiter als bei d. v. Büchse sehr kurz birnf., entleert weder an
noch unter der Mündung zusammengezogen. Ziemlich häufig.
Mai, Juni (schon durch diese Fruchtzeit v. d. v. zu unterscheiden.) **Gekräuseltes** G. (Ulota crispula Bruch.) O. crispulum Hnsch.

24. Haube höchstens ⅔ der birnf. langhalsigen Büchse deckend, stark behaart.
Blätter trocken anliegend, kaum verbogen, feucht aber sich sparrig zurückschlagend. Fast nur an Bäumen. 25.
— die Büchse ganz (oder fast ganz) deckend. Blätter straff, auch im
feuchten Zustande steif-aufrecht. Fast nur an Steinen oder Felsen. 26.

25. Büchse birn=eif., langhalsig, nur an der stark eingeschnürten Mün=
dung faltig. An Waldbäumen, bes. Buchen; nicht häufig. Fruchtreife
im Sept. Ludwig'sches G. O. Ludwigii Brid.
— länglich=walzenf., bis auf den Grund faltig. 18.
26. Räschen locker, braun= oder schwarzgrün; Stämmchen fast einfach, 1 bis
2 cm h, steif=aufrecht. Büchse rothbraun, kurzhalsig, länglich=eif., trocken
oder nach der Entleerung gegen die Mitte etwas urnenartig eingeschnürt,
16streifig, später faltig; Haube strohgelb oder goldbräunlich mit brauner
Spitze, längsfaltig, schwach behaart, fast kahl. Mundbesatz einfach,
gelblich. An Steinen, Felsen, auch an Bretterwänden, selten an Bäumen;
überall fast gemein. Mai, Juni, Juli. Abweichendes G. O. anomalum
Hedw.
— birn= oder keulenf. (durch den langen Hals), 8=streifig, später faltig;
Haube stark behaart. Mundbesatz doppelt. In Gebirgen, besonders
auf Felsgestein; selten. Juni, Juli. Hutschins'sches G. O. Hut-
schinsiae Hübn.

61. Ptychomitrium Br. et Sch. (Faltenmütze).
(ptychos Falte, mitra Mütze.)

Lockere Rasen, Stämmchen 1—5 cm h. Blätter ansehnlich, aus breitem
Grunde spitz auslaufend, glatt, feucht schlüpfrig, trocken sehr starr, lockig ge=
kräuselt. Fruchtstiel gelb, etwa 8 mm h. Büchse elliptisch, glatt, 2 mm l.,
mit lang geschnäbeltem Deckel. Haube die Büchse zur Hälfte oder mehr be=
deckend, längsfaltig. Mundbesatz besteht aus 22 feinen, am Grunde paarig
verbundenen Zähnen. In Gebirgen an Gestein; ziemlich selten. Vielblätte=
rige F. P. polyphyllum Bruch.

62. Zygodon Hook et Tayl. (Jochzahnmoos).
(Zygos Joch, Paar, odon Zahn.)

Rasen einige cm h., weich und locker, grün. Blätter feucht zurückgekrümmt,
trocken aufgerichtet und verbogen, gekielt, ganzrandig. Haube oft kapuzenf.
und die Büchse mehr oder minder deckend. Büchse ei= oder urnenf., gestreift,
trocken gefurcht oder gefaltet; Hals etwas gedunsen; Deckel schief pfriemlich=
geschnäbelt.
1. Mundbesatz fehlt ganz. Blätter lineal=lanz. oder schmal=lanz., meist haar=
dünn. 2.
— vorhanden und zwar ein doppelter. Blätter dicht gedrängt,
eif., eilanz., oder fast spatelf. Stämmchen 0,2—1 cm h. An
alten Baumstämmen, sehr selten. Kegeldeckeliges J. Z. conoideus
Hook.
2. Fruchtstiel blaß, die Hüllblätter ansehnlich überragend. Büchse
blaß, dunkelstreifig, trocken gefurcht und Büchsenmündung etwas eingezogen.
Stämmchen 0,5—2 cm h., dicht beblättert, Blätter lanz., sparrig zurück=

gekrümmt, trocken locker anliegend. Gedrängte, lebhaft grüne Räschen oder Polster an Gemäuer und Steinen, bes. an Waldbäumen; in Süddeutschland mehrfach gefunden, auch in Thüringen (an Felsen bei Winterstein). Frühling. **Saftgrünes** J. Z. viridissimus Brid.

— die Hüllblätter nicht überragend. Büchsenmündung nach der Entdeckelung sichtlich erweitert. 3.

3. Blätter schmal-lanz., haardünn, bis über 2 mm l., zurückgebogen, trocken kräuselig und aufrecht, mit zurückgerolltem Rande; Zellen hell, glatt, quadratisch. Fruchtstiel so l. als die Hüllblätter. Deckel lang geschnäbelt, von Büchsenlänge. Freudig grüne Rasen an feuchtem Felsgestein, im Süden und Westen Deutschlands; stellenweise (z. B. bei Eisenach) reichlichst, aber sehr selten fruchtend. Sommer. **Mougeot'sches** J. Z. Mougeotii Br. et Sch.

— nicht gerade haarfein, kürzer, Rand zurückgerollt, Zellen dunkelgrün, warzig, quadratisch. Fruchtstiel nicht so l. als die Hüllblätter; Deckel kurz geschnäbelt. Nur auf hohen Gebirgen, bes. den Alpen; selten. Spätsommer. **Lappländisches** J. Z. lapponicus Br. et Sch.

63. Coscinodon Sprengel (Siebzahn).
(coscinon Sieb, odon Zahn.)

Halbkugelige, dichte, von Glashaaren grauschimmernde Polster, wenige mm bis kaum 1 cm h. Büchse eif., blaß-gelbbräunlich; Fruchtstiel nur so l. als die Büchse. Deckel verhältnißmäßig groß, pfriemlich schief-geschnäbelt; Haube glockenf., ³/₄ der Büchse deckend, rostgelblich, längsfaltig. Mundbesatz pomeranzenroth, besteht aus 16 mit je 10—20 Löchelchen durchbrochenen, breiten Zähnen. An nacktem Gestein und Gemäuer in Gebirgen Mitteldeutschlands; ziemlich selten. April, Mai. **Polsterförmiges** C. C. pulvinatus Spreng.

d. Gruppe: Grimmieen.
64. Racomitrium Brid. (Zackenhaube).
(racos Lappen, mitra Haube.)

Lockere, ansehnliche, 2—10 cm hohe Rasen, deren Stämmchen zumeist mit kurzen Aestchen reichlich besetzt und dadurch auffällig charakterisirt sind. Blätter lanz. oder ei-lanz., mit mehr oder minder starker Mittelrippe, höchstens an der Spitze gezähnt; Blattzellen kleinquadratisch, kerbrandig, meist längsreihig mehr oder minder zusammenfließend und dadurch kerbzackige Längsreihen darstellend (was bei der verwandten Grimmia fast nie der Fall ist, welche außerdem durch dichotom verzweigte Stengel, niedrige, kreisrundliche, feste Polsterkissen genugsam sich unterscheidet). Büchse oval oder elliptisch, mit pfriemlich langgeschnäbeltem Deckel. Mundbesatz: 16 meist bis auf den Grund 2—3spaltige Zähne. Fruchtreife im Frühling (bei wenigen Arten schon im Herbst und Winter).

1. Blätter mit stumpfer Spitze, bis an die Spitze grün (d. h. ohne Glashaar). Nur an nassen Felsen, besonders gern an und in Gebirgsbächen an Felsgeröll. 2.
— mit pfriemlich=scharfer, steifer Glasspitze. Büchse kaum 1 mm lang. 5.
— mit langem, schlaffen Glashaar, wodurch diese Rasen einen greisgrauen Schimmer haben. Stämmchen gabelästig sowie reichlich mit verkürzten Aestchen (dadurch oft wie gefiedert). Büchse 1—2 mm l. 6.
2. Polster locker, grün- oder rostbraun bis schwärzlich. Stämmchen von Grund auf reichlich mit verkürzten Aestchen besetzt (welche sich durchaus nicht verlängern.) Blätter schmal=lanz., gefaltet, stumpf zugespitzt, an der Spitze verunebenet; Blattzellen alle lang und schmal, reihig zusammenfließend. Büchse oval oder gestreckt, braun, glatt, mit wenig verengter Mündung; Deckel kürzer als die Büchse. An feuchten Felsen subalpiner und alpiner Höhen; selten. Büschelästige H. R. fasciculare Schrad.
Stämmchen gabelästig, Aeste alle gleich hoch. Blätter mit zungenf.= stumpfer Spitze; die oberen Blattzellen rundlich=viereckig, winzig, am Blattgrunde schmal und lang. 3.
3. Lockere, flach=gestreckte, grünlich=braune oder gelbgrüne Polster; Stämmchen aufsteigend, schlaff, 2 cm — 1 dm l., mit gekrümmten Gabelzweigen, abwärts schwarzbraun und fast blattlos, aufwärts dicht beblättert. Blätter lang=lanz., dicht anliegend, feucht plötzlich zurückgeschlagen und abstehend; Zellen auch am Rande des Blattgrundes quadratisch. Büchse eif., gelblich, dann braun, etwas faltig gerunzelt, am im feuchten Zustande ge= krümmten, gelblichen (etwa 1 cm l.) Fruchtstiel hängend. Haube kaum $\frac{1}{5}$ der Büchse deckend. An Felsen und Blöcken gern in und an raschen Gebirgsbächen und Wasserfällen; ziemlich selten. Abstehend= blättrige Z. R. patens Dicks.
— Fruchtstiel gerade, mit aufrechter Büchse. Blattzellen am Blattgrunde lang und schmal. 4.
4. Polster dunkel= oder schwarzgrün, locker, etwas flatterig, 2—6 cm h., liegend=aufsteigend. Blätter ei=lanz., etwas gefaltet, mit zähnig= oder warzig=besetzter Spitze. Büchse etwa 2 mm l., länglich=eif., braun, engmündig, trocken fast faltig, auf etwa 1 cm l. Fruchtstiel; der pfriemlich geschnäbelte Deckel fast so l. als die Büchse. In allen Gebirgen, an überrieseltem Gestein der Bäche; ziemlich häufig. Nadel= schnäbelige Z. R. aciculare Brid.
— gelbgrün oder braungrün bis rothbraun (bes. abwärts), sonst dem v. ähnlich. Blätter lang, zweifaltig, die Spitze ohne Zähnchen und Wärzchen. Büchse eif. oder lang=elleptisch, braun, glatt und fettglänzend; der pfriemlich=geschnäbelte Deckel kürzer als die Büchse. Vorkommen wie b. v., bes. gern an Wasserfällen. Wasserliebende

3. (R. protensum A. Braun, R. cataractarum Brid.) R. aquaticum Brid.

5. Polster breit, locker, 2—4 cm h., gelblich grün, abwärts geschwärzt, gabelästig. Zweige mit den trocken locker-anliegenden Blättern etwa 1—2 mm dick, mit verkürzten Aestchen. Blätter feucht aufrecht-abstehend bis zurückgekrümmt, nur 1—2 mm l., mit starrer, gezähnter Haarspitze. Büchse eif. oder elliptisch, gelblich, später gelbbraun, mit kurz geschnäbeltem, rothem Deckel; Fruchtstiel etwa 1 cm l. An nassen Felsen; nicht zu häufig. **Kleinfrüchtige Z.** R. microcarpum Hedw.

   Anm. Man verwechsele diese Art nicht mit einigen Abarten von R. heterostichum, deren Blätter ein sehr kurzes Glashaar haben, aber schon durch die bedeutend größere Büchse genugsam sich auszeichnen.

   Polster angenehm grün. Stämmchen gabelästig, mit gleichhohen Aestchen. Blätter etwas derber, größer, 2—3 mm l. Büchse robuster. Selten auf den Alpen und massenhaft im Riesengebirge, am Elbfall. R. sudeticum. Br. et Sch.

   Anm. Dürfte nur als Abart von R. microcarpum zu beurtheilen sein.

6. Rasen locker, matt gelbgrün oder ockergelb, völlig glanzlos, steifaufrecht, 2—5 cm h.; Stämmchen vom Grunde auf mit sehr kurzen Aestchen reich besetzt (meist alternirend-fiederig). Blätter lanz., völlig glanzlos (auf beiden Seiten fein-warzig-rauh), mit schwächlicher Rippe, unregelmäßig gefaltet, trocken locker anliegend, feucht zurückgekrümmt; Rand bis zur Spitze eingerollt. Glashaar lang, sehr schlaff, fein ausgenagt oder kleingezähnt, auf beiden Seiten dicht mit Papillen besetzt. Büchse lang-elliptisch, etwas gestreift, trocken gefurcht. Deckel pfriemlich geschnäbelt, fast länger als die Büchse. Auf der Erde, in Haiden, Triften und Wäldern (besonders Kieferwäldern), daselbst bes. auf sandigem Boden, oft weite Strecken überziehend; in der Ebene sowie in Gebirgen sehr gemein. **Graublätterige Z.** R. canescens Hedw.

   Abart: ericoides Br. et Sch., die büscheligen Aestchen vom Grunde auf reichlich und fiederig vorhanden. Ueber 5 cm hoch.

   Nur an Felsen und Blöcken oder zwischen Geröll. Blätter glatt (nicht warzig-rauh). 7.

7. Polster locker, weich, gelbgrün oder blaßgrün, hoch, ansehnlich; Stämmchen 0,4—1,5 dm l., sehr schlank, aufrecht oder liegend-aufsteigend, mit 2—3 Hauptzweigen, welche mit kurzen Aesten fiederig besetzt sind. Blätter ei-lanz., etwa 3 mm l.; Blattrand nicht eingerollt; Rippe stark, bis in die Blattspitze laufend. Glashaar lang, buchtig ausgezähnt (die Zähne derb, fast wagerecht und dicht mit Papillen besetzt. Büchse eif., klein (kaum 1 mm l.); der pfriemlich geschnäbelte Deckel ziemlich so l. als die Büchse; der meist leicht gebogene Fruchtstiel kurz, warzig-rauh. Haube blaßgelblich. Im Gebirge: an Felsen und Blöcken (gern unter etwas Gebüsch), oder zwischen Haide-

kraut, auf Geröll; ziemlich häufig; hie und da auch in der Ebene. Zottige Z. R. lanuginosum Hedw.

— locker, breit, an sonnigen Plätzen gelbgrün, an feuchten oder schattigen Orten dunkel- bis schwarzgrün, abwärts (d. h. innen) dunkel schmutzigbraun; Stämmchen nur 2—4 cm h., mit von Astbüschelchen unregelmäßig besetzten Hauptzweigen. Blätter lanz., etwa 2 mm l., zart-längsfaltig, mit starker, bis in die Spitze laufender Spitze, Blattrand bis zur Spitze eingerollt; mit entfernt gezäheltem, nicht mit Papillen besetztem Glashaar. Büchse elliptisch-walzenf. (etwa 2 mm l.), der pfriemlich geschnäbelte Deckel etwa halb so l. als die Büchse; Haube bräunlich; Fruchtstiel glatt, gerade, etwa 1 cm l. In allen Gebirgen häufig; hie und da auch in der Ebene. Einseitswendige Z. R. heterostichum Hedw.

Abart: alopecurum an nassen, schattigen Plätzen, bis 8 cm l., mit vielen büschelig-ästigen Zweigen. Blätter mit nur kurzer Haarspitze. Büchse etwas kleiner.

65. Gümbelia Hampe (Gymbelie).
(Gümbel Schuldirektor in Landau, † 1858.)

Kleine, halbkugelige, feste, düstere Pölsterchen, von (meist gezähnten) Blatthaaren eisgrau schimmernd; an Blöcken und Felsen. Büchse eif., braun, 1 mm l.; Haube kapuzenf.; Mundbesatz einfach, Zähnchen lanz., etwas durchbrochen. Fruchtstiel gelb. Frühling. Nur in Gebirgen.

1. Frucht auf aufrechtem Fruchtstiel gerade. 2.
— auf gekrümmtem Fruchtstiel hängend. 4.
2. Niedrige, dichte, meist düstere Polsterkissen. Büchse bräunlich, sehr glatt, elliptisch, auf kurzem Fruchtstielchen kaum über die Hüllblätter gehoben; Deckel klein, aufrecht, stumpf-kegelf. Ring dreifach. An alpinen Felsen. Sommer. Leicht mit Grimmia obtusa zu verwechseln. Alpen-G. G. alpestris Hampe.

Deckel schief geschnäbelt. Ring einfach oder mehrreihig. 3.
3. Niedrige (kaum bis 1 cm h.), dichte Polsterkissen. Büchse winzig, oval, gelblich, bald rothbraun, sehr glatt, auf kurzem Fruchtstielchen kaum über die Hüllblätter gehoben. Ring einfach. An Felsen; ziemlich selten. Bergliebende G. G. montana Hampe.

Lockere, halbkugelige, 1—2 cm h. Polsterkissen. Blätter schmal-lanz., trocken etwas sparrig zurückgekrümmt, am Rande und Rücken mit glashellen Wärzchen. Büchse auf etwa 1 cm l. Fruchtstiel weit über den Rasen erhoben; Ring sehr breit, 3—4reihig. An Blöcken und Felsen von Granit, Schiefer, Sandstein u. s. w.; in allen Gebirgen. Verschiedenartige G. (Grimmia commutata Hübn. Gr. ovalis C. Müller. Gr. elliptica Fic.) G. commutata Rabh.

4. Büchse kugel-eif., auf kaum 1 mm l. Fruchtstiele nickend-hängend den Hüllblättern fast eingesenkt; Ring breit, aus 3 Zellenreihen bestehend. An Kalkmauern, nur im südwestlichen und westlichen Deutschland. **Haarige G.** G. crinita Hampe.
— eif., fast kugelig, auf einige mm l. Fruchtstiele hängend, über die Hüllblätter emporgehoben; Ring schmal, einreihig. An Kalkfelsen und Gemäuer, nur im südwestlichen und westlichen Deutschland. **Kissenförmige G.** G. orbicularis Hampe.
 Anm. Eine durch äußere Tracht mit Grimmia pulvinata leicht zu verwechselnde Art.

66. Grimmia Ehrh. (Grimmie, Kissenmoos).
(J. F. K. Grimm, Arzt in Gotha und Herausgeber einer Flora von Eisenach, † 1821.)

Nur an Gestein. Halbkugelig-kissenf. dichte Polster, meist von Glashaaren mit grauem Schimmer. Stämmchen einfach, oder gabelig gleichhoch verzweigt; abwärts spärlich, aufwärts fast schopfig beblättert. Büchse eingesenkt oder auf bis 1 cm l. (meist gelbem) Fruchtstiel hervorgehoben; Haube glockig, sehr klein.*) Mundbesatz einfach, besteht aus breit-lanz., mehr oder minder durchlöcherten Zähnen Fast nur in Gebirgen (mit Ausnahme der allerorten ganz gemeinen Gr. pulvinata).

1. Blätter in trockenem Zustande spiralig um den Stengel gelegt, so daß derselbe dann ein sehr zierlich schnurartig-gedrehtes Aussehen hat. Früchte sehr selten, an gekrümmt-übergebogenem Fruchtstiel. 2.
— etwas abstehend oder aufrecht anliegend, gerade oder etwas verbogen. 3.
 Anm.: Blätter stark gekräuselt; siehe 13.
2. Rasen tiefbraun, nur an den Spitzen gelbgrünlich; Stämmchen 2—4 cm h. und schlank. Blätter kurz-lanz., gespitzt, aber ohne Glashaar. Früchte bisher nur auf Island gefunden. In den Alpen, hie und da auch in deutschen Gebirgen (z. B. Harz im Bodegebiete.) **Drehblättrige Gr.** Gr. torquata Grev.
— dunkelgrün, meist halbkugelige Polster bildend; Stämmchen 1—3 cm h., fast fadenförmig schlank. Blätter lanz., mit kurzem Glashaar. Nur auf den Alpen über der Baumgrenze. Juli, August. **Spiralblättrige Gr.** Gr. spiralis. Br. et Sch.
3. Blätter wehrlos (d. h. ohne Glashaar und Glasspitze). Selten 4.
— mit Glashaar oder (wenigstens unter der Lupe) merklicher Glasspitze. 6.
4. Blattrand vom Grunde bis zur Mitte zurückgerollt. Fruchtstiel gekrümmt-übergebogen. Siehe Racomitrium patens.

---
*) Da die Gattung Gümbelia nur durch kapuzenf. Haube sich von Grimmia wesentlich unterscheidet, ist in vorliegender Tabelle auch auf die betreffenden Arten von Gümbelia und noch einige andere äußerlich ähnliche Gattungen verwiesen.

— zurückgerollt. Fruchtstiel völlig fehlend, daher die Früchte stiellos eingesenkt. In oder bei Gewässern, oder an trockenem Gestein und Gemäuer (auch im Flachlande). Siehe die Gattung Schistidium.
— flach. Stengel und Blätter schwarz, sehr ansehnliche Polster bildend. Fruchtstiel gerade-aufrecht, einige mm l. 5.

5. Rasen schwarz oder schwarzgrün, oft purpurn angeflogen, steif; Stämmchen 2—6 cm l., liegend-aufsteigend, vielverzweigt, mit gleichhohen Aesten und fädigen, winzigblätterigen Seitentrieben. Blätter stumpf zugespitzt, 1—2 mm l., mit durchlaufender Rippe; Blattzellen abwärts längsreihig verschmolzen, am Grunde rechteckig und weiter. Büchse strohgelb; Deckel orange, geschnäbelt; Fruchtstiel bis 1 cm h. Fast nur auf den Alpen und auch da sehr selten; steril im Harze auf dem Brocken. Sommer. Einfarbige Gr. Gr. unicolor Grev.

Abart ist Gr. affinis: Blätter aus breit-eif. Grunde lanz., mit sehr langem Glashaar. Nur auf den Alpen über der Baumgrenze.

— schwarz, nur gegen die Spitzen hin gelb oder dunkelgrün; Stämmchen 2—6 cm l., bis auf den Grund beblättert, mit langen Seitenästen. Blätter länglich-eif., spitz, braun, später schwarz; am Blattrande abwärts einige hellere Zellen. Büchsendeckel kurz- und schiefgeschnäbelt; Fruchtstiel strohgelb, dick, wenige mm l. Nur auf den Alpen über der Baumgrenze. Herbst. Schwarze Gr. Gr. atrata Mielichh.

6. Büchse stiellos den Hüllblättern eingesenkt, oder doch kaum etwas sie überragend (wenigstens ist der Fruchtstiel nicht so l. als die Büchse). 7.
— auf einige mm bis 1 cm h. Stiel emporgehoben (Fruchtstiel mindestens so l. oder weit länger als die Büchse). 11.

7. Büchse kugelrund; Mundbesatz fehlt oder doch fast völlig verkümmert. Blattzellen am Blattgrunde, in den Blattwinkeln und längs der Rippen langgestreckt. Blattrand eingerollt. (Es ist die von Rabh. aufgestellte Gattung Anodon). 8.
— eif. oder länglich; Mundbesatz vorhanden. Blattrand meist flach. 9.

8. Polsterchen dicht, wenige mm bis 1 cm h., schwarzgrün oder schmutziggrün, von langen Glashaaren eisgrau schimmernd. Blätter breitlanz. mit oben zurückgerolltem Rande, breitem, undeutlich gezähntem Glashaar. Büchse kugelf., entdeckelt urnenf., faltig; Deckel mit zitzenförmiger Spitze. An Felsen und Gemäuer; in den Alpen, auch im Harz (unweit der Roßtrappe). April, Mai. (Gr. pulvinata Rabh.) Kugelfrüchtige Gr. Gr. sphaerica Br. et Sch.
Büchse unsymmetrisch (einseitig-bauchig), übergebogen. Blätter eif., die oberen breit-eif., zugespitzt, mit gezähneltem Glashaar. In Tracht der v. sehr ähnliche Art. Besonders in den Alpen, aber hie und da auch auf deutschen Gebirgen, an Felsen und Gemäuer. März, April. Bauchfrüchtige Gr. Gr. ventricosa Rabh.

9. Büchse kurz gestielt (Fruchtstiel so l. oder länger als die Büchse), symmetrisch. Blätter schlank-lanz. Siehe Gr. obtusa.
— kaum oder gar nicht gestielt:
  a. Büchse völlig symmetrisch. Siehe die Gattung Schistidium oder Gr. tergestina.
  b. unsymmetrisch (nämlich einseitig-bauchig). 10.
10. Polsterchen fest und dicht, überzugartig, bräunlichgrün, 0,4—1 cm h. Blätter breit-eif., die unteren gerundet-stumpf, die oberen etwas gespitzt, mit sehr kurzem Glashaar. Büchse ansehnlich, eif., mit fein punktirten Zähnen des Mundbesatzes, kugeliger, tiefgelappter Haube. Besonders an Sandsteinfelsen; selten. Spätherbst bis Anfang Frühling. Gr. plagiapodia Hedw.
— mit sehr langem Glashaar. Siehe Gümbelia crinita.
11. Fruchtstiel gekrümmt-übergebogen, daher mit hängender Frucht. 12.
— gerade-aufrecht, mit aufrechter Frucht. 19.
12. Büchse glatt, oder fast glatt. Auf den Alpen. 13.
— gestreift, im reifen (oder trockenen) Zustande gefurcht (d. h. faltiggerieft). 16.
13. Polsterchen nur wenige mm h., saftgrün, eisgrau schimmernd. Blätter klein, schmal-lanz., hin und her gebogen, meist einseitswendig, mit langem, fast glattem Glashaar. Büchse winzig, eif., zart, glatt, blaßgelblich; Deckel orange, kegelf., abgestumpft. Fruchtstiel kurz. In den Alpen auf Sandstein- oder Schieferfelsen, außerdem im Harz bei Blankenburg am Regenstein; sehr selten. März. (Gr. arenaria Hampe.) Gekrümmtblättrige Gr. Gr. curvula Bruch.
— Polster 1—5 cm h. 14.
14. Polsterchen unregelmäßig, locker, niedergedrückt, schmutzig- oder schwarzgrün, niedrig, abwärts mit rothbraunem Wurzelfilz. Blätter aus lanz. Grunde pfriemlich ausgezogen; wehrlos oder mit glasartigem Stachelspitzchen, abstehend, gekrümmt, trocken stark gekräuselt. Blattzellen grün, rundlich-quadr., abwärts am Rande, sowie am Grunde rechteckig (3—4mal so l. als br.) und wasserhell. Büchse winzig, zart, blaßbraun; Deckel kegelf. (ungeschnäbelt), orange. Fruchtstiel wenig über die Hüllblätter ragend, nur leicht gekrümmt, trocken völlig aufrecht. Auf den Alpen und in süddeutschen Gebirgen (Fichtelgeb. auf dem Schneeberg, Riesengeb. auf der Schneekoppe), an Rissen und Vertiefungen von Quarzfelsen; sehr selten. Früchte selten, reifen im Frühling. (Gr. uncinata Kaulfuss.) Krausblättrige Gr. Gr. contorta Brid.
— grün oder gelbgrün, meist mit grauem Schimmer; Blätter mit gezähntem Glashaar. 15.

Anm.: Blätter völlig ohne Glashaar und Glasspitze, siehe Schistidium maritimum.

15. Polster locker, gelbgrün, weißgrau schimmernd, 2—5 cm h. Blätter schmal=lanz., trocken kraus=verbogen, mit eingerolltem Rande, langem, scharfgezähntem Glashaar. Mundbesatz roth, mit ganzen Zähnen. Fast nur auf den Alpen und auch da selten. April, Mai. Krummblätterige Gr. (Gr. Mühlenbeckii Schpr.) Gr. incurva Schwaegr.

— lebhaft grün, 1—2 cm h. Blätter lanz., gerade, mit kurzem Glashaar. Mundbesatz gelblich oder braun, mit bis zur Mitte ge= spaltenen Zähnen. Nur in den Alpen über der Baumgrenze; sehr selten. Juli, August. Spitzblätterige Gr. Gr. apiculata Br. et Sch.

16. Stämmchen 2—6 cm l., schlaff, wenig verzweigt, vom Grunde auf mit dichter, tiefbrauner, nur an den Spitzen gelblichgrüner Beblätte= rung; lockere, liegend=aufsteigende Rasen bildend (von Aussehen eines Racomitrium). Blätter mit langem Glashaar. Perichätialblätter länger als der Fruchtstiel, welcher deßhalb seitlich durch diese hervor= tritt. 17.

— 2—4 cm l., bogig aufsteigend, starr, schlank, vom Grunde auf gleich= mäßig beblättert, feucht mit fast wagerecht abstehenden, trocken etwas verbogenen, aufrecht=angedrückten Blättern. Blätter lanz., 2—3 mm l., mit oft kaum merklicher, gezähnter Glasspitze. Blattrand schmal zurück= gerollt, Rippe kurz vor der Glasspitze verschwindend. Blattzellen klein, durchsichtig, rundlich=quadratisch, mit gekerbten Wandungen, am Grunde elliptisch (etwa 3 mal so l. als br.). Lockere, dunkelgrüne bis gelblich= grüne, ausgebreitete Rasen (wie feste halbkugelige Polster). An Felsen, erratischen Blöcken; ziemlich selten (mehrfach auf der nordwestl. Hälfte des Thüringer Waldes, an der Kalbe des hohen Meißner, an der Milse= burg im Rhöngebirge, am Rhein bei Eupen). Hartmann'sche Gr. Gr. Hartmanni Schpr.

Anm.: Da es in Deutschland nur ohne Früchte vorkommt, ist es von Anfängern leicht zu verkennen und vielleicht vielfach übersehen.

— kaum bis 2 cm l., mehr oder minder dichte, halbkugelige Polster bil= dend. Blätter mit langem Glashaar. 18.

17. Stengel abwärts schwärzlich und blattlos, oben dunkelgrün und dicht be= blättert. Blätter lanz., mit langem, stark gesägtem Glashaar; etwas zurückgekrümmt, trocken aufrecht=angedrückt. Büchse 8riefig; Deckel geschnäbelt, rothbraun; Zähne des Mundbesatzes bis auf den Grund ge= spalten, purpurroth. Einhäusig. In allen Gebirgen Nord= und Mittel= Deutschlands, aber nirgends häufig. März, April. Fadenstengelige Gr. Gr. funalis Br. et Sch.

— ebenso, aber kleinere Blätter mit langem, undeutlich gezähneltem Glashaar. Büchse 10riefig, Deckel etwas geschnäbelt; Mundbesatz purpurfarben. Zweihäusig. Nur in den Alpen. — Dem vorigen habituell sehr ähnlich, aber die Rasen mehr von braungrauer Färbung. Frühling. **Hochstengelige Gr.** Gr. elatior Br. Eur.

18. Dichte, halbkugelige, 1—2 cm h., graugrüne Polsterkissen, welche aber meist doch leicht auseinanderfallen. Blätter breit=lanz., gekielt, feucht aufrecht=abstehend, mit langem, kurzgezähntem Glashaar; Blattrand etwas umgerollt; Blattzellen quadratisch und ganz am Blattgrunde gestreckt (etwa doppelt so l. als br.) und durchsichtig. Büchse eirund, gelblich, dann bräunlich, trocken stark 8faltig; Deckel langgeschnäbelt, purpurn; Haube fast nur den Deckel bedeckend. Mundbesatz purpurroth, besteht aus breit=lanz., meist breifach gespaltenen Zähnen. Fruchtstiel gelb, ruthenartig gebogen. **Im Gebirge, sowie besonders in der Ebene überall gemein: auf Planken, Steinen, Mauern, Dächern.** Frühling. **Gemeine Kissen=Gr.** Gr. pulvinata L.

Lockere, hell= oder gelblichgrüne, zuweilen gebräunte, unregelmäßige, niedrige Polsterchen. Stämmchen aufsteigend, nur 0,2—2 cm l. Blätter schmal=lanz., mit kurzem, fast glattem Glashaar. Büchse klein, scharf 8riefig; Deckel rothbraun, mit ockergelbem Schnabel; Zähne des Mundbesatzes bis zur Mitte gespalten, orange. **An Felsen, Steinen und Mauern; selten.** April, Mai. **Haarblätterige Gr.** Gr. trichophylla Grev.

19. Büchse auf kurzem Fruchtstielchen, die Hüllblätter kaum überragend) Fruchtstiel bei flüchtigem Blick oft kaum wahrnehmbar). Deckel stumpf oder geschnäbelt. 20.
— auf mehrere mm bis 1 cm h. (bestens sichtbarem) Fruchtstiel die Hüllblätter überragend. Deckel stets geschnäbelt. 23.

20. Haube rostgelb, ³/₄ der Büchse bedeckend. Die Zähne des Mundbesatzes siebgitterig (mit etwa je 10—20 Löchelchen) durchbrochen. Siehe die Gattung Coscinodon.
— höchstens die halbe Büchse bedeckend. Die Zähne des Mundbesatzes wohl etwas gespalten, aber nicht eigentlich durchlöchert. 21.

21. Stämmchen nur wenige mm bis kaum 1 cm h.; trüb= bis düstergrüne, meist flach=halbkugelige Polsterchen. Blätter klein, schmal=lanz., mit gezähntem Glashaar, flachem Rande; Zellen der unteren Blatthälfte oder doch am Blattgrunde schmal und lang (weit über 3mal so l. als br.). Büchse zarthäutig, blaß=gelbröthlich oder gelbbräunlich; Deckel aufrecht=kegelf. (zitzenf.), stumpf, orange; Haube mützenf. **In allen Gebirgen ziemlich häufig.** Juli, August. **Stumpfdeckelige Gr.** (Gr. Doniana Smith.) Gr. obtusa Schwaegr.

Haube kapuzenf. (d. h. seitlich aufgeschlitzt). 22.

22. Deckel stumpf kegelf. Siehe Gümbelia alpestris.
— pfriemlich schief geschnäbelt. Siehe Gümbelia montana.

23. Rasen schlaff hingestreckt, locker. Blattzellen kerbt=wandig. Siehe Racomitrium microcarpon.
— polster= oder kissenf., dicht. Blattzellen durchaus nicht kerbt. 24.

24. Polſter freudiggrün, gelbgrün oder ſchwärzlich. Blätter aus länglich-eif.
Grunde lanz., mit kurz gezähntem Glashaar, eingerolltem Rande; Blattzellen am Blattgrunde, beſonders in den Blattwinkeln bis zur Mitte des Blattrandes langgeſtreckt. Büchſe oval oder elliptiſch; Deckel braun, mit kurzem, geradem oder ſchiefem Schnabel; Mundbeſatz purpurroth. Fruchtſtiel etwa 3 mm l. In den Gebirgen faſt häufig; auch in der Ebene an erratiſchen Blöcken, aber ſelten. Herbſt. **Eifrüchtige Gr.** Gr. ovata Web. et M.

— Blätter mit ſcharfgezähntem Glashaar, flachem Rande. 25.

25. Polſter dicht, niedrig, ſchmutzig- oder ſchwärzlichgrün, eisgrau ſchimmernd; Stämmchen faſt einfach, mit vereinzelten, kurzen, keulig-verdickten Aeſtchen. Blätter eif. oder lanz., **mit langem, breitem Glashaar, welches am Blattrande charakteriſtiſch eine kleine Strecke herabläuft; Blattzellen alle quadratiſch** (auch am Blattrande, oder daſelbſt doch nur doppelt ſo l. als br.). Büchſe eif., rothbraun; Deckel mit aufrechtem, kurzem oder langem Schnäbelchen; Mundbeſatz purpurroth. Fruchtſtiel ſteif, einige mm l. In allen Gebirgen an Felſen, doch nirgends häufig; in der Ebene ſehr ſelten. Frühling. **Weißſchimmernde Gr.** Gr. leucophaea Grev.

— Blätter mit kurzem, nicht herablaufendem Glashaar; Zellen am Blattgrunde ſchmal, langgeſtreckt. Deckel ſchief geſchnäbelt. Siehe Gümbelia commutata.

67. Schistidium Brid. (Spaltzahn).
(schistos geſpalten.)

Kleine oder größere Raſen und Polſter von meiſt braun- und dunkelgrüner Färbung. Blätter aus eif. Grunde verlängert, meiſt mit kurzer Glashaarſpitze. Büchſe eingeſenkt, faſt verſteckt in den Gipfelblättern, wenig über mohnkorngroß, rundlich, weitmündig; Deckel breit gewölbt, kurz und ſchief geſchnäbelt; Mundbeſatz einfach, aus lanz., gegen die Spitze oft durchlöcherten Zähnen beſtehend, welche trocken abſtehen, feucht ſich nach innen krümmen.

1. Dichte, faſt braunſchwarze, krauſe Polſterchen, 0,5—1,5 cm h. Blätter trocken ſichelf. zurückgebogen, beſ. die unteren ſehr gekräuſelt. An erratiſchen Granitblöcken der norddeutſchen Küſten (beſ. von Schleswig-Holſtein), aber auch da nicht häufig. (Grimmia maritima Turn.) (Grimmia rigida Brid.) **Seeküſten-Sp.** Sch. maritimum Bruch.

— Blätter nicht gekräuſelt, ſondern ſtraff und kaum verbogen. 2.

2. Polſter lebhaftgrün, ſehr dichtgedrängt, nur 0,4—1 cm h. Blätter mit ſtark gezähntem Glashaar. Büchſe eif., Mundbeſatz orangefarbig. An Felsgeſtein oder Gemäuer mittel- und ſüddeutſcher Gebirge faſt häufig; in norddeutſchen Gebirgen ſelten. (Grimmia conferta Funk.) **Dichtraſiger Sp.** Sch. confertum Br. et Sch.

— locker, dunkel, braun- oder schmutziggrün, 1—8 cm h. Blätter (wenigstens die oberen) mit kurzem, spärlich gezähntem Glashaar; Mundbesatz purpurfarbig, ansehnlich. An Bäumen, Steinen, Planken u. s. w. allenthalben gemein. Früchte reichlich, reifen Anfang Frühling. (Grimmia apocarpa Hedw.) Gemeiner Sp. Sch. apocarpum L.

Abarten: rivulare Schwaegr., an Steinen in Bächen fluthend. Ansehnliche, 3—8 cm l., reich verzweigte Stämmchen. Blätter ohne Glashaar; Früchte fast kugelig, 1 mm l. und br. Selten; nicht zu verwechseln mit dem ähnlichen Cinclidotus fontinaloides.

gracile Schwaegr., in Gebirgen an Gestein und Gemäuer. Mit niederliegenden, schlanken, 2—6 cm l., verzweigten Stengeln, einseitswendigen Blättern. Häufig.

68. Hedwigia Ehrh. (Hedwigie).
(Joh. Hedwig, berühmter Bryologe und Prof. in Leipzig, † 1799.)

Stämmchen 2—10 cm l., gabelig verzweigt, schlank. Rasen locker, weißgrünlich, meergrün oder schmutzig- (bis schwärzlich-) grün; Blätter oft angedeuteteinseitswendig, aus etwas herablaufendem Grunde ei-lanz., ohne Rippe, an der Glashaarspitze etwas gezähnelt. Büchse fast ganz stiellos, haselnußf., gelbbraun, mit orangem Mündungssaume; Mundbesatz fehlt. Früchte reichlich vorhanden, auf kurzen, schopfartigen Seitensprossen. An Gestein sehr häufig, in Gebirgen wie in der Ebene aller Orten. Früchte stets vorhanden, reifen im Mai, Juni. Bewimperte H. H. ciliata Dicks.

Abarten: leucophaea Br. et Sch., Blätter weit hinab weiß, ohne Chlorophyll, lang behaart.

viridis Br. et Sch., Blätter durchweg grün, fast wehrlos.

e. Gruppe: Cinclidoteen.
69. Cinclidotus P. B. (Ufermoos).
(cinclis Gitter.)

In Gebirgsflüssen an Steinen; 1—2 dm l., reich verzweigte, düster- bis schwarzgrüne oder schwarze, fluthende Büschel. Büchse derb, gedunsen; Deckel kegelf. zugespitzt; Haube kapuzenf., schmutzig-braun. Mundbesatz dunkelroth, einfach, besteht aus 16 Zähnen, welche am Grunde zu einer siebgitterig durchlöcherten Membran verwachsen, oberwärts fädig gespalten und knotig gegliedert sind; trocken krümmen sie sich zu einer Kuppel ein. Dies Moos hat in seiner fluthend büscheligen Tracht große Aehnlichkeit mit Fontinalis, die Fruchtzweige mit Schistidum rivulare.

1. Blätter allseitig abstehend, breit-lanz., mit stumpfer Spitze oder kurzem Stachelspitzchen. Büchse länglich-walzenf., kaum gestielt den Hüllblättern eingesenkt, auf kurzen Seitenästchen oft kopfartig gehäuft. An Steinen unter raschen Wassern, bes. im Süden, aber auch in der Elbe,

Mulde, Saale u. f. w. Quellenmoosähnliches U. C. fontinaloides Hedw.

— Büchse gebunsen-eif., auf straffem Stielchen wenigstens über die Hüllblätter gehoben. In Flüssen und Bächen der Alpen. 2.

2. Blätter eigenthümlich metallisch-schwarzglänzend, länglich-zungenf., abgestumpft, allseitswendig, auch feucht nur wenig abstehend. Büchse gipfelständig. C. riparius Host.

Blätter angenehm grün, einseitswendig, lanz.-pfriemlich. Büchse auf seitlichen Aestchen, glänzend kirschbraun, nicht gehäuft; Mundbesatz sehr vergänglich. In Bächen der Kalkgebirge. Wasserbewohnendes U. C. aquaticus L.

12. Fam. Dicranaceen.

a. Gruppe: Dicraneen.

70. Campylopus Brid. (Drehfuß).
(campylos gebreht, pus Fuß.)

Rasen gelbgrün, grün oder graugrün, dicht, meist glänzend, 1—3 cm h., mit steif-zerbrechlichen Blättern. Haube kapuzenf., am Grunde gefranst; Fruchtstiel schwanenhalsig gebogen, blaß. Auf Torf- und Waldboden, oder an Felsen. Frühling.

1. Rasen und Stengel schwächlichen Exemplaren von Polytrichum piliferum ähnlich. Blätter mit steifem, weißlichem Glashaar. Mit keiner anderen europäischen Art zu verwechseln. Nächster Standort Südtirol bei Meran im Grobhachthale an Granitfelsen. Polytrichumähnlicher Dr. Campylopus polytrichoides de Not.

— von völlig anderem Aussehen. 2.

2. Rasen 1—3 cm h., gelbgrün; Stengel fast bis zur Spitze mit rothem Wurzelfilz. Blätter lanz.-pfriemlich, mit geöhrtem (nicht herablaufendem) und stark gehöhltem Grunde, fast glattem Rücken; meist einseitswendig. Büchse eif. oder länglich, mit buckeligem Rücken. Auf Waldboden, auch an Felsen; selten Bogiger Dr. (Th. flexuosum Schpr.) Campylopus flexuosus L.

Blätter mit ziemlich flachem Grunde. Büchse symmetrisch. 3.

3. Rasen 1—2 cm h., dicht, ohne Wurzelfilz. Blätter borstenf., locker gestellt. Auf torfigem und moorsandigem Haideboden; selten. (Dicranum pyriforme Schultz.) Torfbewohnender Dr. Campylopus turfaceus Br. et Sch.

Anm. Gleichfalls auf moorerbigem Haideboden und mit C. turfaceus untermischt kommt in Schleswig Campylopus brevipilus Br. et Sch. vor, unterschieden durch niedrige, dichte Rasen und sehr steife, rauhe Blatthaare.

— nur bis 1 cm h., am Grunde intensiv rothfilzig. Blätter sehr zerbrechlich, kürzer, lanz.-pfriemlich, dicht gestellt, mit weißem

Grunde. Gern in den Ritzen feuchter Granit- und Sandsteinfelsen; selten. (Dicranum Funcki C. M.) **Zerbrechlicher Dr.** Campylopus fragilis Dicks.

71. Dicranodontium Br. et Sch. (Gabelzahnmoos).
(dicranos zweihörnig, odon Zahn.)

Rasen bräunlich- oder gelblichgrün, 2—8 cm h., dicht, etwas glänzend, am Grunde mit rothbraunem, dickem Filz. Blätter glänzend, aus breitem, kurzem Grunde lang pfriemlich-borstenf., einseitswendig und sichelf. Büchse länglich, auf schwanenhalsig niedergebogenem Fruchtstiel; Deckel pfriemlich lang-geschnäbelt. Mundbesatz bis auf den Grund gespalten. An feuchtem Waldboden am Grunde alter Stämme, zwischen Wurzeln und Gestein. Nicht zu häufig, in der Ebene sehr selten. Oktober, November. **Langschnäbeliges G.** (Cynodontium longir. Schwaegr., Didymodon longir. Web. et M.) D. longirostre Web. et M.

72. Dicranum Hedw. (Großes Gabelzahnmoos).
(di doppelt, ceras Horn.)

Glanzblätterige, ansehnliche, bis über 1 dm h., abwärts wurzelfilzige Rasen. Blattzellen meist langgestreckt. Büchse mindestens 1 mm l., länglich-eif. oder walzenf., mit sehr lang geschnäbeltem Deckel; Haube geschnäbelt-kapuzenf. Mundbesatz purpurroth, einfach, besteht aus 16 lanz., meist bis zur Mitte gespaltenen (also 2- oder auch 3-hörnigen) Zähnen, welche außen zart gestrichelt, innen querbalkig gegliedert sind; trocken neigen sie kuppelf. zusammen. Zweihäusig.

1. Büchse*) geneigt, meist auch gekrümmt. 2.
   — aufrecht und gerade; gestreift, trocken gefurcht. 15.
2. Stämmchen wenige mm bis kaum 1 cm h. Blätter sehr schmal, lanz., pfriemlich und nur wenige mm l. Siehe die Gatt. Dicranella.
   — mindestens 2 cm h. bis weit höher. Blätter lanz. 3.

---

*) Da einige Arten von Dicranum nicht immer mit Früchten gefunden werden oder die Neigung der Büchse nicht bei allen Arten völlig entschieden auftritt, so sei hiermit noch auf Grund der Blätter auf die laufenden Nummern der Tabelle verwiesen.
A. Blätter fein wellig-gerunzelt. 8.
B. — glatt:
  a. Blätter von Grund auf haarfein, trocken gekräuselt. 16.
  b. — abwärts fast 0,5—1 mm br.; oder durchweg fast haarfein, dann aber trocken völlig straff bleibend:
    α. Blätter abwärts fast 0,5—1 mm br.
      O Ueberall (im Flachlande und Gebirge). 14.
      OO Nur auf den Hochalpen. 21.
    β. — durchweg fast haarfein:
      O Stämmchen 1 bis wenige cm h., abwärts verfilzt; meist fruchtend; Büchse geneigt und gekrümmt. 4.
      OO — mehrere cm bis 1 dm h., fast gar nicht verfilzt; meist steril; Büchse entschieden aufrecht und gerade. 22.

3. Blätter meist einseitswendig, sichelf., auch trocken elastisch straff und glänzend. 4.*)
— allseitswendig, sparrig=zurückgekrümmt, trocken kräuselig verbogen. Siehe die Gatt. Dicranella.
4. Stämmchen wenige cm h., mittelstark. Blätter vom Grund auf fast haarfein und etwa 2—3 mm l., zierlich sichelf. gebogen. Büchse nur 1—2 mm l., meist gerade, aber etwas gebuckelt. An Felsgestein; nur auf höheren Gebirgen, bes. den Alpen; ziemlich selten. 5.
    Anm. Blätter vom Grund auf fast haarfein, 0,5—1 cm l., Stämmchen 2—8 cm l. Siehe D. longifolium.
— sehr ansehnlich, 2 cm bis 1 dm h., am Grunde meist mit dickem braunem Filz bekleidet. Blätter 0,2—1 cm l., abwärts fast 1 mm br.; Blattrippe gesägt. Büchse 3—6 mm l., gekrümmt. In Gebirgen und in der Ebene zumeist sehr häufig vorkommende Arten. 7.
5. Blätter gelbgrün, zierlich sichelf. gebogen, sehr straff=elastisch; Blattflügelzellen kräftig entwickelt. Büchse schlank, länglich=walzenf., sich krümmend, etwas gestreift; Mundbesatz röthlich. Oft in Gesellschaft von D. falcatum. Stark'sches G. D. Starkii Web. et M.
Büchse völlig streifenlos, glatt bleibend. 6.
6. Rasen weich, gebräunt. Stengel sehr verzweigt, spröde. Blätter fast einseitswendig, oder gar allseitig abstehend, bogig; Blattflügelzellen kräftig entwickelt, braun, locker, durchscheinend. Büchse eif., gekrümmt. Mundbesatz kürzer als beim v., mit welchem diese Art in der Tracht große Aehnlichkeit hat. An feuchten Felsen; auf dem Simplon an von Rhododendron beschatteten Felsen reichlich, auf den Naßfeldern Tauern, der Gemmi. Sommer. Blytt'sches G. D. Blyttii Br. et Sch.
— sehr dicht, satt- bis schwarzgrün. Blätter entschieden einseitswendig gekrümmt, sehr zierlich gekrümmt; Blattflügelzellen undeutlich und wenige. Büchse gedrungen, dicklich geschwollen. Mundbesatz dunkel purpurroth. An feuchten Felsen des Riesengebirges und der Alpen; ziemlich häufig. Spätsommer. Sichelblätteriges G. D. falcatum Hedw.
7. Blätter fein=wellig gerunzelt, dadurch schimmernd. 8.
— glatt. 11.
8. Rasen locker zerfallend, gelbgrün oder grün, bis fingerhoch; Stämmchen sehr kräftig, kerzengerade, meist bis zum Gipfel mit rostgelblichem Wurzelfilz dicht bekleidet. Blätter sehr gerunzelt, breit, lineal=lanz. (etwa 1 mm br.), am Rücken und gegen die Blattspitze hin stark gesägt. Blattzellen alle lang und schmal. Büchse trocken gefurcht. Fruchtstiele strohgelb, mehrere (3—6)

---

*) Sind die Blätter trocken zwar etwas verbogen, aber ihre Oberfläche flimmerig=querrunzelig, die Rasen ansehnlich, so siehe 7.

zugleich aus denselben Hüllblättern. In Gebirgen und in der Ebene überall; bef. in lichten Laub- und Nadelwäldern häufig, aber nicht immer fruchtend. Juli, August. **Wellenblätteriges** G. D. undulatum Turn.

Stämmchen dünner, meist ohne Wurzelfilz. Fruchtstiele einzeln. Blätter, wenigstens deren Spitzen, trocken kräuselig verbogen oft allseitswendig und kaum sichelf. 9.

9. Rasen locker, grün, matt-glänzend, 0,1—1 dm h. Blätter lineal-lanz., trocken anliegend und verbogen; überaus charakteristisch sind die Gipfelblätter schopfig (knospig) zusammengeschlossen; Blattrippe mit gesägtem Rücken; Blattzellen alle rundlich-quadratisch, klein. Büchse trocken gefurcht, mit.Ring. In nord- und mitteldeutscher Ebene; in trockenen Haiden und Nadelwäldern zwischen Cladonien oder am Grunde der Kiefern; ziemlich selten. Sommer. **Unechtes** G. D. spurium Hedw.

Auf Moor- und Sumpfwiesen. Alle oder doch die unterhalb der Blattmitte befindlichen Blattzellen schmal und lang. 10.

10. Rasen locker, 0,8—1,5 dm h., grün, gelbgrün, bräunlich, meist mit goldröthlichem Schimmer. Blätter lanz., lineal ausgezogen, mit zarter, glatter Rippe; Blattzellen vom Grunde bis zur Spitze des Blattes alle langgestreckt. Büchse trocken fast glatt; ohne Ring. Fruchtstiel abwärts röthlich. In Geb. und in der Ebene auf Mooren und Sumpfwiesen; nicht häufig. Spätsommer. **Sumpf-**G. D. palustre Br. et Sch.

— sehr dicht, grün, glänzend, 0,5—2 dm h., meist bis in die Stengelspitzen braunfilzig verwoben. Blätter breit-lanz., nur wenig wellig, trocken verbogen und dicht anliegend; Blattspitze sehr stumpf; Blattrippe mit gesägtem Rücken; Blattzellen bis über die Blattmitte quadratisch (auch wohl dreieckig), abwärts schmal und lang. Büchse trocken gefurcht, mit Ring. Auf Gebirgshöhen; selten. Spätsommer. **Schrader'sches** G. D. Schraderi Schwaegr.

11. Rasen dicht, hoch, freudiggrün, später gelb bis braun, abwärts mit rostbraunem Wurzelfilz. Blätter nicht einseitswendig, etwas verbogen, mit gedrehter Spitze, trocken sehr gekräuselt, mit zusammenneigenden Rändern, an der Spitze entfernt gezähnelt. Büchse auf langem, gelben Fruchtstiel, aufrecht, walzenf., gekrümmt, zart gestreift. An Felsen, Erdgeröll, alten Baumstümpfen; sehr selten, nur in den Alpen (Graubünden zwischen Tufis und Tiefenkastel, Jura, Grimsel, Gemmi, bei Meran). **Mühlenbeck'sches** G. D. Mühlenbeckii Br. et Sch.

Blätter trocken elastisch-straff bleibend. 12.

12. Rasen dicht, derb, hoch, hellgrün, mit Wurzelfilz überaus dicht verwoben. Blätter kurz, völlig ganzrandig, Rippe schmal, glatt Büchse eif., gebuckelt, sich krümmend, trocken gefurcht, mit auffälligem Halse.

An feuchten Felsen nur hier und da auf den Alpen. Schlankes G.
D. elongatum Schleich.
Blätter 0,5—1,5 cm l., 0,5—1 mm br., an der Spitze gesägt; Rippe gesägt. 13.

13. Rasen mehrere cm bis 1 dm h., schlank, weich, meist trüb- oder bräunlichgrün, mit rostbraunem Wurzelfilz. Blätter nicht sehr gebogen, mehrere mm l., lanz.-pfriemlich, fast haarfein, nur an der Spitze gesägt. Blattzellen rundlich, in der Blattmitte etwa doppelt so l. als br., zartwandig. Büchse klein, nur 2—3 mm l., 0,5 mm dick, wenig gekrümmt; Fruchtstiel kurz (nur etwa 2 cm l.), gelb, am Grunde röthlich. In Gebirgen, an schattigen Felsen, seltener auf der Erde; nicht zu häufig. Spätsommer. Gebräuntes G. (D. congestum Brid.) D. fuscescens Turn.
— Blätter breiter; Blattzellen langgestreckt. Büchse 4—5 mm l., etwa 1 mm dick. 14.

14. Rasen dicht, meist verfilzt, mehrere cm bis fast 1 dm h. Blätter aus bauchigem, fast 1 mm br. Grunde lanz., pfriemlich ausgezogen, fast bis 1 cm l., an der Spitze sehr grob gesägt, Rücken glatt, nur gegen die Spitze gesägt; Blattzellen lang, derb, gleichsam unterbrochen gegliedert. Fruchtstiel stets einzeln, röthlich. Auf der Erde, sowie an Gestein in Laub- und Nadelwäldern, auch auf Dächern, oft weithin das herrschende Moos; aller Orten gemein. Früchte sehr häufig, reichlich, reifen im Sommer. Besenkrautliebendes G. D. scoparium Hedw.

Abarten: curvulum Schpr. Stämmchen bogig-aufsteigend. Blätter sehr schmal, fast kreisf. gekrümmt.

orthophyllum Brid. Stämmchen gerade-aufrecht, robust und dicht. Blätter gerade (kaum etwas sichelförmig), aufrecht abstehend.

— 1—15 cm h., Blätter bis über 1 cm l.; Blattzellen sehr lang, kaum unterbrochen, undurchsichtig. Fruchtstiele gelb, stets 2 oder mehrere zusammen aus je einem Zweiggipfel. In Bergwäldern; nicht häufig. Herbst. Grösseres G. D. majus Smith.

15. Blätter in trockenem Zustande kraus verbogen. 16.
— auch trocken straff-elastisch. 21.

16. Blätter glanzlos. Büchse eif., mit gehobenem Rücken. Siehe die Gatt. Cynodontium.
— matt- oder stark-glänzend. Büchse walzenf., völlig symmetrisch. 17.

17. An Gestein. 18.
An Bäumen, alten Baumstümpfen. 19.

18. Rasen 2—4 cm h., weich, dunkelgrün, sich bräunend, wenig oder gar nicht wurzelfilzig. Stengel aus liegendem Grunde aufgerichtet. Blätter sichelf., einseitswendig, am Gipfel länger und schopfig gehäuft, aus lanz. Grunde in eine sehr lange, gezähnelte, rinnige Pfriemenspitze auslaufend.

Büchse walzenf., schwarzbraun, auf kurzem, steifem, gelbem Fruchtstiel. An schattigem Granit oder Sandstein, besonders in Buchenwäldern; ziemlich selten, aber in fast allen deutschen Gebirgen, jedoch nur steril. D. fulvum Hook.

— höher, bis in die Stengelspitzen von rostbraunem, später rostgelbem bis weißlichem Wurzelfilz dicht durchwoben. Siehe D. Mühlenbeckii.

19. Rasen starr, mit sehr zerbrechlichen und deshalb selten unverletzten Blättern, polsterf., angenehm sattgrün, abwärts mit rostbraunem Wurzelfilz. Büchse langgestreckt, unmerklich sich krümmend, sehr lang geschnäbelt. In allen mittel- und süddeutschen Gebirgen hie und da in Wäldern und an alten Baumstümpfen. Früchte selten. **Sattgrünes G.** D. viride Suliv.

Rasen weich, Blätter elastisch, nicht zerbrechlich. 20.

20. Rasen dicht, grün, 2—6 cm h., abwärts verfilzt. Stämmchen mit kleinblätterigen, schlanken Gipfelsprossen, welche zur Zeit der Fruchtreife aber meist abfallen. Blätter fein, einseitswendig-sichelf., trocken kraus verbogen. Blattspitze mit rhomboidischen Zellen, fein- (fast körnig-) gesägt; Rippe breit, an der Spitze verschwindend. Büchse gestreift, trocken gefurcht. Fruchtstiel gelb, abwärts röthlich. In Wäldern und Brüchen, am Grunde alter Bäume, an Wurzeln u. s. w.; selten. Juli, August. **Gipfelsprossendes G.** D. flagellare Hedw.

— dicht, weich, fast glanzlos, dunkel- oder freubiggrün, etwa 2 cm h., verfilzt. Blätter allseitig, aufrecht-abstehend, ziemlich weit hinab gesägt, trocken kraus verbogen; Rippe flach, vor der Spitze verschwindend. Büchse etwas gestreift, trocken runzelig-gefaltet, blaß. Fruchtstiel blaßgelb, gerade. An Baumstümpfen, bes. der Nadelhölzer und Birken; ziemlich selten. Früchte in der Ebene selten vorhanden, reifen im Juli, August. **Berg. G.** D. montanum Hedw.

21. Rasen ansehnlich, gelbgrün, trocken weißgrün, mit rostbraunem Wurzelfilz. Blätter starr, ganzrandig; Rippe überaus breit. Mundbesatz auffällig groß. Nur auf dem Erdboden oder erdig bedeckten Felsen; sehr selten (auf den Salzburger Alpen bei Döllach, auf der Grimsel, dem Flüelenpaß. **Weißwerdendes G.** D. albicans Br. et Sch.

Anm.: Diese und die folgende Art haben fast die Tracht von D. scoparium.

— dicht, mattglänzend, 2—3 cm h. Blätter gedrängt, aufrecht-abstehend, lanz.-pfriemlich, steif- und brüchig, am Gipfel schopfig gehäuft. Büchse bleibt glatt, auf 1 cm h., gelbem Fruchtstiel. Früchte selten, im Herbst. Auf den Alpen in Wäldern auf morschem Holz und Baumwurzeln. Sehr selten. **Steifblätteriges G.** D. strictum Schleich.

Nur an Gestein. Rasen meist ohne Wurzelfilz. 22.

22. Rasen angenehm grün, ansehnlich, seidenglänzend; Stämmchen schlank, 3—8 cm h., knieförmig-gebogen aufsteigend, wenig oder meist gar nicht verfilzt. Blätter 0,5—1 cm l., haarfein, durchaus

einseitswendig, sichelf. stark gebogen, auch trocken straff bleibend; Rippe breit, füllt den oberen Theil der Blattfläche völlig aus. Blattspitze mit klein-gesägtem Rande; Zellen der Blattspitze schmal-rechteckig. Büchse ungestreift, trocken etwas gerunzelt, braun; Fruchtstiel blaßgelb, knief. aufsteigend. — Bes. in Buchenwäldern der Gebirge an Steinblöcken und Felsen, häufig; in der Ebene nur hie und da. Früchte selten vorhanden, reifen im Aug., September. Langblätteriges G. D. longifolium Hedw.

> Anm.: Da diese Art selten fruchtet, wird sie vom Anfänger leicht verkannt und etwa für ein feinblätteriges D. scoparium gehalten. Aber außer durch den Standort (obgleich zuweilen auch am Grunde alter Bäume vorkommend) unterscheidet sie sich stets durch die klein-gesägte Blattspitze und deren Zellgewebe, sowie durch die fast haarfeinen Blätter.

— gebräunt bis rothbraun. Nur auf den Alpen. 23.

23. Rasen derb, mehrere cm h., gebräunt, abwärts schwarzbraun, völlig ohne Wurzelfiz. Blätter sichelf., einseitswendig, wie gekämmt; Rippe schmäler wie b. f.; Blattflügelzellen nicht gedunsen, sehr zart und wasserhell. Nur am Krimmel-Fall im Pinzgau. Früchte unbekannt. Gekämmtes G. D. comptum Schpr.

— zart, niedrige, 1 bis kaum 2 cm h., aber dichte, braune Pölsterchen. Blätter sichelf.-einseitswendig, aus eif., gedunsenem Grunde in eine überaus lange, schwach gezähnelte, rothbraune Pfriemenspitze auslaufend. Büchse sehr klein, auf kurzem Fruchtstiel, von den Blättern fast überragt, aufrecht, unmerklich gekrümmt oder gebuckelt, ohne Streifen und Furchen, entdeckelt urnenf. An feuchten Felsen und in nassem Felsspalt der Alpen (Salzburger Alpen auf der Pasterzalpe, Pinzgau auf dem Gaisstein, rhätische Alpen bei Schwarzberg, auch in den Sudeten an der großen Schneegrube an Granitfelsen an südöstlicher Seite). Rothbräunliche G. D. fulvellem Smith.

73. Dicranella Schpr. (Kleines Gabelzahnmoos).

Früher durchweg zur Gattung Dicranum gerechnet. — Rasen nur wenige mm bis kaum 2 cm h. Blätter meist einseitswendig, sichelf., auch trocken straff und glänzend, pfriemlich lang ausgezogen. Büchse gerade oder aufrecht, 1—3 cm l., auf gelbem oder rothem Fruchtstiel; Deckel meist lang geschnäbelt. Mundbesatz wie bei Dicranum.

1. Rasen hellgrün, 2—8 cm h. Blätter breit-lanz. oder zungenf., allseitig und sparrig-zurückgekrümmt. Nur an quelligen oder sehr sumpfigen Orten. 2.
   — meist nur wenige mm, aber auch bis 2 cm h. Blätter sehr schmal, pfriemlich lang ausgezogen. 3.
2. Rasen auffällig hellgrün oder gelbgrünlich, einige cm bis fingerhoch. Blätter locker gestellt, aus scheidig-herablaufendem Grunde

breit=zungenf. (nicht gespitzt) und stark zurückgekrümmt, glatt, matt=
glänzend, ganzrandig. Rippe schwach, unter der Spitze verschwindend.
Büchse eif., gekrümmt, dickhalsig, auf kurzem, rothem Fruchtstiel; Deckel
kegelf., sehr kurz und schief geschnäbelt. In Geb. auf quelligen Wald-
und Wiesenstellen, an Bächen; ziemlich selten. Früchte selten, reifen im
Herbst. **Sparrigblätteriges G.** D. squarrosa Schpr.
Blätter lanz., warzig=rauh und glanzlos. Siehe die Gatt. Dichodontium.
3. Blätter mehr oder weniger **papillös**. Nur an **Felsen**. Siehe die
Gattung Cynodontium.
— **glatt**. Auf lehmigem, sandigem oder trocken=moorigem Erdboden. 4.
4. Fruchtstiel **gelb**, seidenglänzend. 5.
— **roth** (röthlich, oder kirsch= oder braunroth). 6.
5. Rasen angenehm gelbgrün, seidenglänzend, einige mm bis 2 cm h. Blätter
einseitswendig, sichelf., aus schmal=lanz. Grunde borstenf., ziemlich
weit herab gezähnelt, auch trocken **straff=sichelf**. Büchse länglich=eif.,
gebuckelt, sich krümmend, **fast ohne Hals**, gestreift, trocken gefurcht,
hellbraunroth oder fast ziegelroth; Deckel purpurroth, lang und schief ge=
schnäbelt; Zähne des Mundbesatzes intensiv roth, meist groß und kräftig,
2—3fach gespalten. Ueberall in Wäldern, an Gräben, Dämmen, Hohl=
wegen, an Felsen; sehr häufig, in Gebirgen gemein. Herbst und
Frühling. — Eine bes. in Größe der Rasen und Büchse, in Länge des
Fruchtstiels sehr variirende Art. **Einseitswendiges G.** D. heteromalla Schpr.
— dunkel=gelbgrün, etwas glänzend, 0,5–1 cm h., sehr dicht. Blätter
fast w. b. v., aber fast allseitswendig, dicht, trocken **flackerig=ver=
bogen**, fast kraus, ganzrandig oder an der Spitze gezähnelt. Büchse
buckelig=eif., klein, mit kropfigem Halse (unter der Lupe), durch
welchen sich diese Art stets sicher von der vorigen unterscheidet, welcher
sie habituell sehr ähnlich ist; außerdem ist die Büchse olivenbraun,
später bronze=glänzend. Auf trockenem, sand=moorigem Boden, bes. an
aufgeworfenen Gräben der Brüche und Torfwiesen; nicht zu häufig.
Sommer (auch dadurch von der vorigen im Frühling reifenden Art
charakteristisch verschieden). **Kleinkropfiges G.** D. cerviculata Schpr.
6. Büchse **aufrecht**, gerade und symmetrisch. 7.
— **geneigt**, oder gekrümmt, oder unsymmetrisch. 9.
7. Räschen locker, wenige mm h. Blätter allseitig, aus scheidigem Grunde
pfriemlich lang ausgezogen, trocken **kraus verbogen**, aber etwas glänzend.
Büchse eif., gestreift, ohne Hals; Deckel pfriemlich schief geschnäbelt. Auf
feuchtem, lehmigem Sandboden, an Wegen u. s. w.; im Gebirge
wie in der Ebene selten. **Krausblätteriges G.** D. crispa Hedw.
Blätter einseitswendig, auch trocken straff. 8.
8. Räschen locker, stets **braunroth oder röthlich angelaufen**, 4—8 mm
h. Blätter einseitswendig, sichelf., gezähnelt; Rippe in der Spitze ver=

schwindend. Büchse und Fruchtstiel rothbraun; Büchse eif., nicht ge=
streift noch gefurcht. Auf feuchtem, sandigem Boden an Gräben
u. s. w.; nicht zu häufig. Herbst. **Braunröthliches** Gr. D. rufescens Schpr.

— gelblich oder grün. Büchse gefurcht. Siehe D. curvata.

9. Büchse ungestreift, ohne Ring. Zweihäusig. 10.

— gestreift und später gefurcht, mit Ring. Einhäusig. 11.

10. Räschen niedrig, 0,5—2 cm h. Blätter aus breitem Grunde pfriemlich
lanz. ausgezogen, **allseitig und zurückgekrümmt**, undeutlich gesägt,
trocken etwas kraus. Büchse länglich=eif., halslos. Auf feuchtem, thonigem
Boden, besonders in Wäldern; nicht häufig. Winter. D. Schreberi
Schpr.

Räschen gelblichgrün oder röthlich, **glanzlos**, 0,5—1 cm h. Blätter
meist **einseitig gerichtet**, **aufrecht abstehend**, trocken straff bleibend,
aus lanz. Grunde pfriemlich zugespitzt, meist mit gezähnelter Spitze.
Büchse buckelig eif., meist etwas gekrümmt, derbhäutig, unter der Mündung
etwas eingeschnürt, rothbraun. Auf feuchtem, lehm=sandigem Boden an
Wegen, Dämmen u. s. w.; häufig. Herbst und Frühling. **Abändern=
des** G. D. varia Schpr.

11. Räschen wenig glänzend, schmutzig gelbgrün, wenige mm h. Blätter aus
ovaler Basis borstenf., sichelf., einseitig, mit **feingesägter Spitze**.
Büchse gerade und aufrecht, oder wenig gekrümmt und geneigt, länglich
eif., deutlich gefurcht, braunroth. Nur in Gebirgen: an Felsen, auch
auf lehmigem Waldboden; selten. Herbst bis März. **Krummblätte=
riges** G. D. curvata Schpr.

— seidenglänzend, freudiggrün oder gelb, 1—2 cm h., sehr locker.
Blätter aus lanz. Grunde borstenf., sichelf., einseitig gerichtet, rinnig,
ganzrandig. Büchse buckelig=eif., etwas gekrümmt, wenig gefurcht.
Deckel mit zurückgekrümmtem Schnabel, so l. als die Büchse. In Geb.:
auf feuchtem, sandig=thonigem Boden; ziemlich selten. August. **Pfriem=
blätteriges** G. D. subulata Schpr.

74. Trematodon Richard. (Lochzahn).
(trema Loch, odon Zahn.)

Räschen etwa 8 mm h., locker und breit. Blätter aufrecht=abstehend, starr,
aus breitem Grunde in eine lange, pfriemliche Spitze auslaufend. Büchse schief
geneigt, mit orangenem, langem, walzenf., etwas bauchigem Halse (dieser weit
länger als die Büchse); Deckel mit langem, schiefem Schnabel. Fruchtstiel etwa
2 cm h., verbogen, grünlich bis gelb. Mundbesatz: 16 1—3fach gespaltene
(längslöcherige), seltener ungespaltene Zähne. Auf feuchten oder nassen Stellen
an Gräben, auf Moorland, von der Ebene bis in die alpine Region; ziemlich
selten. Sommer. Gemeiner L. Th. ambiguus Hnsch.

— nur wenige mm h., ſtarr, ſehr dicht. Blätter kürzer, dachziegelf. dicht anliegend. Büchſe mit kürzerem Halſe, (dieſer kaum ſo l. als die Büchſe) gekrümmt. Zähne ungeſpalten. Nur auf den höchſten Alpen: auf ſteinigtem Boden; ſehr ſelten. Sommer. Kurzhalſiger L. Tr. brevicollis Hnsch.

75. Dichodontium Schpr. (Gabelzahnmoos).
(dicha zweiſpaltig, odon Zahn.)

Raſen locker, bis mehrere cm h., ſehr freudig gelbgrün, völlig glanzlos. Blätter aus faſt ſcheidigem Grunde lanz., etwa 2 mm l., feucht zurückgekrümmt, trocken flackerig-verbogen, ſind warzig-rauh, daher am Rande, beſonders gegen die Spitze fein gekörnt; Blattzellen klein und dicht, quadratiſch, am Grunde und an der Rippe geſtreckt. Büchſe kurz-eif., wenig geneigt, etwas gebuckelt und ſich leicht krümmend, meiſt nur 1 mm l. Fruchtſtiel etwa 1 cm l. Mundbeſatz faſt wie bei Dicranum. An oder in Gräben, Bächen und Waſſerfällen, an feuchten Felſen und in Schluchten; nicht häufig. Spätherbſt. Hellgrünes G. (Dicranum pell. Hedw.) D. pellucidum Schpr.

Abarten: fagimontonum Brid., Stämmchen nur 1—1,5 cm h., an feuchten Felſen.

serratum Br. et Sch. mit länglich-eiförmiger, faſt aufrechter Büchſe, längeren und gekerbten Blättern.

76. Cynodontium Brid. (Hundszahnmoos).
(cyon Hund, odon Zahn.)

Der Gattung Dicranella habituell ähnlich, unterſcheidet ſich aber ſchon durch die meiſt aufrechte Büchſe, die trocken gekräuſelten Blätter. Mundbeſatz: ſchmal-lanz. (aber unregelmäßige) Zähne, welche ſchenkelig geſpalten ſind und keine vortretenden Querbalken haben, wie ſie Dicranum hat.

1. Büchſe auch trocken glatt (ohne Furchen). 2.
— geſtreift, trocken mit tiefen Längsfurchen. 3.
2. Raſen in Größe und Färbung überaus verſchieden. Blätter aus etwas ſcheidigem Grunde lanz.-pfriemlich, völlig glatt (ohne Papillen). Büchſe verſchieden (ei- bis faſt walzenf., meiſt etwas gekrümmt und gebuckelt), aber ſtets mit kropfig vortretendem Halſe. Deckel mit gekerbtem Rande. Mundbeſatz ſehr anſehnlich. Nur auf den Hochalpen an ſchattigen, feuchten Plätzen, beſ. an Bachufern. Sommer. Grünender G. (Dicranum virens Hedw.) C. virens Hedw.

Raſen blaßgrün, polſterf., oft weithin ziehend, mit braunem Wurzelfilz, 0,3—1,5 cm h. Blätter lang-lanz., wenig papillös, gegen die Spitze geſägt; trocken glanzlos und ſehr gekräuſelt. Büchſe ſtets aufrecht, länglich-eif., gerade oder etwas gekrümmt, zarthäutig, trocken nicht gefurcht, kropflos, gelblich, dann bräunlich; Deckel erhaben, mit gekerbtem Rande, halb ſo l. als die Büchſe, ſchief geſchnäbelt; Haube gedunſen, über die ganze Büchſe. Fruchtſtiel gelblich. An feuchten Felswänden;

nicht häufig. Mai, Juni. (C. obscurum Kaulf.) **Brunton'sches G.**
C. Bruntoni Br. et Sch.

3. Rasen dunkelgrün, 1 bis einige cm h. Blätter aus länglichem Grunde lineal lanz., kaum etwas papillös, mit zurückgeschlagenem Rande, etwas gezähnelter Spitze, etwas gekräuselt. Büchse oft ein wenig geneigt, länglich=eif., zuweilen gebuckelt, mit **kropfigem Halse**, trocken cylindrig, **stark gefurcht**; Deckel mit zart gekerbtem Rande, etwa so l. als die Büchse. Fruchtstiel röthlich=gelb. An schattig feuchten Felsen; im Gebirge überall ziemlich häufig. Sommer. (Dicranum polycarpum Ehrh. **Reichfrüchtiges H.** C. polycarpum Schpr.

Hals nicht kropfig. Deckel nur etwa $\frac{1}{2}$ so l. als die Büchse. 4.

4. Blätter **sehr papillös**, gekerbt oder gesägt. 5.
— glatt (oder kaum papillös), ganzrandig. Fruchtstiel gerade. Deckel gekerbt; Sporen glatt. An Felsen; nicht häufig. Sommer. C. alpestre Milde.

5. Blätter stark gezähnt. Büchse aufrecht oder geneigt, eif. bis länglich, gefurcht, ohne auffälligen Hals; Deckel **ganzrandig**; Fruchtstiel **blaß, zart**, mehr oder minder schlängelig verbogen; Sporen **dichtwarzig**. Auf alpinen Gebirgen in Felsspalten; nicht häufig. Sommer. **Schlankstengeliges H.** C. gracilescens W. et M.
— mit papillös gekerbtem Rande. Büchse aufrecht, rundlich eif., klein, mit deutlichem Hals. Auf den Alpen, auch im Harz, in Felsspalten; selten. (Weisia Schisti.) C. Schisti Lindl.

77. Ceratodon Brid. (Hornzahnmoos).
(ceras Horn, odon Zahn.)

Stämmchen 1—4 cm h., fast schlank. Blätter etwa 2 mm l., lineallanz., gekielt, trocken welk und matt; Blattrippe durchlaufend; Blattzellen quadratisch, locker. Fruchtstiel röthlich oder kirschroth glänzend. Büchse später etwas bis stark geneigt, ei=walzenf., zur Reife längskantig, etwa 3 mm l., dunkelbraunroth oder kirschbraun. Deckel kurz, kegelf., oft etwas schief. Mehr oder minder lockere, freudig=grüne Rasen: auf Sandboden, an Wegen, Gräben, Triften, auf Dächern, an Brücken u. s. w.; überall gemein. **Früchte stets massenhaft vorhanden.** Frühling und Sommer. Fig. 67. **Purpurstieliges H.** C. purpureus L.

Anm.: Das an sonnigen Plätzen gemeinste aller gipfelfrüchtigen Moose. Es artet sehr ab in Größe und Blättertracht, je nach dem Standort, ist jedoch durch die eigenartige Büchse nie zu verkennen.

b. Gruppe: Leucobryeen.

78. Leucobryum Hampe (Weißmoos).
(leucos weiß, bryon Moos.)

Weißgrüne, dichte und sehr ansehnliche, unterhalb nach Jahrgängen abgestorbene Polster. Stämmchen bis über 1 dm h., dicht beblättert, gleichhoch dichotom verzweigt. Blätter mit mehrfacher Zellenlage, ei-lanzettlich, löffelartig hohl, stumpf, feucht schwammig-weich, trocken steif und brüchig; — durch die Blätter ist dies Moos den Sphagnum-Arten nahe verwandt. Fruchtstiel 1—2 cm h.; Büchse länglich, kaum 2 mm l., trocken etwas gefaltet; Deckel lang geschnäbelt; Mundbesatz besteht aus 16 purpurrothen, fast bis auf den Grund gespaltenen, dicht mit Querbalken durchzogenen Zähnen. In der Ebene und in Gebirgen sehr häufig: in nassen Wäldern, bes. in Erlenbrüchen und feuchten, moorerdigen Wäldern. Früchte nicht häufig, reifen im Sommer. Weißgrünes W. L. glaucum (vulgare) Hampe.

c. Gruppe: Seligerieen.
79. Blindia Br. et Sch. (Blindie).
(Blind, ein Bryologe.)

Rasen 0,1—1 dm hoch, braungrün, glänzend; schlanke Stämmchen mit oberhalb gedrängten, fast sichelförmig gebogenen, einseitswendigen Blättern. Blätter länglich lanzettlich, pfriemlich lang auslaufend. An feuchtem Felsgestein, besonders in den Alpen weitverbreitet. Sommer. Spitzblätteriges Bl. Bl. acuta Dicks.

80. Stylostegium Br. et Sch.
(stylos Säule, stege Deckel.)

Rasen etwa 1—2 cm hoch, gelblich, glänzend. Stämmchen verbogen, sehr verzweigt, steif. Blätter dicht, aufrecht abstehend, pfriemlich, ganzrandig, mit dünner Rippe. Büchse klein, kugel-eiförmig, blaß; Deckel pfriemlich geschnäbelt, orange, innen dem Mittelsäulchen angewachsen. Fruchtstiel etwa so lang als die Büchse. Mundbesatz fehlt. Nur auf den Alpen Deutschlands und der Schweiz; selten. Sommer. Dichtrasiges St. St. caespiticium Br. et Sch.

81. Seligeria Br. et Sch. (Seligerie).
(Seliger, ein Bryologe.)

Meist winzige, 1—6 mm hohe Stämmchen. Büchse auf etwa 2 mm hohem Fruchtstiel, winzig, nach der Entdeckelung kreiselförmig erweitert. Nur auf Felsgestein. Frühling und Sommer.

1. Fruchtstiel schwanenhalsartig umgebogen (anfangs und feucht gerade.) In Gebirgen, auf allen Arten Gestein, überall aber sehr zerstreut gefunden. Krummstielige S. S. recurvata Hedw.
 — stets gerade. 2.
2. Blätter genau dreizeilig, borstlich, straff, anliegend. An feuchten Kalkfelsen, besonders in den Alpen (im Harz an der Baumannshöhle. Fast selten. Dreizeilige S. S. tristicha Brid.
 — nicht dreizeilig. 3.

3. Zumeist auf Kreidefelsen (auf Rügen). Fruchtstiel 2 mm hoch, gelb, glänzend. Zähne des Mundbesatzes stumpf, dicht gegliedert. **Kalkliebende S.** S. calcarea Dicks.

Auf Kalkfelsen und kalkigem Boden. Fruchtstiel 1—2 mm h., blaßgelb oder röthlich, aufrecht. Zähne des Mundbesatzes zugespitzt, wenig gegliedert. **Winzige S.** S. pusilla Hedw.

82. Campylostelium Br. et Sch. (Drehstielmoos).
(campylos gedreht, stele Säule.)

Winzige, 1—4 mm hohe, lockere, hellgrüne Häufchen. Blätter unterhalb ei=lanzettlich, die oberen fast lineal, trocken verdreht. Büchse länglich oder walzenförmig, sehr zart und winzig, gelbgrünlich, dann gebräunt, mit rother Mündung; der lang geschnäbelte Deckel fast länger als die Büchse. Kleine Trupps auf verwittertem, schattig feuchtem Granit und Sandstein. Auf mitteldeutschen Gebirgen; nicht häufig. **Felsbewohnendes Dr.** C. saxicola Br. et Sch.

83. Brachyodus N. ab E. (Kurzzahnmoos).
(brachy kurz, odon Zahn.)

Winzige, kaum 2 mm hohe Stämmchen, truppweise, freudig grün. Blätter fast ohne Rippe, borstlich=pfriemenförmig, rinnig. Büchse länglich, trocken faltig; Deckel flach=convex, schief und pfriemlich geschnäbelt; Fruchtstiel gelb, glänzend, schlank. Mundbesatz meist vom Ringe ganz verdeckt. An Felsgestein fast aller Gebirge; nicht häufig. Spätherbst bis Frühling. **Haarfeines K.** Br. trichodes Web. et M.

84. Anodus Br. et Sch. (Ohnzahnmoos).
(a ohne, odon Zahn.)

Stämmchen kaum 1 mm hoch, truppweise oder zerstreut. Blätter winzig, pfriemlich. Büchse winzig, eif., blaß, mit rother, erweiterter Mündung, deutlichem Halse; Deckel breit, kurz geschnäbelt; Ring und Mundbesatz fehlen. An feuchten Kalk= und Sandsteinfelsen; in einigen deutschen Gebirgen an ganz vereinzelten Standorten. **Don's O.** (Seligeria Doniana C. Müller.) A. Donianus Smith.

d. Gruppe: Weißeen.

85. Rhabdoweisia Br. et Sch. (Streifen=Perlmoos).
(rhabdos Stab oder Streif.)

Feste, hell= oder gelbgrüne, abwärts rostfarbig abgestorbene Polster an Felsen, bes. in deren Spalten; Stämmchen dicht gedrängt, schmächtig, 2 bis 5 cm h. Blätter lineal=lanzettlich. Fruchtstiel zart, etwa 4 mm h.; Büchse kurz eiförmig, äußerst winzig (ein halbes Mohnkorn groß), nach Abwerfung des Deckels mit erweiterter Mündung, mit 8 Längsstreifen, späterhin 8faltig.

Munbbefatz besteht aus 16 lanz. Zähnchen, die etwas von einander entfernt stehen. Auf höheren Gebirgen, besonders im Süden. Früchte reichlich, reifen im Juni, Juli.

Blätter aufrecht-abstehend, trocken gekräuselt, allmälig zugespitzt, ganzrandig oder kaum gezähnelt. Büchse kugelig-eiförmig, bräunlich. Mundbesatz röthlich, sehr vergänglich (leicht abbrechend). Meist in Felsritzen wie eingeklemmt; nicht zu selten. **Vergängliches Str.** Rh. fugax Hedw.

— gegen die Spitze hin etwas zurückgekrümmt, mattglänzend, trocken nur wenig verbogen, breiter und länger als b. v., kurz zugespitzt, an der Spitze grob gesägt. Büchse eiförmig, braun. Mundbesatz roth, dauerhaft. Sehr selten. **Gezähneltes Str.** Rh. denticulata Brid.

86. Gymnostomum Hedw. (Nacktmundmoos).
(gymnos nackt, stoma Mund.)

Rasen w. b. v., oft abwärts mit dem Felsgestein fast verwachsen, vom Felsstaub durchdrungen und wie versteinert. Blattzellen winzig, quadratisch, abwärts gestreckt sechseckig. Büchse winzig, streifen- und faltenlos, sonst w. b. v.; Deckel mit langem und meist schiefem Schnabel; Haube kapuzenförmig, die Büchse etwa zur Hälfte deckend. Mundbesatz fehlt gänzlich.

1. Stämmchen 2—6 mm h. Flache, überziehende Rasen. 2.
   — 1—5 cm h., dichte, gewölbte Polster bildend, welche unterhalb in das Gestein wie eingewachsen von demselben durchdrungen sind. (Fig. 72.) 3.
2. Stämmchen 1 bis kaum 2 mm h. Büchsenmündung nach der Reife nicht erweitert; Deckel mit kurzem Spitzchen. An Felswänden; sehr selten in den nördlicheren Gebirgen. Fruchtreife im Sommer. **Zartes N.** (Gyroweisia tenuis Schpr.) G. tenue Schrad.
   — 2—6 mm h. Büchsenmündung nach der Reife erweitert. Deckel mit lang-pfriemlichem, schiefem Schnabel. Dichte Rasen, oft polsterförmig. Vorkommen w. b. v. **Kalkliebendes N.** G. calcareum N. et Hnsch.
3. Fruchtstiel gelblich. Büchse eif., mattglänzend, gelbgrünlich, später bräunlich, die Mündung wird nicht erweitert. Blätter dichtwarzig. Dunkelgrüne, dichte Rasen oder Polster, in (Schiefer-) Felsritzen bes. der Alpen und süddeutschen Gebirge. Fruchtreife zum Herbst. **Felsen-N.** G. rupestre Schwgr.
   — röthlich oder roth. Büchse kugelig-eif., sehr glänzend, schönbraun, die Mündung wird sichtlich erweitert. Blätter lanz., völlig glatt, durchsichtig. An Felsen; selten. **Krummschnäbeliges N.** G. curvirostrum Ehrh.

Anm. Von letzterer Art entstehen durch mehr oder minder langen Hals der Büchse Abarten: pomiforme mit kugeliger, brevisetum mit birnf., microcarpum mit keulenf., stets aber winziger Büchse.

87. Eucladium Br. et Sch. (Schönaſtmoos).
(eu ſchön, clados Aſt.)

Raſen bläulich- oder weißgrün, 1—6 cm hoch, ſehr dicht. Stämmchen ſtets mehrfach verzweigt, ſtarr-zerbrechlich. Blätter lanz., etwa 1 mm lang, dicht, aufrecht-abſtehend, trocken aufrecht und ſteif, unverbogen, an der Spitze geſägt; Rippe als Stachelſpitzchen austretend. Büchſe aufrecht oder wenig geneigt, eiförmig, 1—2 mm lang; Deckel pfriemlich geſchnäbelt; Mundbeſatz beſteht aus 16 lanz., ſchief nach innen gekrümmten, röthlichen Zähnen. An feuchten Kalkfelſen vieler Gebirge; ſelten. Früchte ſehr ſelten, reifen im Sommer. **Wirtelblätteriges** E. (Weisia verticillata Schwaegr.) Eu. verticillatum Br. et Sch.

88. Anoectangium Hedw. (Sperrmundmoos).
(anoectos geöffnet, angos Gefäß.)

Raſen ſehr anſehnlich, polſterf., überaus dicht, abwärts abgeſtorben-roſtfarbig; den Felsritzen wie eingeklemmt. Blätter klein, Blattzellen gerundet ſechseckig, abwärts faſt rechteckig. Büchſe ſeitenſtändig, eif., etwa 1 mm l., zart, glatt; Deckel lang und ſchief geſchnäbelt; Mundbeſatz fehlt. Fruchtſtiel gelb. An feuchten Felswänden der Hochalpen, gern in der Nähe von Waſſerfällen oder Gießbächen. Sehr ſelten. Sommer und Herbſt.

Anm. Wegen der ſehr abweichenden, ſeitenſtändigen Frucht könnte dieſe Gatt. auch zu den pleurocarpiſchen Mooſen geſtellt werden.

1. Polſter 4—8 cm h., angenehm gelbgrün, ſehr dicht, mit dunkel-ockerfarbenem Wurzelfilz. Blätter etwa 1 mm l., lanz., nicht beſ. zugeſpitzt ſteif aufrecht-abſtehend, trocken eingekrümmt. Büchſe klein, 1 mm l., blaßgelb, rothmündig, auf etwa 10 mm l. Fruchtſtiel, doch nur wenige mm über den Raſen gehoben. In Ritzen glimmerſchieferiger, feuchter Felſen. **Dichtes** Sp. A. compactum Schwaegr.

Blätter abſtehend, länger. Nur auf wenigen höchſten Punkten der Alpen. 2.

2. Raſen bis 1 dm h., weich, grün. Blätter gedunſen, eif., faſt plötzlich pfriemlich zugeſpitzt; Blattrand gezähnelt. Büchſe kugel-eif., kurz geſtielt, meiſt von den Stengelinnovationen überragt und daher im Raſen verſteckt. An beſpülten Felſen des Gößnitz- und Leiterbachfalles bei Heiligenblut, in den Bayriſchen Alpen im Allgäu im Wetterſteingebirge. **Hornſchuch'ſches** Sp. A. Hornschuchianum Hoppe.

— 1—2 cm h., ſehr brüchig, locker, bläulich- oder graugrün. Blätter lineal-lanz., Blattrand ganz. Büchſe länglich-eif., länger geſtielt, über den Raſen gehoben. Auf den Alpen: an überſpülten Felſen der Berner-, Rhätiſchen-, Salzburger Alpen, Bayeriſchen Alpen im Wetterſteingebirge. **Sendtner'ſches** Sp. A. Sendtnerianum Br. et Sch.

89. Weisia Hedw. (Perlmoos).

(F. W. Weis, Prof. zu Göttingen, Mitte des vor. Jahrh.)

Rasen polsterf., dicht, meist angenehm gelbgrün, weich. Blätter flatterig, schmal=lanz., trocken lockig gekräuselt. Büchse länglich=eif. bis walzenf., blaßbräunlich bis braun, an der Mündung verengt; Deckel klein, flach=kegelf., meist mit ziemlich langem, dünnem Schnabel. Mundbesatz zum Theil sehr hinfällig, so daß man ihn selten unversehrt findet, besteht aus 16 lanz., bald ganzen, bald an der Spitze gespaltenen, bald fensterartig durchbrochenen, in gleiche Entfernung von einander gestellten Zähnen. Haube kapuzenf., die halbe Büchse deckend.

1. Stämmchen nur 2—8 mm h.; Gipfelblätter lineal=lanz. Büchse kaum 1 mm l., gelblich oder bräunlich, auf wenige mm l., gelbem Fruchtstiel. Mundbesatz oft ziemlich verkümmert, rostbraun oder blaßgelb, papillös. 2.

— 1—2 cm h.; Gipfelblätter aus breitem Grunde lanz., oft scharf zugespitzt. Mundbesatz dauerhaft und stets gut ausgebildet, purpurroth. 3.

2. Blätter aufrecht=abstehend, trocken sehr kraus verbogen, mit meist stachelspitzig auslaufender Blattrippe; Blattrand aufwärts stark eingerollt. Büchse eif. (bei var. stenocarpa walzenf.); Deckel lang-geschnäbelt, etwa $2/3$ so l. als die Büchse; Fruchtstiel gelb. Im Geb. sowie im Flachlande: an feuchten, kurzgrasigen Erbstellen, in Felsritzen, auf Aeckern, Wiesen, an Weg= und Grabenrändern u. s. w.; ziemlich häufig. April, Mai. In mannigfachem Varietätenwechsel. Zartgrünes P. W. viridula Brid.

Abarten: stenocarpa Nees et Hnsch. Rasen kaum einige mm h., dicht; Büchse schmal, elliptisch=walzenf., auf sehr kurzem Fruchtstiel. Gern an lichten Hohlwegen.

amblyodon Brid. Zähne des Mundbesatzes sehr kurz, meist stumpf, gestutzt.

gymnostomoides Brid. Mundbesatz fast fehlend.

Blattrand flach. Büchse fast walzenf., meist längsstreifig. Auf Sand= und Thonboden, an Gräben, Abhängen, Waldrändern; sehr selten. März, April. Spitzblätteriges P. W. apiculata N. et Hnsch.

3. Rasen compakt, bis in die Gipfel von braunem Wurzelfilz dicht verwoben; Stämmchen mehrfach gabeltheilig. Blätter breit lanz., gekörnelt uneben; Blattrand durch vortretende Zellen kerbig=gesägt. Büchse länglich=eif.; Zähne des Mundbesatzes ganz glatt. Fruchtstiel kurz, steif, gelblich. Auf den höchsten Alpen, sehr zerstreut; auch bei Eisenach in der Landgrafenschlucht entdeckt (aber steril). August. (Oreoweisia serr. De Not.) Gesägtblätteriges P. W. serrulata Funk.

Blätter völlig ganzrandig. Zähne des Mundbesatzes papillös. 4.

4. Fruchtstiel gelblich, seidenglänzend, zart, 2—6 mm h.; Büchse 1—2 mm l., länglich=eif., zuletzt oft fast walzenf. Blattzellen dicht, sehr klein.

Meist halbkugelige, 0,5—2 cm h., reich fruchtende, freudiggrüne Polsterchen. Bef. im Flachlande: an Waldrändern, trockenen Abhängen, Grabenrändern, gern an alten Kieferstämmen, auf alten Bretterwänden, Strohdächern; nicht häufig. April, Mai. **Gekräuseltes P.** W. cirrhata Hedw.

— röthlich oder roth, kaum glänzend, 1—2 cm h.; Büchse eif. oder länglich-eif. Blätter länger und schmäler als b. v., aus breiterem Grunde sehr lang-pfriemlich auslaufend, zuweilen sichelf.-einseitswendig (var. falcata); Blattzellen locker, größer als b. v. Flache oder schwellende, grüne oder gelbgrüne, zuweilen geschwärzte Polster, an Felsgestein fast aller Gebirge; nicht häufig. Mai, Juni. **Krausblätteriges P.** W. crispula Hedw.

90. Hymenostomum R. Brown. (Hautmund).
(hymen Haut. stoma Mund.)

Stämmchen etwa 6 mm h., heerden- und rasenartig gedrängt. Fruchtstiel 2—6 mm l. Büchse winzig, eiförmig, oft gekrümmt, einseitig bauchig, die Mündung ist durch die daselbst häutig erweiterte Spitze des Mittelsäulchens geschlossen, der Büchsensaum oft ganz verengt; Deckel klein, kegelförmig gewölbt, mit ziemlich langem ($\frac{1}{2}$ der Büchse) Schnabel. Haube kapuzenförmig, über die halbe Büchse. Frühling.

1. Stämmchen niederliegend, mit zahlreichen aufrechten Sprossen. Blätter sparrig zurückgeschlagen, lanz., stachelspitzig, warzig, flachrandig. Sporen rothbraun, warzig. Auf Wiesen, selten (Schlesien, Frankfurt a. O., Hamburg, Schnepfenthal). Herbst und Winter. **Sparrblätteriger H.** H. squarrosum Schpr.

Blätter feucht aufrecht-abstehend. 2.

2. Stämmchen meist 2 mm h., doch auch bis zu 6 mm h. Blätter trocken verbogen. Büchse oft etwas geneigt oder einseitig buckelig; Büchsenmündung bei der Reife ganz geschlossen. Auf feuchtem Boden, Wiesen, an Gräben, Wegen u. s. w.; nicht selten. **Kleinmündiger H.** H. microstomum Hedw.

Davon sind mannigfache Abarten:
- a. Büchse kugel-eiförmig. b.
- — länglich, symmetrisch oder etwas gekrümmt. c.
- b. — einseitig-bauchig; Deckel mit feinem, pfriemlichem, schiefem Schnabel. H. brachycarpum Nees et Hnsch.
- — symmetrisch; Deckel mit kleiner Kegelspitze. H. elatum Br. et Sch.
- c. — symmetrisch; Deckel kurz gespitzt. H. brevirostre Br. et Sch.
- — etwas verbogen, länglich-walzenförmig. H. obliquum Nees et Hnsch.

Stämmchen etwa 6 mm hoch und höher. Büchse bei der Reife fast erweitert. Selten; in den alpinen Gebirgen, oder doch vor Allem im Süden. 3.

3. Rasen unterhalb abgestorben=bräunlich. Blätter trocken **eingerollt und dadurch sehr kraus**. An Gestein und Gemäuer. **Gedrehtblätteriger H.** H. tortile Schwaegr.

— unterhalb kaum abgestorben, wenig dicht. Blätter trocken **eingerollt und spiralig gewunden**. Auf der Erde; sehr selten. **Krausblätteriger H.** H. crispatum N. et Hnsch.

91. Systegium Schpr. (Haftdeckelmoos).
(syn mit, stege Deckel.)

Rasen dicht, nur 2—6 mm h., klein, gelbgrün. Blätter schmal=lanzettlich, oberwärts schopfig=gehäuft, ganzrandig, trocken gekräuselt; Rippe stark, stachelspitzig austretend. Büchse kugelrundlich, völlig oder fast eingesenkt, eng= mündig; Deckel klein, kegelförmig, **eigenthümlicher Weise nicht abspringend**; Haube kapuzenförmig, ⅓ der Büchse deckend. Auf lehmigen Aeckern, an Gräben u. s. w. (Phascum crispum Hedw., Astomum crispum Hampe.) **Krausblätteriges S.** S. crispum Schmpr.

13. Fam. Desmatodonteen.

a. Gruppe: Distichieen.
92. Distichium Br. et Sch. (Zweizeilmoos).
(distichos zweizeilig.)

Rasen meist ansehnlich, hell= oder dunkelgrün, glänzend. Mundbesatz pur= purn, aus meist zwei= oder mehrschenkelig gespaltenen Zähnen bestehend. In Gebirgen.

Rasen glänzend grün, 6 mm bis über 5 cm h., dicht, polsterförmig. Blätter grün, pfriemlich, lang und fein, seidenglänzend. Büchse **aufrecht und gerade**, elliptisch=walzenförmig. In Gebirgen ziemlich häufig, oft weite Rasen bildend, gern in den Ritzen von Felsen und Gemäuer; auch in Mittel= und Norddeutschland (Mecklenburg, Hamburg, Rügen), aber selten. Juli. **Haarblätteriges Zw.** D. capillaceum Br. et Sch.

— bis kaum 1 cm h., locker. Büchse gedrungen, kurz eif., **geneigt und gebogen**; Zähne des Mundbesatzes viel breiter a. b. v. Fast nur auf den Alpen. **Geneigtfrüchtiges Zw.** D. inclinatum Br. et Sch.

b. Gruppe: Trichostomeen.
93. Barbula Br. et Sch. (Bärtchenmoos).
(Diminutiv von barba, Bart.)

Moose von sehr verschiedener Tracht, jedoch übereinstimmend in der ster= nigen Ausbreitung der Gipfelblätter und dem überaus eigenthüm=

lichen und großen Mundbesatz. Büchse meist walzenf., zuweilen leicht gekrümmt, 2—8 mm l.; Deckel kegelf.; Haube kapuzenf., lang-geschnäbelt. Fruchtstiel bei allen häufigen Arten roth. Mundbesatz gelb- oder purpurroth, besteht aus langfädigen Zähnen, welche (wenigstens bei vielen Arten) einer maschiggefelderten Cylinderhaut entspringen und durch spiralige Drehung zusammen eine aufrecht-kegelförmige Schraube (gleichsam ein aufrecht-gedrehtes Bärtchen) darstellen, welche aber angefeuchtet sich auseinandergiebt.

1. Blätter breit (1—2 mm br.), in ein langes Glashaar auslaufend. 2.
— breit oder schmal, ohne Glashaar (höchstens mit unter der Lupe erkennbarer Stachelspitze). 6.
2. An Bäumen (Pappeln, Weiden). 3.
An Mauern, Felsen, auf Dächern; oder auf der Erde. 4.
3. Rasen dicht oder locker, oft kissenf., etwas dunkelgrün, trocken gebräunt oder geschwärzt. Stämmchen 0,5—1,5 cm l., trocken am Gipfel mit knospenartig zusammengeschlagenen Blättern. Blätter (die oberen feucht aufrecht-abstehend, die unteren leicht zurückgekrümmt, spatel-zungenf., an der Rippe unterseits mit langen, zahnartigen Papillen, oberseits (etwa bis zur Mitte) mit Brutzellen; Blattgrund nicht umgerollt. Früchte sind noch nicht gefunden. Sehr häufig. Papillöses B. B. papillosa Wils.
— 1—2 cm h., ziemlich dicht polsterf., dunkel- oder gelbgrün, trocken gebräunt. Blätter sparrig zurückgekrümmt, trocken anliegend, länglich-spatelförmig, stumpf, Rippe unterseits glatt; Glashaar glatt, abwärts roth, an den oberen Blättern zuweilen gänzlich fehlend. Blattrand umgerollt. Früchte sehr reichlich vorhanden, reifen im Sommer. Sehr selten. Glatthaariges B. B. laevipilia Brid.

Anm. Diese Art hat in der äußeren Tracht bes. mit der überall gemeinen B. ruralis die meiste Aehnlichkeit und wird häufig mit ihr verwechselt; aber schon der Standort unterscheidet sie, außerdem der dichtere und niedrige Wuchs, die fast stets reichlichen Früchte, vor Allem aber das nie scharf gezähnte Glashaar.

4. Rasen nur wenige mm bis kaum 1 cm h. Nur an Mauern und Felsen. 5.
— 2—6 cm h., locker und weich, gelbgrün oder grün, abwärts rostbraun, trocken schmutzig gebräunt und unansehnlich, Stämmchen schlank, ästig. Blätter sparrig-zurückgekrümmt (trocken verbogen), breit zungenf., 1 bis 2 mm br., 2—4 mm l., mit scheidigem Grunde; Rippe meist braun, in ein wasserhelles, scharf sägezähniges Glashaar auslaufend; Blattrand umgerollt. Büchse aufrecht, leicht gekrümmt, walzenf.; 4—6 mm l.; Deckel scharf gespitzt. Früchte im Flachlande ziemlich selten, reifen im Mai, Juni. Im Flachlande und Gebirge überall ganz gemein: auf nackter oder kurzgrasiger Erde (besonders auf Sandboden), an Felsen, Mauern, Ziegel- und Strohdächern, zuweilen auch am Grunde der

Bäume (aber sehr selten am Baumstamme selbst). Erdbewohnendes B. B. ruralis L.

> Anm. Schon durch die Größe von allen anderen glashaarigen Arten zu unterscheiden, sodann durch das scharf-sägezähnige Glashaar.

Tracht fast dieselbe; aber die Blätter fast sattgrün, zugespitzt, mit kürzerem, steifem, **purpurröthlichem Glashaar**. Büchse kürzer und dicker, elliptisch. Auf dem ganzen Alpenzuge bis zur Schneegrenze, an Felsgestein. **Spitzblätteriges B.** B. aciphylla Br. et Sch.

5. Rasen 2 mm bis kaum 1 cm h., locker oder dicht, saftgrün, fast blaugrün, trocken mißfarbig und von den Haaren grau. Blätter: die unteren lanz., die oberen lang spatelf. mit abgerundeter Spitze; Blattrand **umgerollt**. Büchse fast walzenf., tiefbraun, 2—4 mm l., aufrecht, kaum leicht gekrümmt; Deckel pfriemlich schief geschnäbelt, von der Haube halb bedeckt; Fruchtstiel gelb. Im Gebirge und Flachlande allerorten gemein: an Mauern, Felsen, Steinen und Dächern. Früchte stets reichlich vorhanden, beginnen im März und reifen im Mai, Juni, Juli. **Mauer-B.** B. muralis L.

Rasen 0,4—1 cm h., durch die langen Haare grau. Blätter zart, breiteif, ihre Spitze häutig-weißgrau und gezähnelt; Blattrand **nicht umgerollt**. Mundbesatz halb so l. als die Büchse. Nur im westlichen (rheinischen) und südl. Deutschland und auf den Alpen: an Gemäuer und Felsen, aber auch da ziemlich selten. Frühling. **Dünnblätteriges B.** B. membranifolia Hook.

6. Blätter 1—3 mm br., flach. (Breitblätterige.) 7.
— etwa 0,6—1 mm br., gedunsen hohl, kahnf., dickhäutig-starr. Stengel nur 1—2 mm h. (Dickblätterige.) 9.
— nur etwa 0,2—0,4 mm br., aber mehr oder minder (0,4—5 mm) l. und zwar lanzettlich. Stengel meist schlank, ziemlich dicht beblättert. (Schmalblätterige.) 11.

7. Blattrippe durchlaufend und als kurze oder längere Stachelspitze hervortretend. 8.

Rasen 1—3 cm h., locker, großblätterig (fast an Mnium erinnernd und ohne Früchte von Anfängern leicht dafür zu halten), angenehm dunkelgrün, aber trocken schmutzig-braun oder geschwärzt, wie angebrannt. Blätter aufrecht abstehend, **breit, ei-spatelf.** (etwa 3 mm l., 1,5 mm br.), vorn verbreitert und an der breit-stumpfen Spitze meist etwas ausgeschweift, trocken verdreht; Rippe stark, braunroth, nur bis in die Blattspitze. Büchse etwas geneigt, walzenf., mattbraun, etwa 3 mm l.; Deckel kegelf., kurzgeschnäbelt. Mundbesatz kurz. Fruchtstiel röthlich. Im Geb. und Flachlande an Feldbäumen, auch an feuchtem Gestein (z. B. an der Grotte des Zerbster Schloßgarten); ziemlich selten. Früchte spärlich vorhanden, reifen im Mai. **Breitblätteriges B.** B. latifolia Br. et Sch.

8. Rasen ansehnlich, aber nur 0,4—1 cm h., dicht und großblätterig, gelb=
grün oder grün. Blätter etwa 5 mm l., die oberen länglich=spatelf.,
aber zugespitzt und durch die austretende Rippe stachelspitzig bewehrt;
Blattrand flach. Büchse walzenf., sehr lang (5 mm), dunkelbraun,
aufrecht, nur leicht gekrümmt; Deckel kegelf., pfriemlich geschnäbelt; Haube
$1/3$ die Büchse deckend; Mundbesatz sehr ansehnlich; die mehrfach gewun=
denen Zähne erheben sich auf einem gleichartigen Hautcylinder (Basilari=
membran). Fruchtstiel derb, gelb, etwa 2—3 cm h. Im Geb. und
Flachlande: auf der Erde in Wäldern und unter Gebüschen, an schattigen,
kurzgrasigen Abhängen und Hohlwegen, ebenso an Gemäuern und Felsen;
überall häufig. Früchte stets reichlichst vorhanden, reifen zum Sommer.
Stachelspitziges B. B. subulata L.

Tracht fast dieselbe; aber die Blätter trocken sehr eingekrümmt, derber,
fast oder völlig wehrlos, mit ungesäumtem, zurückgeschlagenem
Rande. Nur im Rheinthal (z. B. bei Bonn, Mainz). Wehrloses B.
B. inermis Bruch.

Tracht fast dieselbe; aber die Blätter etwas kürzer, mit ungesäumtem,
abwärts zurückgerolltem Rande, sehr langer Stachelspitze. Mund=
besatz nur $1/2$ so lang. Nur auf den Hochalpen: zwischen Gestein; selten.
B. mucronifolia Schwaegr.

9. Blätter trocken gerade oder mit gekrümmter Spitze. Büchse walzenf., Haube
nur den Deckel bedeckend; Mundbesatz kurz, nur einmal gewunden. 10.
Rasen locker, truppartig, dunkelgrün (abwärts rostbraun), Stämmchen in
Folge der trocken zusammengelegten Blätter knospenf. Blätter aufrecht=
abstehend, zungenf., stumpf (selten gespitzt), mit häutigem Rande,
1—2 mm l., 1 mm br., derb, steif, Spitze auch trocken unverbogen.
Büchse aufrecht, gerade, länglich=elliptisch, etwa 2 mm l.; Haube die
halbe Büchse bedeckend; Mundbesatz ansehnlich, 2—3fach gewunden.
Fruchtstiel roth, etwa 1,5 cm l. Im Geb. an Kalk- und Schieferfelsen,
Lehmmauern, auch auf thonigem Boden; durchaus nicht häufig. Herbst.
Steifblätteriges B. B. rigida Schultz.

10. Blätter lineal=lanz., scheidig=rinnig, scharf=zugespitzt, auch trocken ziem=
lich gerade. Büchse geneigt, fast bis horizontal, leicht gekrümmt; Deckel
schief geschnäbelt. Vorkommen und Standort w. b. v. Aloeblättriges
B B. aloides Br. et Sch.

— breiter, 1—2 mm l., bes. am Rücken oft röthlich (wie auch bei den
vorigen beiden Arten), mit stumpfer, trocken eingekrümmter Spitze.
Büchse aufrecht, gerade walzenf.; Deckel kurz, kegelf., gerade. An lehmigen
Dämmen, Gemäuer, Kalkgestein; nicht häufig. Kleinhaubiges B.
B. ambigua Br. et Sch.

— lang=elliptisch, die unteren eirundlich, alle stumpf; sehr kleine knospenf.
Pflänzchen. Nur bei Weißenfels a. d. S. gefunden. Kurzschnäbe=
liges B. B. brevirostris Br. et Sch.

11. Rasen nur wenige mm (4 bis höchstens 8 mm) h., überaus dicht und fest, die Stämmchen abwärts von braunem Wurzelfilz verwoben. Blätter kaum 1 mm l; Zellen des Blattgrundes wasserhell und zartwandig. 12.
— 1—3 cm h, locker, weich, meist auseinanderfallend. 16.
12. Auf der Erde. Blattrand oft flach. Büchse eif. oder walzenf., Fruchtstiel röthlich ober gelb. 13.
An Mauern, Felsen. Blattrand gerollt. Büchse eif.; Fruchtstiel röthlich. 15.
13. Rasen ziemlich locker. Blattrand umgerollt. Büchse walzenf. 14.
— sehr dicht und fest, freudig gelbgrün (auch im trockenen Zustande). Blätter fast aufrecht-abstehend, klein (etwa 1 mm l.), lanz.; Blattrand flach, nur am Grunde etwas umgerollt; Blattzellen aufwärts winzig-quadratisch, warzig-rauh, dadurch der Blattrand fein crenulirt; Rippe vor oder in der Blattspitze verschwindend, wenigstens nie stachelspitzig hervortretend. Büchse eif.; Fruchtstiel strohgelb, seidenglänzend, zart, 2—3 cm h. Im Geb. und Flachlande; an feuchten, kurzgrasigen Plätzen, auf Triften, Grabenrändern, Waldsäumen u. s. w.; nicht häufig. Rollblätteriges B. B. convoluta Hedw.
14. Rasen gelbgrün, Blätter abstehend-zurückgekrümmt, länglich-lanz. Blattrand wogig-zurückgeschlagen, Rippe als kurzes Stachelspitzchen hervortretend. Büchse länglich oval oder walzenf., etwas gekrümmt; Fruchtstiel strohgelb. Nur in den Alpen: auf Kalkboden in Fichtenwaldungen; selten. Sommer. Gelbstieliges B. B. flavipes Schpr.
— trüb- bis braungrün. Blätter aufrecht-abstehend, trocken gerade oder wenig einwärts gekrümmt, scharf zugespitzt. Fruchtstiel röthlich.. Siehe B. Hornschuchiana.
15. Rasen freudig-gelbgrün, sehr dicht, flach (wie geschoren). Blätter aufrecht-abstehend, klein, trocken etwas gebogen, lanz., durch die austretende Rippe stachelspitzig; Blattrand von der Mitte bis zur Spitze hin umgerollt (bei der habituell sehr ähnlichen B. convoluta flach); Blattzellen abwärts quadratisch-rundlich, verdickt. Büchse elliptisch, rothbraun; Fruchtstiel abwärts roth oder röthlich, aufwärts strohgelb (bei B. convoluta durchweg gelb). An Mauern und Felsen; ziemlich selten. Mai, Juni. Zurückgerolltes B. B. revoluta Brid.
— schmutziggrün, schwellend. Blätter steif-aufrecht, trocken spiralig um den Stengel gewunden, länglich-lineal, mit starker Rippe; Blattrand zurückgerollt; Zellnetz oben undurchsichtig, am Grunde wasserhell. Büchse länglich-elliptisch; Fruchtstiel durchweg roth. Nur im westlichen (rheinischen) Deutschland: an Mauern; selten. Mai, Juni. (Trichostomum convolutum Schpr.) Starkrippiges B. B. nervosa Milde.
16. Blätter 4—8 mm l., trocken stark gekräuselt, mit weißhäutig-scheibigem Grunde. Fast nur in Kalkgebirgen. 17.

Anm. Durch die weißhäutige Blattscheide unterscheiden sich die betreffenden Arten von allen andern; sie beruht darauf, daß das Zellnetz vom Blattgrunde bis etwa ¹/₄ des Blattes hinauf aus langen, rechteckigen, zartestwandigen, wasserhellen und völlig chlorophyllosen Zellen besteht, von welchen die oberen rundlich quabratischen, dickwandigen, chlorophyllhaltigen scharf sich abgrenzen.

— meist nur 1—2 mm l., trocken weniger verbogen, mit ziemlich gleichartigem (nicht weißhäutigem) Grunde. 20.

Anm. Die Zellen der unteren Blattpartie sind nicht so verschieden von den oberen und gehen allmälig in diese über.

17. Rasen einige cm h., sehr glänzend, trocken überaus starr und zerbrechlich. Blätter lineal-lanzettlich, mit flachem, ganzem oder warzig verunebnetem Rande. Büchse cylindrig. Selten; wurde 1877 von Dr. Holler in Maring und in der Umgebung von Augsburg zuerst in Deutschland fruchtend beobachtend, im Rhöngebirge auf Bergwiesen unweit des schwarzen Moor. B. fragilis Wils.
— glanzlos. Blattrand warzig oder zähnig. 18.

18. Rasen gelbgrün oder lebhaftgrün (trocken grün bleibend), ziemlich dicht und weich, polsterf., sehr ansehnlich, 2—6 cm h., mit schlaffer, langer, dichter, voller, aber zarter Beblätterung. Blätter schmal-lanz., sehr allmälig in eine auffällig lange, fast pfriemliche Spitze ausgezogen, 4—7 mm l., feucht flackrig-verbogen abstehend, trocken lockig gekräuselt; Blattrippe stachelspitzig austretend; Blattrand wellig verbogen, nur an der Spitze unmerklich gezähnt; Blattgrundzellen locker, durchsichtig, sechseckig. Büchse cylindrig, aufrecht, oft etwas gebogen und abwärts etwas verdickt, etwa 4—6 mm l.; Deckel lang-pfriemlich geschnäbelt, orange; Mundbesatz purpurroth, mehrmals gewunden. Fruchtstiel 2—3 cm l., roth, aufwärts gelblich. In allen Kalk- oder Kreidegebirgen, zumal wenn sie mit Buchen bestanden sind: auf leicht beschattetem Waldboden oder am gebüschigen Felsgestein; ziemlich häufig. In niedrigen Gebirgen selten fruchtend. Mai, Juni. Krausblätteriges B. B. tortuosa Web. et M.

Blätter nicht mit langer Spitze, auch ohne Stachelspitze (sondern die Rippe in der Blattspitze endend). Zähne des Mundbesatzes schwach gewunden. 19.

19. Rasen gelblich oder gelbgrün, locker, breit, mehrere cm h., steif, zerbrechlich. Blätter etwa 2—4 mm l., lanz., feucht aufrecht abstehend, ziemlich straff, trocken gekräuselt; Blattrand ganz, kaum warzig-verunebnet. Büchse länglich-eif., etwas geneigt, etwas gekrümmt und mit gehobenem Rücken, gelbbraun. Durch die ganze Alpenkette, auch am Rhein und der Isar, im Harz bei Walkenriebe: an Gips- und Kalkfelsen, Gemäuer, gern an felsigen Flußufern. Frühjahr oder (in den Alpen) Sommer. Geneigtfrüchtiges B. B. inclinata Schwaegr.

— ohne Wurzelfilz, locker, gelbgrün. Blätter lanz., zurückgebogenabstehend; Rand von der Spitze bis zur Mitte dicht- aber kleingezähnt. Büchse länglich, braunroth. In Kalkgebirgen, selten (Steiermark, Rolandseck am Rhein, Höxter in Westfalen, Baden am Kaiserstuhl und Istein, Regensburg.) B. squarrosa Brid.

20. Blätter mit stumpfer, abgerundeter Spitze, aber die Rippe stachelspitzig darüber heraustretend. Die Zellen (mehrere Reihen) des Blattgrundes rechtwinklig, wasserhell, dünnerwandiger als die oberen. 21.
— stets mehr oder minder zugespitzt. 22.

21. Rasen ziemlich locker, weich, gelbgrün oder angenehm grün (aber trocken schmutzig- oder bräunlich-grün), 1—3 cm h. Blätter lineal- oder länglich-lanz., oder fast zungenf., stets mit **stumpfer Spitze**, jedoch durch die austretende Rippe mit **kurzer Stachelspitze**, 1—2 mm l., feucht aufrecht-abstehend, trocken verbogen oder krallig eingekrümmt anliegend, Blattrand abwärts zurückgeschlagen, oberwärts flach; Blattzellen rundlich oder quadratisch, aber gegen den Blattgrund rechteckig (2—4 mal so l. als br.) und wasserhell-durchsichtig. Büchse elliptisch-walzenf., etwa 2 mm l., gerade oder leicht gekrümmt, fettglänzend; Deckel pfriemlich lang geschnäbelt; Mundbesatz ansehnlich, langfädig, mehrfach gewunden, hochroth. Fruchtstiel roth. Allerorten auf etwas feuchtem Lehm- oder Sandboden, an Wegrändern, auf Aeckern, dürftigen Grasplätzen, erdigem Geröll, zuweilen auch an Gestein und Mauern; überall häufig. Frühling. **Gekrümmtblätteriges B.** B. unguiculata Hedw.

<small>Anm. Eine in Größe und Form sehr variirende Art, durch die stumpfen (schmal-zungenf.), stachelspitzigen Blätter, sowie durch die Blattzellen stets genugsam charakterisirt.</small>

Blätter derb, 2—3 mm l., etwa 0,4 mm br., wie bei d. v. **völlig stumpf und mit als Stachelspitze vortretender Rippe.** Dunkelgrüne, derbe, etwa 2 cm h. Rasen; in Bächen Rheinischer Gebirge (bei Eupen im Bilsteiner Bach). B. Brebissoni Brid.

22. Blätter angefeuchtet **rasch sich sparrig zurückkrümmend** (bogig); trocken locker anliegend. 23.
— aufrecht-abstehend, ohne sich dabei zurückzukrümmen; trocken straff oder locker anliegend. 27.

23. Stengel schlank, bis zur Spitze gleichmäßig beblättert. Zellen des Blattgrundes ebenso derb und dickwandig als die oberen und wenig gestreckt. 24.
— zur Spitze schopfig beblättert und die Blätter trocken gekräuselt; Zellen des Blattgrundes kaum verdickt. Zähne des Mundbesatzes nur 1mal gewunden, sitzend auf aus mehreren Zellreihen gebildeter Basilarhaut. 26.

24. Rasen locker, tief, der Unterlage eingesenkt und mit ihr verwachsen, trübgrün bis rothbraun. Blätter meist nur am Gipfel etwas zurückgebogen, ei-lanz., untere Hälfte des Randes zurückgerollt, 1—2 mm l. Büchse länglich. Mundbesatz gelb, kaum 1mal gewunden, Basilar-

haut besteht aus 5 Zellenreihen. Auf feuchtem Kalkboden und Kalkfelsen; sehr selten. B. insidiosa Jur. et Milde.

Blätter sich entschieden alle zierlich bogig-zurückkrümmend, lanz. bis lineal. Mundbesatz 3—4mal gewunden, auf sehr schmaler Basilarhaut sitzend. 25.

25. Rasen locker, 1—3 cm h., aufrecht oder aufsteigend, schmutzig-grün, trocken etwas schmutzig-braun oder rostbraun. Blätter aus erweitertem, scheideartigem Grunde lanz., scharf zugespitzt, gekielt, und auf beiden Blattflügeln mit einer Längsfurche; Blattrand durchweg zurückgerollt; Blattzellen alle durchsichtig, am Blattgrunde rundlich-quadratisch oder kurz-rechteckig und verdickt. Büchse länglich (eiwalzenf.); Mundbesatz 3—4mal gewunden. Auf feuchtem (nassem), lehmigem oder kalkhaltigem Boden, Aeckern, Steinhaufen, an Felsen, Gemäuer; nicht allzu häufig. Herbst und Winter. Trügliches B. B. fallax Hedh.

Anm. Habituell große Aehnlichkeit mit B. unguiculata, von der es sich aber schon durch die angefeuchtet sparrig zurückgebogenen Blätter alsbald unterscheidet.

— angenehmer gelbgrün, Stengel schlank. Blätter w. b. v., aber mit vom Grunde höchstens bis zur Mitte zurückgerolltem Rande. Gern auf Kalkboden; selten. Zurückgekrümmtblätteriges B. B. recurvifolia Schpr.

Anm. In Tracht von d. v. kaum zu unterscheiden.

26. Rasen locker und weich, etwa 1 cm h., gelbgrün, zuweilen (bes. unterwärts) geröthet, trocken mißfarbig. Blätter feucht wenig zurückgekrümmt, trocken sehr gekräuselt, lineal-lanz., mehrere mm l., lang-ausgezogen, mit gekörntem Rande; Rippe mit der Blattspitze verschwindend. Büchse aufrecht und gerade, dünn walzenf., lang; Deckel fein geschnäbelt; Mundbesatz mit zweizinkigen, durchlöcherten Zähnen. Besonders auf west- und süddeutschen Gebirgen; selten. Herbst. (Trichostomum cyl. C. Müller, Weisia cyl. Brid., Didymodon. cyl. Bruch.) Walzenfrüchtiges B. B. cylindrica Schpr.

— dicht, feucht braun-grün, trocken düster, braun-grün bis schmutzigbraun oder schwarz-braun (wie angebrannt), 1—2 cm h. Blätter trocken wenig verbogen und anliegend, etwa 1,5—2 mm l., aus breitem Grunde lanz., scharf zugespitzt: Zellen am Blattgrunde genau quadratisch, glatt, gegen die Blattspitze sehr klein und fast undurchsichtig. Büchse länglich-eif.; Mundbesatz lang, nur einmal gewunden. An Steinmauern, bes. an Weinbergsmauern gefunden; ziemlich selten. Juni, Juli. Weinbergs-B. B. vinealis Brid.

27. Zellen des Blattgrundes (bis ziemlich weit herauf) rechteckig und zwar etwa 5—8mal so l. als br., wasserhell und dünnwandig. 28.

— — — quadratisch oder rechteckig (aber nur etwa 2—3mal so l. als br.), ebenso dickwandig und chlorophyllhaltig als die oberen. 29.

28. Rasen trüb- bis braungrün, dicht; Stengel schlank, fädig. Blätter lanz., 1 mm l., scharf zugespitzt, die Zellen der Spitze sind nie rund-

lich, sondern stets langgestreckt und zwar 3—4mal länger als br.; Rand fast durchweg zurückgerollt. Büchse länglich; Deckel lang geschnäbelt; Fruchtstiel roth, aufwärts gelb. Mundbesatz 2—3mal gewunden. Bes. im Gebirge: an Wegen, Hügeln, auf Steinen und Gemäuer; nicht häufig. April, Mai. B. Hornschuchiana Schultz.

 Anm. Von allen verwandten Arten sicher zu unterscheiden durch die Zellen der Blattspitze.

— einige cm bis über fingerhoch, freudiggrün; sehr dichte, schwammige, durch rostbraunen Wurzelfilz innig verwobene Massen bildend. Blätter aufrecht-abstehend oder etwas zurückgekrümmt, lanz., an der Spitze gezähnelt. Büchse klein, länglich-eif., aufrecht, zuweilen etwas gekrümmt. Nur in Gebirgssümpfen oder an nassen Felsen: in den Alpen, aber auch z. B. im Harz. Sommer. **Sumpf-B.** B. paludosa Schwaegr.

 Abart: Funkiana kleine, fast einfache Stämmchen, schmälere Blätter und kleinere Büchse; an feuchten Felsen.

29. Blätter lang zugespitzt. Mundbesatz lang, gewunden. 30.
— durchaus nicht in eine Spitze ausgezogen. Mundbesatz kurz, meist gar nicht gewunden. Siehe Gatt. Trichostomum.
30. Rasen starr, dicht, saftgrün (meist auch im trockenen Zustande grün bleibend), Stämmchen fädig-schlank (trocken mit der anliegenden Beblätterung kaum 0,5 mm dick, aber 0,8—3 cm l.), vom Grunde auf gleichmäßig beblättert. Blätter feucht aufrecht-abstehend, trocken steif-aufrecht und straff-anliegend, wenig verbogen, lanz., klein (kaum 1 mm l.), hohl, oft mit kurzem Stachelspitzchen. Zellen des Blattgrundes rundlich-quadratisch. Büchse eif., aufrecht oder geneigt, auf steifem Fruchtstiel; Mundbesatz kaum einmal gewunden. In Gebirgen: auf kalkhaltigem oder lehmigem Boden, auch an Kalk- und Sandsteinfelsen; selten. Früchte nicht häufig, reifen im Frühling. **Schlankes B.** B. gracilis Schwaegr.
— bräunlichgrün. Blätter ei-lanz., lang gespitzt. Zellen der Blattbasis rechteckig. Mundbesatz 2mal gewunden. Nur in der Haar in Westfalen: auf Kalkfelsen. B. icmadophila Schpr.

94. Trichostomum Hedw. (Haarmund).
(trix Haar, stoma Mund.)

Fast nur in Gebirgen. Lockere oder dichtere, freudig- oder gelb-grüne, hohe oder sehr niedrige Rasen. Durchgehends feine, schlanke, glänzende Fruchtstiele mit länglich-eiförmigen oder walzenförmigen, aufrechten, symmetrischen, 1—3 mm l. Büchsen; Deckel kegelf., gespitzt oder geschnäbelt. Mundbesatz besteht aus 32 fadenförmigen, knotig entfernt gegliederten, paarig genäherten Zähnen (Fig. 15), welche trocken sowie feucht meist straff-aufrecht stehen.

1. Blätter mehlig=schorfig bereift, daher weißgrün oder meer=
grün, lineal-lanz., mit schwach gesägter Spitze. Im Gebirge: in Fels=
spalten oder auf Triftplätzen; sehr selten. Meergrüner H. Tr. glaucescens Hedw.
Blätter nicht bereift, gelbgrün, oder freudiggrün, oder dunkelgrün. 2.
2. Blätter schmal-lanz., glanzlos, trocken (meist) gekräuselt; Blatt=
zellen klein, rundlich=quadratisch, chlorophyllreich. Deckel
meist schief= und pfriemlich geschnäbelt. Fruchtstiel roth, etwa
1 cm l. 3.
— fast sichelf., glänzend, elastisch, auch trocken straff, aus breit=eilanz.
Grunde pfriemlich lang zugespitzt; Blattzellen länglich=viereckig, glashell
(fast chlorophyllos). Deckel zugespitzt (aber nicht geschnäbelt). Fruchtstiel
meist lang. Siehe Gatt. Leptotrichum.
3. Blätter auch trocken straff und steif (unverbogen), etwa 2 mm l. Rippe
vor oder in der Spitze endigend. 4.
— im trockenen Zustande verbogen, oft fast gekräuselt. Rippe meist
stachelspitzig austretend. 6.
4. Rasen dicht, polsterf., 1—2 cm h., braungrün, trocken chokoladenbraun
bis düsterbraun. Blätter sehr steif, unmerklich warzig, trocken dicht
anliegend, die untern ei-lang., die obern länger, dichter und knospenartig
gedrängt; Rand vom Grunde bis über die Mitte umgerollt;
Rippe vor der Blattspitze verschwindend. Blattzellnetz goldbräunlich,
überaus angenehm, bis auf den Blattgrund aus kleinen, kreisrunden,
durchweg durchsichtig=klaren Zellen zusammengesetzt. An sonnigem Gemäuer, oder auf feuchtem, lehmhaltigem Sandboden; sehr selten (um
Zweibrücken, bei Klagenfurt, von mir an der Münden=Göttinger Chaussee
vor Scheden an Chausseegemäuer gefunden). Früchte selten, reifen An=
fang Frühling. (Tr. trifarium Smith, Didymodon trifarius Smith,
Didymodon luridus Hnsch.). Bräunlicher H. Tr. luridum R.
Spruce.
— Blätter am ganzen Rande umgerollt, deutlich warzig. 5.
5. Blätter aufrecht abstehend, breit herz=eif., mit stumpfer Spitze; Rippe
dick, in der Spitze endend oder als kurze Stachelspitze austretend. Nur
unfruchtbar bekannt. An Gemäuer, Kalkfelsen; selten (Thüringen,
Schlesien, Bärwalde). Herzblätteriger H. (Didymodon). Tr. cor-
datum Jur.
Rasen ziemlich dicht, etwa 2 cm h., braun- oder dunkelgrün, trocken gebräunt. Blätter trocken sparrig=abstehend, locker, lanz. bis ei=lanz.,
hohl, stumpf; Rippe vor der Blattspitze verschwindend. Büchse eif.=
elliptisch; Fruchtstiel 1—2 cm l. An triefenden Kalkfelsen, vom Kalk=
wasser kalkig incrustirt und abwärts tuffartig versteinert; selten (zumeist
in Süddeutschland). Sommer. Tuffsteinartiger H. Tr. topha-
ceum Brid.

6. Blätter mehr oder weniger gezähnt (wenigstens gegen die Spitze), feucht wagerecht und zurückgebogen. Fruchtstiel gelblich. 7.
— ganzrandig, feucht aufrecht abstehend. Fruchtstiel roth (außer bei Tr. pallidisetum). 8.
7. Rasen gelb- oder dunkelgrün, weich, kraus. Blätter etwas zurückgekrümmt, lineal, mit papillös gekerbtem und nicht umgerolltem Rande. Deckel lang geschnäbelt. An Sandstein und Granit; ziemlich selten. Cylinderfrüchtiges H. (Didymodon cyl. Br. et Sch.) Tr. cylindraceum C. Müller.

Rasen 1 cm bis mehrere em h., weich, angenehm gelbgrün. Blätter sehr entfernt gestellt, klein (1 mm l.), wagerecht abstehend, trocken aufrecht und gedreht, ei-lanz., die oberen zungenf., kurz zugespitzt, gegen die Spitze tief (aber ungleich) gesägt. Büchse dünn, schmalcylindrig, klein; Fruchtstiel gelblich, ziemlich lang; Mundbesatz besteht aus sehr kurzen, meist zweizinkigen Zähnen. In Gebirgen: besonders auf sandigen Waldplätzen, mit Gras bewachsenen Blöcken; sehr selten (bes. bei Eupen und Oberstein [Rheinprovinz], Teufelsmauer bei Blankenburg, Ludwigshütte in Oberhessen) und in Deutschland nur unfruchtbar. Gewundenblätteriger H. (Didymodon flexif. Hook., Desmatodon flexif. Hampe). Tr. flexifolium Dicks

8. Blätter trocken nur mehr oder minder verdreht. Frucht mit Ring. Häufig. 9.
— stark gekräuselt. Frucht ohne Ring. Selten. 12.
9. Rasen grün oder gelbgrün, unterwärts (d. h. innen) lebhaft rostroth oder blutroth, dicht, 1—2 cm h., die untern Blätter lanz., die obern fast pfriemlich zugespitzt, 2—3 mm l., trocken verbogen, an der Spitze zuweilen undeutlich gezähnelt. Büchse länglich-eif., elliptisch oder cylindrig, grünlichgelb, dann röthlichbraun, 1—2 cm l. Fruchtstiel 0,6—2 cm l. An feuchten Felsen, Gestein, Mauern, auch an Erdlehnen und Grabenrändern; in der Ebene ziemlich selten, aber im Gebirge sehr häufig. Sommer und Herbst. (Anacalypta rubella Hübn., Didymodon rubellus Br. et Sch.) Röthlicher H. Tr. rubellum Rabh.

Anm. Ein in Größe, Färbung, Fruchtform sehr abartendes Moos, jedoch beim Aufbruch der Rasen stets an der abwärts rost- oder blutrothen Färbung zu erkennen.

Rasen abwärts ohne Röthung. 10.
10. Rasen dicht, freudig grün. Blätter lineal-lanz., kurz stachelspitzig, hakig eingekrümmt. Büchse gestreift; Fruchtstiel blaßgelb. An Kalkfelsen; sehr selten (Hörter in Westfalen, Freiburg a. U.). Blaßstieliger H. Tr. pallidisetum H. Müller.
— dunkel- oder braungrün. 11.
11. Rasen niedrig, bräunlichgrün. Blätter länglich-eif., stumpf gespitzt, mit fast bis zum Grunde zurückgerolltem Rande; Rippe als starke Stachel-

spitze austretend. Nur früchtelos bekannt. Sehr selten (an Felsen bei Jauer). (Didymodon Mildei Schpr.) **Milde'scher H.** Tr. Mildei Schpr.

Rasen dunkel= oder schmutziggrün, unterwärts schmutziggrün oder schwärzlich, ziemlich locker. Die unteren Blätter breit=lanz., die oberen lanz., ganzrandig, mit umgerolltem Rande, stumpflich, feucht aufrecht=abstehend, trocken verbogen, fast gekräuselt; Rippe rostgelblich, meist durchlaufend, oft als Stachelspitzchen vortretend. Büchse walzenf., oft etwas gekrümmt, oder elliptisch=walzenf. Fruchtstiel dunkelroth, etwa 1 cm l. An Felsen, Gemäuer; ziemlich häufig. Frühling. (Didymodon rigidulus Hedw.) **Steifer H.** Tr. rigidulum Smith.

12. Rasen trüb grün, starr. Blätter lanz., flach, aber mit kappenf., rinnig eingebogener Spitze, trocken stark gekräuselt. Frucht eif., kurz. Selten. Oberrhein, Schlesien, Oberfranken, auf den Alpen. **Krauser H.** Tr. crispulum Bruch.

Tracht sehr ähnlich, unterscheidet sich v. d. v. durch dunklere, bis braungrüne Färbung der 1—3 cm h. Rasen und die lineal=lanz., 2 mm l., welligen, aufrecht=randigen Blätter, deren Spitze ausgezogen, nicht kappenförmig erscheint. An Kalkfelsen in Westdeutschland. Tr. mutabile Bruch.

95. Leptotrichum Hampe (Zartmund).
(leptos zart, trix Haar.)

1. Blätter 1—10 mm l., pfriemlich oder lineal, mehr oder minder einseitswendig abstehend. Früchte fast stets reichlich vorhanden. 2.
— kaum bis 1 mm l., breit lanz., angedrückt (deshalb der Stengel kätzchenf.) Fast nur früchtelos bekannt. 5.
2. Rasen blaß gelblichgrün, 0,2—1 cm h. Fruchtstiele goldgelb, seidenglänzend, etwa 3 cm l. Büchse dicklich, 2—3 mm l., länglich=eif., oberwärts verschmälert, meist unmerklich gekrümmt, bei der Reife oft ein wenig geneigt; Mundbesatz 0,5 mm l. In den Gebirgen: auf lehmigem Boden leicht beschatteter Waldstellen, Hohlwege, Abhänge u. s. w.; nur stellenweise häufig. Mai. **Blasser Z.** L. pallidum Hedw.
Fruchtstiel röthlich, ohne so starken Seidenglanz. 3.
3. Rasen dicht, ansehnlich, 0,2—1 dm h., grünlich= oder bräunlich=goldglänzend, unterhalb von braunem Wurzelfilz durchwoben; Stengel sehr schlank, dünn, schlaff, oft etwas geschlängelt. Blätter haarfein, lanz.=pfriemlich, 4—8 mm l., an der Spitze fein gezähnelt; Blattrand flach. Büchse bis 3 mm l., walzenf., oft leicht gebogen; Fruchtstiel 2—4 cm l. Auf sonnig trockenem, etwas gebüschigem Kalkboden und Kalkgestein; ziemlich selten, aber stellenweise massenhaft. Früchte selten, reifen im Mai, Juni. **Verbogenstieliger G.** L. flexicaule Br. et Sch.

Anm. Wegen der Größe vom Anfänger bei mangelnden Früchten leicht für ein Dicranum zu halten.

— stets weit niedriger, nur 0,4—1 cm h., ohne goldigen Glanz. Büchse 1—2 mm l. Meist auf der Erde. 4.

4. Räschen gelbgrün. Blätter bis über 3 mm l., sichelf. gebogen, aus breit= eif. Grunde läng=pfriemlich, mit nicht eingerolltem Rande, völlig ganzrandig, Büchse elliptisch, blaß, dann rothbraun, 1—2 mm l., robust; Deckel kurz kegelf., fast gar nicht geschnäbelt. Fruchtstiel purpurroth, 1—2,5 cm l. Auf sandigem Lehmboden, in Haiden, Wäldern, an Gräben, feuchten Felsen u. s. w.; im Gebirge häufig. Spätsommer bis Anfang Frühling. Einseitswendiger Z. L. homomallum Rabh.

Blätter oft kaum 2 mm l., aus länglichem weißlichem Grunde lang pfriemlich, mit gegen die Mitte umgerolltem Rande, ge= zähnelter Spitze. Büchse cylindrig, schmächtig, zarthäutig, bleichbraun; Deckel geschnäbelt. Fruchtstiel blaßröthlich, etwa 1 cm l. Standort und Vorkommen w. b. v. und mit denselben oft zusammen. Winter. (Durch die Gestalt der Büchse habituell große Aehnlichkeit mit Trichodon cylindricus.) Gedrehtzähniger Z. L. tortile Schrad.

Abart: pusillum Br. et Sch., mit einfachen, kurzen Stämmchen, kürzeren Blättern und vornehmlich kürzerer, länglich=eiförmiger Büchse; besonders auf feuchtem Sand.

5. Rasen grün, dicht. Blätter kurz, lanz., ganzrandig, mit eif. Grunde. Büchse länglich; Fruchtstiel röthlichgelb. Auf feuchtem Sandboden. Sehr selten (und selten fruchtend). Sommer. Scheidiger Z. L. vaginans Sell.

Rasen ziemlich hoch und sehr dicht, innen gezont (oben glänzend goldgrün, abwärts in regelmäßigen Absätzen gold= und rostbraun), Stengel fädig, schlank, zerbrechlich. Stets unfruchtbar. An feuchten Felsen, sehr selten (Brocken, Riesengebirge am Steigelstein). Gegürtelter Z. (Weisia) L. zonatum Lor.

96. Desmatodon Brid. (Bandzahn).
(desma Band, odon Zahn.)

Rasen dicht, etwa 1 cm h., hellgrün. Blätter dicht, die oberen knospig geschlossen, eif., stumpf zugespitzt, weich, hohl, am Rande eingerollt, schwach gelblich gesäumt; Rippe dick, bis zur Spitze. Büchse 1,5 mm l., läng= lich=eif., hängend; Deckel sehr kurz geschnäbelt; Zähne des Mundbesatzes roth, schlaff zusammengedreht. Fruchtstiel 1 cm l., blaßroth. In Fels= spalten des Hochgebirges; selten. Sommer. Laurer'sches B. Des= matodon Laureri Br. et Sch.

— locker, wenige mm h., schmutzig. Blätter weitläufig, lanz.; Büchse kugelig=eif., mit etwas gehobenem Rücken, übergebogen; Fruchtstiel länger als b. v., purpurroth. Vorkommen w. b. v. Uebergebogenes B. (Desmatodon inclinatus Sendt. Tr. inclinatum C. Müller.) D. cernuus Br. et Sch.

97. Trichodon Schpr. (Haarzahn).
(trix Haar, odon Zahn.)

Räschen gelblich oder grünlichgelb, locker und dürftig, die einzelnen Stämmchen meist heerdenartig zerstreut, wenige mm h. Blätter aus breitem Grunde pfriemlich=borstenf., allseitswendig, sparrig abstehend, elastisch, im trocke= nen Zustande etwas kraus verbogen (dadurch besonders ist dies Moos von dem durch die Büchse sehr ähnlichen Trichostomum tortile leicht zu unter= scheiden). Büchse sehr dünn cylinderf., blaß, glatt, etwa 2 mm l., oft ganz wenig gekrümmt; Deckel kegelf.; Haube lang geschnäbelt; Mundbesatz besteht aus haarförmigen, knotig=gegliederten, trocken einwärts gekrümmten Zähnen. Fruchtstiel sehr zart, etwa 2 cm l., glänzend gelblich, bes. abwärts röthlich angeflogen. Auf höheren Gebirgen, selten im Flachlande: an Grabenrändern, Ausstichen, Hohlwegen und ähnlichen feucht-sandigen oder lehm=sandigen Orten. Sommer. Walzenfrüchtiger H. Tr. (Ceratodon) cylindricus Hedw.

c. Gruppe: Pottieen.
98. Anacalypta Roehl. (Scheitelhaube).
(ana auf, calypte Haube.)

Truppweise auf lehmigen Aeckern, Lehmmauern, schlammigem Boden. Stämmchen 1 bis etwa 8 mm hoch, mit dichtgedrängten, aus breitem Grunde kurz zugespitzten Blättern. Büchsen fast klein (bis 1 mm), eiförmig, auf 2 bis etwa 6 mm langen, rothen Fruchtstielen.

1. Stämmchen meist 2 mm h., die Blätter knospenförmig=glatt zu= sammengestellt, schön silbergrün, glänzend, sehr breit eiförmig. Büchse nicht klein, länglich eiförmig; Deckel klein, geschnäbelt. Früchte sehr zahlreich, auf etwa 1 cm hohen Fruchtstielen. Nur auf bedeu= tenden Höhen der Alpen. Breitblätterige Sch. A. latifolia Schwaegr.

Blätter offen, länglich-lanz. Auf feuchtem, lehmigem Erdboden oder Ge= mäuer. 2.

2. Stämmchen 1—2 mm h. Blätter lanz., mit zurückgerolltem Rande, stachel= spitzig. Büchse mit stumpf kegelförmigem (schnabellosem) Deckel. Auf Lehmäckern; selten, sehr vereinzelt. Frühling. Starke'sche Sch. A. Starkeana Hedw.

Deckel lang und schief geschnäbelt. 3.

3. Stämmchen etwa 2 mm h. Blätter länglich, am Rande nicht zurück= geschlagen, mit kurzer Stachelspitze. An Abhängen, selten (Westfalen, Pfalz). A. caespitosa C. Müller.

— 2 mm und darüber hoch. Blätter aus eiförmigem Grunde lanz., etwas wellig, mit zurückgeschlagenem Rande, langer Stachelspitze. Büchse eif., etwa 1 mm l.; Deckel mit aber nicht zu langem, kegelförmigem Schnabel. Fruchtstiel etwa 5 mm h. Auf kalkigem oder lehmigem Boden, an trockenen Gräben, Gemäuer u. s. w.; ziemlich häufig. April, Mai. Lanzettblätterige Sch. A. lanceolata Dicks.

99. Pottia Ehrh. (Pottie).
(J. F. Pott, botan. Prof. in Braunschweig. † 1803.)

Kleine Moose, zumeist auf Aeckern, Wegrändern, Steingeröll; in der Ebene und den niebriger gelegenen Gebirgsgegenden vorkommend. Meist einjährige Stämmchen. Blätter eif. oder ei-lanz., ganzrandig, mit durchlaufender Rippe. Büchse eif. oder länglich, klein (etwa 0,8—2 mm l.), völlig ohne Mundbesatz (dadurch von den überaus ähnlichen Arten der Gattung Anacalypta wesentlich unterschieden). Die Früchte erscheinen meist im ersten Frühjahr, und zwar reichlichst, reifen dann das ganze Frühjahr hindurch.

1. Blattrippe in ein langes, weißes Glashaar auslaufend, deshalb die Räschen greisgrau. Blätter oberseits mit Lamellen verunebenet. 2.

   Blätter zugespitzt, oder mit kurzer Stachelspitze, aber ohne Glashaar; Blattrippe völlig glatt. 4.

2. Räschen klein, 2—4 mm h., grauschimmernd. Blätter aufrecht-abstehend, breit-lanz., hohl, gegen die Spitze gezähnelt und eingerollt; Glashaar lang, gezähnt; Büchse kugelf., kaum gestielt, daher den Hüllblättern eingesenkt; Deckel gerade-geschnäbelt. Auf Lehmboden; sehr selten. Frühling. (Fidleria subsessilis Rabh.) Stiellose P. P. subsessilis Br. et Sch.

   Büchse eif. oder länglich, auf etwa 4 mm hohem, rothem Fruchtstiel. Glashaar glatt. 3.

3. Blätter länglich bis spatelf., ohne Lamellen, stumpf, mit langem Glashaar. Kapsel länglich, kurz gestielt. Sehr selten (Rhöngebirge). Haarige P. P. crinita Wils.

   Blätter knospenartig anliegend, lanz., abwärts verschmälert, hohl, mit völlig ganzem und flachem Rande, oberseits mit Lamellen; Glashaar ungezähnt. Büchse meist eif., entleert nicht erweitert. Deckel schief geschnäbelt. Räschen w. b. v.; ziemlich häufig. Hohlblätterige P. P. cavifolia Ehrh.

4. Blätter grün, lanz., abstehend, mit trocken umgerolltem Rande. Büchse winzig, eif. oder elliptisch; Deckel kegelig-gewölbt, mit kurzem, stumpflichem Spitzchen. Herbst. Kleine P. P. minutula Schwaegr.

   Abart: rufescens Hübn. mit rothbräunlichen Blättern.

Deckel flach, mit schiefem, langem (²/₃ b. B.) Schnabel. Stämmchen 2—6 mm h. und höher. 5.

5. Büchse länger (fast doppelt) als dick. 6.

Blätter grün, ansehnlich, breit=lanz., ganzrandig, zugespitzt. Büchse kaum länger als breit, nach der Entdeckelung die Mündung sehr erweitert, dadurch kurz=kreiself.; Deckel flachgewölbt, mit schiefem Schnabel. Fruchtstiel 2—4 mm l. Niedere, lockere Räschen oder Trupps, auf feuchten Aeckern, Wiesen, an Gräben u. s. w.; sehr häufig. Herbst bis Frühling. (Fig. 73.) Abgestutzte P. P. truncata L.

6. Büchse länglich=eif., fast walzenf., bis über 1 mm l., nach der Entdeckelung an der Mündung wenig erweitert. Blätter ganzrandig, oder an der Spitze kaum gekerbt. An grasigen Wegrändern, auf Feldern u. s. w.; sehr häufig. Ist nur als Abart von P. truncata zu beurtheilen, und es lassen sich alle Uebergänge dazu finden. Vermittelnde P. P. intermedia Rabh.

Anm. Leicht zu verwechseln mit Anacalypta lanceolata, aber durch kürzere Blattspitze, längeren Schnabel des flachen Deckels und fehlenden Mundbesatz sicher zu unterscheiden.

Blätter breit=lanz., mit stengelumfassendem Grunde, etwas rinnig, gegen die Spitze hin gesägt, mit vor der Spitze verschwindender, rother Rippe. Büchse eif. oder länglich=eif., mit weder verengerter noch erweiterter Mündung; Deckel dem Mittelsäulchen angewachsen, noch nach der Reife verbleibend. Auf thonigen, grasbewachsenen Plätzen, und zwar zumeist auf Salzboden; nicht häufig. Habituell den beiden vorigen sehr ähnlich. Heim'sche P. P. Heimii Br. et Sch.

14. Fam. Splachnaceen.

100. Tetraplodon Br. et Sch. (Vierzahnmoos).

(tetraplus vierfach, odon Zahn.)

Mundbesatz besteht aus 16 immer je 2—4 genäherten Zähnen. Ansatz sehr gedunsen, meist purpurroth. Früchte meist reichlich, reifen Ende Frühling und im Sommer.

1. Blätter sehr entfernt gestellt, aufrecht=abstehend, lanz., gezähnelt. Büchse auf nur mehrere mm l. Fruchtstiele, aber nicht über die Rasen hervorragend; Ansatz etwa doppelt so dick und fast 2mal so l. als die Büchse. Auf den Alpen (auch auf den alpinen Sudeten); gern auf verwittertem Dünger. Schmalfrüchtiges V. T. angustatus Br. et Sch.

— mehr oder minder dicht stehend, oft anliegend, meist länglich=eiförmig, völlig ganzrandig. Büchse über den Rasen hervorragend. Ansatz wie b. v., oder dünner. 2.

2. Sehr dichte, etwa 3 cm h. Rasen. Blätter kurz, gebunsen-hohl, kurz gespitzt, anliegend; Blattrippe vor der Blattspitze verschwindend. Früchte stets zahlreich. Büchse walzenf., etwa halb so dick als der eiförmige Ansatz. Fruchtstiel 4—8 mm h., dick. Bloß auf hohen Alpen, daselbst auf verwittertem Kuhdünger; selten. **Urnenfrüchtiges B.** T. urceolatus Br. et Sch.

Mehr oder minder dichte, oft lockere, 2—7 cm h. Rasen. Blätter eif., etwa 3 mm l., bis 2 mm br., plötzlich zugespitzt; Blattrippe in meist lange Spitze auslaufend. Fruchtstiel 2—5 cm h. Früchte meist zahlreich. Auf den Alpen, auch in Moorgegenden der Ebene gefunden, „auf den moorigen Ebenen der Donauinseln bei Ingolstadt, im Oldenburgischen bei Oldenbrock, ferner in den schlesischen und böhmischen Gebirgen." **Sternmoosartiges B.** T. mnioides Br. et Sch.

Abart: Brewerianus, mit wagerecht abstehenden Blättern.

101. Splachnum L. (Schirmmoos).
(splanchon Moos.)

Zähne des Mundbesatzes sehr derb, schöngelb, paarig-genähert. Ansatz sehr gedunsen, glänzend purpurroth oder gelb. Juli, August.

1. Blätter lanz., lang zugespitzt, an der Spitze grob gezähnt. Ansatz (welcher erst nach der Fruchtreife völlig ausgebildet wird) allmälig in den Fruchtstiel verdünnt, 2—4mal so l. und 2—4mal so dick als die walzenf. Büchse, gelb, dann purpurroth werdend; Büchse keulenf., dann walzenf. oder becherig, etwa 1 mm l.; Fruchtstiel 1—7 cm h. Auf Torfmooren, daselbst gern auf verwittertem Kuhdünger; in der ganzen Ebene Norddeutschlands, jedoch ziemlich selten. (Fig. 74.) **Flaschenfrüchtiges Sch.** Spl. ampullaceum L.

— ganzrandig oder kaum gezähnt. Ansatz nicht so allmälig in den Fruchtstiel übergehend; meist nur bis 2mal so dick und l. als die Büchse. Fruchtstiel etwa 2 cm h. 2.

2. Ansatz fast kugelrund, purpurviolett, viel dicker als die kurz-walzenf. Büchse. Bisher wohl nur auf dem Brocken und bei der Achtermannshöhe gefunden. **Gefäßfrüchtiges Sch.** Sp. vasculosum L.

— ei-rund, roth oder rothbräunlich, oft kaum dicker als die Büchse. Auch auf verschiedenen Gebirgen Mittel- und Süddeutschlands, besonders in den Alpen; sehr selten. **Kugelfrüchtiges Sch.** Spl. sphaericum L. fil.

102. Dissodon Grev. (Doppelzahnmoos).
(dis doppelt, odon Zahn.)

Rasen ansehnlich, locker. Blätter breit, nicht gedrängt. Frucht walzenf., mehr oder minder langhalsig Sommer (Juli, August).

1. Rasen glänzend gelbgrün. Büchse langhalsig bis eif.; Deckel sehr klein, auch nach der Reife auf dem über der Büchse hervortretenden Mittelsäulchen sitzen bleibend. Fruchtstiele einzeln, kurz und kräftig. Auf den höchsten Alpen, z. B. bei Heiligenblut, nicht häufig. Hornschuch'sches D. D. Hornchuchii Grev. et Arn.
Deckel nach der Reife abfallend. Fruchtstiele mehrere cm l. 2.
2. Blätter zungenf., gerundet=stumpf. Büchse ziemlich langhalsig, gedrungenbirnf.; Zähne des Mundbesatzes paarig=genähert. Nur auf den Alpen. Fröhlich'sches D. D. Froelichianus Hedw.
— länglich=eif., stumpflich. Büchse meist kurzhalsig=birnf. Zähne des Mundbesatzes alle gleich weit von einander. Nur auf den Alpen. Schirmmoosartiges D. D. splachnoides Themb.

103. Tayloria Hook (**Taylor's Moos**).
(Taylor, engl. Botaniker.)

Von der Tracht der vorigen Gattung; wesentlich nur durch den Mundbesatz (sowie durch die zugespitzten Blätter) unterschieden. Sommer (Juli, August).
1. Blattrippe vor der Spitze verschwindend. Büchse langhalsig=keulenf.; Sporen bräunlichgrün; Fruchtstiel 1—5 cm h. Deckel geschnäbelt, fast so l. als die Büchse (excl. Hals). In den Alpen, dem Riesengeb.: auf verwittertem Thierkoth an schattig feuchten, waldigen Gebirgsstellen; selten. Schirmmoosartiges T. T. splachnoides Schleich.
Fruchtstiel meist nur 1 cm h. Deckel meist kegelf., ohne Schnabel. Sporen schöngelb. 2.
2. Büchse kurz=eif., Deckel halbkugelig, orangebräunlich. Blätter ei=lanz., nach der Spitze hin stark gesägt; Rippe vor der Blattspitze verschwindend. In Tannenwäldern aller höheren deutschen Gebirge, auf verwesten Pflanzen, verwittertem Kuhdünger. Gesägtblätteriges T. T. serrata Hedw.
— länglich, kurzhalsig. Deckel stumpf=kegelf., schöngelb. Blätter ganzrandig oder an der Spitze fein gesägt; Rippe in eine lange Pfriemenspitze auslaufend. Nur in den Alpen: an moosbewachsenen Baumstämmen; sehr selten. Rudolph'sches T. T. Rudolphiana N. et Hnsch.

15. Fam. **Disceliaceen**.
104. Discelium Brid. (**Scheibenmoos**).

Stengel sehr niedrig, knospenförmig. Blätter eif., stumpflich, ganzrandig, rippenlos. Büchse kugelf., nickend, auf sehr kurzem, stark gedrehtem Stiel; Deckel kegelf.; Ring breit; Haube fast der ganzen Länge nach gespalten. Mundbesatz einfach: 16 glatte, lanz., längsstreifige und mit starken Querbalken versehene Zähne. Auf sandigem Boden; sehr selten (bei Königshütte in Oberschlesien). Frühling. **Nacktes Sch.** D. nudum Brid.

16. Fam. Funariaceen.

105. Funaria Schreb. (Drehmoos).
(funis Seil, wegen des seilf. gedrehten Fruchtstieles.)

Rasen dicht, derb, aber meist niedrig, blaßgrün. Blattzellen sehr lockermaschig. Büchse auf meist übergebogenem Fruchtstiel, welcher im trockenen Zustande seilartig gedreht, feucht auseinander gedreht ist; meist unsymmetrischbirnf.; Deckel gewölbt, seine Zellen in spiraliger Anordnung. Haube blasig-mützenf., mit gelapptem Saum, geschnäbelt. Mundbesatz bei einigen Arten verkümmert, doppelt: der äußere besteht aus 16 nach rechts geneigten, flachkuppelf. zusammengeneigten, an der Spitze durch ein winziges Scheibchen verbundenen Zähnen, der innere (schwer frei zu machende) aus 16 jenen gegenüberstehenden Wimpern.

1. Frucht gestreift, trocken gefurcht, unsymmetrisch, auf sehr gebogenem Fruchtstiel hängend. 2.
— ungestreift, glatt bleibend, auf gebogenem oder geradem Fruchtstiel. 3.
2. Rasen dicht und derb, blaßgrün. Stämmchen knospenf. durch die gedrängt dicht anliegenden Blätter; diese sind länglich-eif., ganzrandig, zugespitzt, mit durchlaufender Rippe. Büchse weinkerngroß, auf ruthenartig übergebogenem, trocken sehr gedrehtem, etwa 2—5 cm h. Fruchtstiele vorgestreckt; Deckel flach gewölbt, orange, mit purpurnem Saum. Mundbesatz vollkommen. An freien Waldstellen, auf torfigem, moorigem Boden, an Gemäuer, Felsen, auf Schuttstellen, Dächern, Höfen, zwischen Steinpflaster; überall fast gemein. Früchte fast zu jeder Jahreszeit, bes. im Sommer. (Fig. 42.) **Wetterprophetenmoos.** F. hygrometrica L.

Tracht ähnlich, aber kleiner. Büchse wenig gestreift, trocken unbedeutend gefurcht, gedunsen-birnf., auf dickem Fruchtstiel; Deckel gewölbt-kegelf. Innerer Mundbesatz verkümmert. Sporen doppelt so groß als b. v. Nur an der Splügenstraße bei Andeer, am Taminafluß, an der Gemmi, im Engadinthale: an Quarzgestein. **Kleinmündiges Dr.** F. microstoma Br. et Sch.

3. Blätter entfernt-stehend, am Gipfel rosettig gehäuft, gesägt. Büchse auf im feuchten Zustande stark übergebogenem, kurzem Fruchtstiel tief herabhängend, langhalsig, sanft gekrümmt, trocken mit sehr erweiterter Mündung; Deckel flach-gewölbt. Auf thonigem Ackerland, an Grabenrändern. Sehr selten (nur bei Kulenbach in Oberfranken).

(Entosthodon curvis. C. Müller.) **Bogenstieliges** Dr. F. curviseta Schwaegr.

Fruchtstiel gerade, mit aufrechter und gerader oder sich krümmender Büchse. 4.

4. Blätter eif., lang zugespitzt, unterwärts entfernt=stehend. Fruchtstiel steif und derb, etwa 1—2 cm l., gerade, oder doch nur wenig ge= bogen. Büchse keulen=birnf., sich krümmend; Deckel gewölbt, kegelf., gespitzt. Mundbesatz vollkommen. An Felsen, Gemäuer, auf Kalk= und sandigem Thonboden; selten (sehr selten in Norddeutschland). Frühling. (F. hibernica Hook et Tayl., F. Mühlenbergii Schwaegr.) **Kalkholdes** Dr. F. calcarea Wahlenb.

Anm. Ein sehr abartendes Moos, daher vormals in mehrere Arten getheilt.

Blätter abstehend, ei=lanz., zugespitzt, ungesäumt, von der Mitte bis zur Spitze gesägt. Büchse auf aufrechtem Fruchtstiel, aufrecht (oder ein wenig geneigt) und gerade, fast völlig symmetrisch, gedrungen kugel= birnf., senfkorngroß, rothbraun werdend; Deckel klein, gewölbt, höchstens durch ein Wärzchen gespitzt. Sporen groß. Mundbesatz verkümmert, scheinbar fehlend. Auf Acker= und Grabeland, an Dämmen u. s. w.; ziemlich häufig. Frühling. (Entosthodon fasc. Schpr.) **Büscheliges** Dr. F. fascicularis Dicks.

106. Pyramidium (Pyramidula) Brid. (**Pyramiden= häubchen**).

Stämmchen etwa 2 mm h. Blätter abwärts am Stengel winzig, auf= wärts größer, knospenf. gedrängt, ei=lanz., steif, lang zugespitzt, ganzrandig; Rippe durchlaufend. Büchse gedrungen=birnförmig, ihre Mündung zusammen= gezogen. Deckel gewölbt, mit Warzenspitze; Mundbesatz fehlt. Fruchtstiel 2 bis 4 mm h. Besonders auf feuchten Lehmäckern; sehr selten (Thüringen bei Erfurt, Gotha, Arnstadt; Fichtelgebirge bei Berneck; Neumark bei Bärwalde; auf Elb= schlamm zwischen Dresden und Loschwitz, bei Wesenstein; am Rhein bei Lorch; Harz bei Blankenburg; Schlesien z. B. bei Ingramsdorf). Herbst und Früh= ling. **Vierkantiges** P. P. tetragonum Brid.

107. Physcomitrium Brid. (**Blasenhaubenmoos**).
(physce Blase, mitra Haube.)

Blätter meist ansehnlich, mit lockerem, großmaschigem Zellnetze. Büchse symmetrisch kugel=birnf., derbhäutig, aufrecht und gerade, mit nach der Ent= deckelung erweiterten Mündung. Deckel gewölbt, brustwarzig gespitzt; Haube nicht über die Mitte der Büchse reichend, mützenf., 5lappig, langgeschnäbelt. Fruchtstiel 2 mm bis fast über 1 cm h., derb, gelbröthlich. Mundbesatz fehlt.

1. Stämmchen 3—6 mm h. Blätter fast aufrecht, spatelf., stumpf gespitzt, meist ganzrandig; Rippe verschwindend. Fruchtstiel etwa 3 mm h. Büchse klein (wenig über mohnkorngroß), kugelf., entdeckelt halbkugelig=beckenf.; Deckel mit kurzer, gerader Spitze. An feuchten oder ausgetrockneten Orten, Teichufern, besonders auf schlammigem oder lehmigem Boden; überall, doch überall fast selten. Herbst und Frühling. Kugelf. Bl. Ph. sphaericum Brid.

   Pflänzchen ansehnlicher. Blätter eif. oder ei=lanz., scharf zugespitzt. Büchse größer (etwa senfkorngroß), blässer, höher gestielt, mit deutlichem Halse, entdeckelt napff. 2.

2. Blattrippe lang auslaufend. Büchse mit verengter Mündung; Deckel kurz kegelf. Auf Sandboden; sehr selten (Westfalen). Zugespitztes Bl. Ph. acuminatum Br. et Sch.

   — verschwindend. 3.

3. Blätter ganzrandig, oder gegen die Spitze stumpf gezähnt. Büchse entdeckelt weitmündig, unter der Mündung durchaus nicht eingeschnürt; Deckel stumpf kegelf. Ziemlich selten (hie und da im Rheinthale in Schlesien, in der Mark). Herbst und Anfang Frühling. Weitmündiges Bl. Ph. eurystomum Sendt.

   — von der Mitte an scharf gesägt. Fruchtstiel etwa 1 cm h. Büchse birnf., entdeckelt erweitert, aber unter der Mündung eingeschnürt, bis über senfkorngroß, Deckel gewölbt, mit kurzer, stumpfer Spitze; Ring doppelt (bei den vorigen Arten einfach). Auf Grabeland, Aeckern, nackten Wiesenstellen; überall gemein. Mai, Juni. (Fig. 75.) Birnf. Bl. Ph. pyriforme L.

   Anm. In Tracht sehr ähnlich der Funaria fascicularis, aber alsbald zu unterscheiden durch nicht=geschlitzte Haube, gespitzten Deckel.

108. Entosthodon Schwaegr. (Hinterzahnmoos).
(entos hinten, odon Zahn.)

Dem v. äußerlich sehr ähnlich. Rasen dicht und niedrig. Blätter abwärts entfernt, lanz., aufwärts ei=lanz. und zu einem breiten Schopfe gedrängt; fast ganzrandig, aber mit breitem, dickem, gelblichem Saum. Büchse klein, kugelbirnf., auf steifem, aufrechtem Fruchtstiel fast oder völlig gerade; Deckel gewölbt, fast gar nicht genabelt; Haube blasenf., seitlich geschlitzt, geschnäbelt. Mundbesatz 16zähnig, meist aber verkümmert. In sonnigen Haiden; selten (z. B. im Elsaß bei Gebweiler, in der Pfalz bei Neustadt). Mai, Juni. Haide=H. E. ericetorum C. Müller.

Anm. Sind die Blätter ungesäumt, so siehe die Gatt. Funaria.

17. Fam. Bruchiaceen.

109. Voitia Hnsch. (Voitie).
(Voit, Verfasser einer Moosgeschichte von Würzburg.)

Rasen dicht, ansehnlich, bis einige cm h., unterhalb wurzelfilzig. Blätter freudiggrün, bis 4 mm l., bis 1 mm br., ei=lanz., pfriemlich zugespitzt, locker gestellt. Fruchtstiel etwa 1,5 mm h., sehr derb. Büchse länglich=eif., lang geschnäbelt, 2 mm l.; Haube kapuzenf. Auf den höchsten Alpenpunkten von Tyrol, meist auf verwittertem Kuhmist (auf der Fleißalpe, der Gamsgrube, dem Venediger, der Pasterzalpe über Heiligenblut). Schnee=W. V. nivalis Hnsch.

110. Pleuridium Brid. (Seitenköpfchenmoos).
(pleura Seite.)

Rasen weich, glänzend. Blätter fein, borstenf., einige mm l., glänzend. Büchse glatt, glänzend, auf kurzem (erst durch Herausheben der Büchse erkennbarem) blassem Fruchtstiel; Haube kapuzenf.

1. Rasen rothbräunlich, 3—6 mm h. Blätter aus eif. Basis plötzlich in eine sehr lange (rothbräunliche) Pfriemenspitze auslaufend; Blattrippe weit auslaufend. Büchse eif., rothbraun, zwischen den Hüllblättern versteckt. An feucht=sandigen, oder trocken=schlammigen Orten; nicht allzu häufig. Mai, Juni. Wechselblätteriges S. Pl. alternifolium Brid.

    Rasen grün oder gelbgrünlich. Blätter sehr allmälig in die Spitze auslaufend. Büchse bräunlich, kleiner. 2.

2. Stämmchen 2—4 mm h. Die untern Blätter ei=lanz., die Gipfelblätter pfriemlich=borstenf.; Rippe mit der Spitze verschwindend. Büchse kugel=eif., in den Hüllblättern versteckt, fast ganz stiellos. Gemein auf Aeckern, Wiesen, in Gärten, an Wegen, Gräben, Waldrändern u. s. w. April bis Mai. (Fig. 76.) Pfriemenblätteriges S. Pl. subulatum L.

    — 2—6 mm h. Blätter lanz. oder lineal=lanz.; Rippe unter der Spitze verschwindend. Büchse kleiner, länglich=eif. Durchaus nicht selten, besonders an ausgetrockneten Orten, Teichen, Gräben, Flußufern, auch auf Aeckern und Wiesen. Oktober. Glänzendes S. Pl. nitidum Hedw.

111. Bruchia (Sporledera) Schwaegr. (Bruchie).
(Bruch, berühmter Bryologe, welcher 1836—1855 mit Schimper (Br. et Sch.) die Bryotheca europaea herausgab, ein 487 Mk. kostendes Werk mit 640 Tafeln Abb. und Text in lat., deutscher und franz. Sprache.)

Stämmchen meist 5 mm, doch auch bis 1,3 cm h. Büchse eif., groß, den Hüllblättern versteckt eingesenkt, auf winzigem, derbem Fruchtstielchen. Auf torf=

moorigen Stellen, an feuchten Orten. Sehr selten. Ende Frühling. Sumpf=Br. Br. palustris C. Müller.

Stämmchen w. b. v. Büchse birnf., auf längerem Fruchtstiel über die Hüllblätter hervorragend. Auf verwittertem Kuhmist; äußerst selten (in den oberen Vogesen zwischen Felsenklüften auf dem Hoheneck von Mougeot). Br. vogesiaca Schwaegr.

112. Sphaerangium Schpr. (Kugelbüchsenmoos).
(sphaera Kugel, angos Büchse.)

Die Pflänzchen bilden dichte Ueberzüge, sind fest geschlossene, etwa 1 mm große, fast kugelige Knöspchen, deren dicht anliegende Blätter die kugelförmige, rothbraune Büchse umschließen.

Rasen trübgrün, später rothbräunlich. Blätter 3zeilig, daher die knospenartigen Pflänzchen genau 3kantig; Blätter breit eif., scharf zugespitzt; Rippe gelblich, auslaufend. Büchse orangefarben, nickend. Auf lehmigem Boden; selten (im Rheinthal zerstreut, auch bei Naumburg). Frühling. **Dreikantiges K.** Sph. triquetrum Schr.

— grün, zur Fruchtreife aber oft gelb= oder rothbraun. Pflänzchen noch kleiner, kugeliger, nicht 3zeilig, die (röthlichen) Pflänzchen fest knospenf. geschlossen, nur die Spitzchen der Blätter wenig zurückgekrümmt. Die unteren Blätter rippenlos, die oberen mit starker, auslaufender Rippe. Büchse ganz eingesenkt, orangefarben, gerade=aufrecht. Auf Lehmäckern, an trockenen Waldrändern; ziemlich selten. Fruchtreife im Herbst, bes. im ersten Frühling. Sph. muticum Schpr.

113. Archidium Brid. (Urmoos).
(archidios anfänglich, wegen der geringen Organisation der Büchse.)

Rasen angenehm grün, dicht, lagernd, besteht aus etwa 1 cm l., schlanken, schlaffen Stengeln, welche nach der Fruchtreife sich aufwärts verzweigen, auch reichlich fädige, feinstblätterige Ausläufer treiben. Blätter entfernt=gestellt, winzig, lanz.; Rippe meist vor der Spitze verschwindend. Büchse kugelig, blaß, eingesenkt und nur mühsam zu entdecken; mit zartester, unregelmäßig zerreißender Haube. Auf sandigen, feuchten Aeckern und Hügeln bei Zweibrücken. (A. phascoides Brid.) **Wechselblätteriges U.** A. alternifolium Dicks.

18. Fam. Phascaceen.

114. Ephemerella C. Müller (Kleines Eintagsmoos).

Pflänzchen gedrängt, doppelt so groß als Eph. serratum, mit bleibendem, grünem Vorkeim. Blätter trocken verbogen und gedreht, die unteren eif., die oberen lanz., gegen die Spitze hin ungenau gesägt, lebhaft grün, mit stachelspitzig durchlaufender, starker, grüner Mittelrippe, meistens sehr zurück=

gekrümmt. Büchse fast kugelrund, braunroth, mit schiefem, schnäbeligem Spitzchen. Auf feuchten, lehmig-kalkigen Aeckern und Wiesen; äußerst selten. **Gekrümmtblätteriges** E. Eph. recurvifolia Schr.

Blätter trocken nicht verbogen, nur an der Spitze zurückgekrümmt, durchweg scharf gesägt. Büchse mit kurzem, schiefem Spitzchen. Nur am Zechower Berg bei Landsberg an der Warthe gefunden. Eph. Flotowiana Funk.

115. Microbryum Schpr. (Kleinmoos).
(micros klein, bryum Moos.)

Pflänzchen knospenf., winzig, trüb- oder braungrün. Blätter aufrecht-abstehend, etwas zurückgebogen, elastisch, gebräunt, eif., lang und scharf zugespitzt; Rippe der unteren Blätter über der Mitte verschwindend, die der oberen stachelspitzig austretend. Büchse fast kugel-eif., gelbbraun, mit kurzer, gerader Schnabelspitze. Auf lehmigen oder kalkigen, feuchten Aeckern, Wiesen, an Grabenrändern u. s. w.; nicht häufig. Herbst und Winter. **Flörke'sches Kl.** M. Floerkeanum Schpr.

116. Phascum L. (Glanzmoos).
(phascein glänzen.)

1. Stämmchen 5—10 mm h., freudiggrüne oder bräunliche, angenehme Rasen bildend. Blätter abwärts klein, ei-lanz., aufwärts größer (2—4 mm l.), länglich-lanz., aufrecht-abstehend, ganzrandig; Rippe bis zur Blattspitze. Büchse elliptisch oder eif., 1—2 mm l., glänzend kastanienbraun, schiefgeschnäbelt, auf 3—6 mm l., geradem Fruchtstiel auffällig über die Hüllblätter emporgetragen. Auf lehmig-sandigem oder thonigem Boden, Aeckern u. s. w.; nicht häufig. März, April. **Bryumartiges Gl.** Ph. bryoides Dicks.

   Abart: piliforme kaum 2 mm h. Blätter mit langer Haarspitze. Büchse sehr kurz gestielt.

   — kürzer, meist knospenf. (scheinbar stengellos). Fruchtstiel höchstens 1 mm l., in den Hüllblättern versteckt, oder seitlich leise hervorblickend. 2.

2. Stämmchen knospenf., 0,5—1 mm h., oder gestreckt 2—4 mm h., fahlgelbliche bis braunröthliche, zarte, flache Rasen (Ueberzüge) bildend. Blätter nur etwa 1 mm l., ei-lanz., von der durchlaufenden Rippe lang zugespitzt. Büchse eif., schief gespitzt, auf 1—3 mm l., schwanhalsig gebogenem Fruchtstiel durch die Hüllblätter nickend-hervortretend; Haube goldgelb, braunroth zugespitzt. Auf Sand- und Lehmboden, Gemäuer; ziemlich selten. **Krummstieliges Gl.** Ph. curvicollum Hedw.

Pflänzchen meist knospenf., dicht gedrängte, grüne oder bräunliche Ueberzüge bildend. Blätter aufrecht-abstehend oder knospenf. übereinander,

2—4 mm l., ei=lanz.; die oberen lanz. zugespitzt. Büchse kugel= oder
eif., auf kaum bis 1 mm l. Fruchtstiele in den Hüllblättern versteckt.
Spitzblätteriges Bl. Ph. cuspidatum Schreb.
  Abarten:
    a. Pflänzchen nicht knospenf., sondern der Stengel ist mehrere mm
       bis 1 cm verlängert:
       curvisetum Schpr. Büchse auf gekrümmtem Fruchtstiel seitlich
         zwischen den Hüllblättern herausbrechend.
       Schreberianum Dicks. Stengel entfernt beblättert, aufwärts
         mehrfach verzweigt. Büchse seitlich herausbrechend.
    b. Pflänzchen knospenf., klein:
       piliferum P. B. Blattrippe als ein langes Glashaar auslaufend;
         Büchse groß, eingesenkt.

19. Fam. Physcomitrioideen.

117. Physcomitrella Schpr. (Bläschenhaubenmoos).
(physce Blase, mitrella Häubchen.)

Stämmchen 2—3 mm h., blaßgrün, weich, gedrängt. Untere Blätter ei=
lanz., die oberen breit=spatelf., eine Rosette bildend, trocken welk=verbogen, etwa
1 mm l., zugespitzt, von der Mitte bis zur Spitze fein gesägt; Blattrippe
kräftig, aber vor der Blattmitte verschwindend. Büchse eingesenkt, kugelrund,
klein, kastanienbraun. Auf feuchtem Lehmboden, Aeckern, in Gärten, an Fluß=
ufern. Herbst. Ausgebreitetes Bl. Ph. patens Hedw.

118. Ephemerum Hampe (Eintagsmoos).
(ephemeros vergänglich.)

Die allerwinzigsten, mit bloßem Auge kaum zu unterscheidenden Moos=
pflänzchen, welche nur durch ihre zart=überzugartigen Rasen auffällig werden.
Büchse kugelf., eingesenkt. Ausgezeichnet sind sie übrigens durch die dauernd sich
erhaltenden, smaragdgrünen, dichotom verzweigten, aufgerichteten Vorkeimfäden,
zwischen denen die Pflänzchen mehr oder minder verstreut einsitzen; unter den
Gattungen der Phascaceen erhält er sich nur noch bei Ephemerella und einiger=
maßen bei Sphaerangium. Winter und Anfang Frühling.

1. Mittelrippe stark vorhanden. 2.
   — fehlt. 3.
2. Blätter schmal lineal=lanz., fast ganzrandig, starr, mit stachelspitzig aus=
   laufender Mittelrippe. Zellnetz dichter, schmäler als bei der f. Auf feuch=
   tem Thonboden; sehr selten (bei Zweibrücken, Blankenburg im Harz,
   Hamburg). Schmalblätteriges E. Eph. stenophyllum Voit.

— lanz. (die unteren ei-lanz.), gegen die Spitze gezähnelt, mit nur bis zur Spitze laufender Rippe. Büchse braunroth. Auf feuchtem, sandigem Thon- und Lehmboden; sehr selten (zerstreut im Rheinthal, auch bei Naumburg). Herbst. Eph. cohaerens Hampe.

— viel schmäler, mit stumpf-gesägtem Rande, lockerem Zellnetz. Büchse blaßbräunlich. Nur in der Mark Brandenburg bei Bärwalde an Grabenrändern gefunden. Ruthe'sches E. Eph. Rutheanum Sch.

3. Büchse kirschbraunroth, sehr glänzend. Blätter lanz., scharf gesägt. Auf Aeckern (Kleefeldern), in Ausstichen, auf nackten Wiesenstellen, an Waldrändern u. s. w.; häufig. Gesägtrandiges E. Eph. serratum Hampe.

— blaß bräunlichgelb, mattglänzend. Blätter ei-lanz., am Rande fein gekerbt oder kaum ausgerandet. (Nur bei Niesky in der Lausitz). Zartes E. Eph. tenerum Bruk.

20. Fam. Andräaceen.

119. Andreaea Ehrh. (Mohrenmoos).
(Andreä, Apotheker in Hannover.)

Dunkelbraune oder braunschwarze bis schwarze Polsterchen oder Rasen, steif und zerbrechlich; fast nur den Gebirgen angehörig: in den nord- und mitteldeutschen Gebirgen etwa 1 cm h., dagegen in den Alpen, wo sie vor Allem heimisch sind, bis etwa 6 cm h. Stengel meist gabelästig, dicht beblättert. Die Büchse anfangs den Hüllblättern eingesenkt, erhebt sich zur Reifezeit durch den dann erst sich verlängernden Fruchtstiel, öffnet sich durch Spaltung in 4 (oder auch 6) Längsrissen, bleibt aber an der Spitze verbunden, trägt daselbst anfangs die zarte, kurze Haube, streut endlich die am Mittelsäulchen befindlichen Sporen aus. — Durch die Büchse bilden diese Moose den Uebergang zu den Lebermoosen. Früchte meistens reichlich vorhanden, reifen vom Mai bis August. (Fig. 20.)

1. Blätter mit mehr oder minder starker Mittelrippe. 3.
— völlig ohne Mittelrippe. 2.

2. Blätter allseitig, glatt, stumpf zulaufend, Blattrand gezähnelt, Fruchtstiel purpurroth. A. alpina Turn.

— angedeutet einseitswendig, am Rücken körnig rauh, eif. bis länglich, hohl, scharf gespitzt, ganzrandig. Fruchtstiel blaßgelblich, höchstens mit röthlichem Anfluge. Nicht selten, in allen nord- und mitteldeutschen Gebirgen, massenhaft z. B. am Brocken, auf der Kalbe des Meißner u. s. w.; sehr selten auch im Flachlande. Felsliebendes M. A. petrophila Ehrh.

3. Blätter stumpflich oder stumpf; Büchse mit kropfigem Grunde. Bloß in den Alpen gefunden (Grimsel). 4.
— lang oder scharf zugespitzt. Auch auf andern Gebirgshöhen (1000 bis 4000 Fuß Höhe). 5.
4. Blätter ei-lanz., mit sehr starker, breiter, auslaufender Rippe. Fruchtstiel gerade. **Starkrippiges M.** A. crassinervia Bruch.
— lineal-lanz., mit sehr schwacher, undeutlicher Rippe. Fruchtstiel oft gekrümmt. A. Heinemanni C. Müller.
5. Blätter aus eif. Grunde lineal-lanz., flach, oft einseitswendig. Hüllblätter aus eif., breitem Grunde pfriemlich auslaufend, in eine stumpfe Spitze abgesetzt. Auf fast allen Gebirgen, selbst in der Ebene gefunden (in Oldenburg zwischen Hagen und Meyenburg von Roth). **Roth'sches M.** (A. rupestris L.) A. Rothii Web. et M.
— schmal lanz.; Hüllblätter ebenso. Nur in den Alpen (Grimsel). **Schneehöhen-M.** A. nivalis Hook.

21. Fam. Sphagnaceen (Torfmoose).
112. Sphagnum Dill. (Torfmoos).

Stengel nur in der Jugend zart bewurzelt, späterhin ganz wurzellos, stirbt stetig unterhalb ab und verlängert sich an der Spitze, wo er durch die eigenthümliche Gipfelastbildung gewissermaßen unendliches Wachsthum hat. In den Blattwinkeln der längeren, kätzchenförmigen Aeste die Antheridien, in denen der kurzen, knospenförmigen die Archegonien. Meist peitschenf. sind die Seitenzweige, welche den Stengel abwärts zerstreut besetzen. — Die Stengelblätter, welche sehr vereinzelt am Stengel herab stehen, sind in der Form sehr verschieden von den dachziegelartig gehäuften Astblättern (der Gipfel- und Seitenzweige); man gewahrt jene erst, und auch dann oft nur mühsam, wenn man die Seitenzweige vorsichtig entfernt hat. Der mikroskopische Bau aller Blätter ist ganz eigenartig; sie haben einestheils kleine, saft- und chlorophyllhaltige Zellen, von denen anderntheils weit größere, glashelle, leere Zellen, die meist mit Spiralfasern und auch mit Poren versehen sind, maschig umschlossen werden. — Büchse kugelrund, reif eif. bis urnenförmig, stets ohne Mundbesatz; sie sitzt auf etwa 1 cm l., braunem Stiel, welcher aber durchaus nicht der eigentliche Fruchtstiel ist, sondern nur eine stielartige Verlängerung des Fruchtastes oder vielmehr Blüthenbodens, ein Pseudopodium, in dessen Spitze das Archegonium eingesenkt war mit kurzer zwiebelförmiger Anschwellung (welche äußerlich nicht sichtbar und kaum $\frac{1}{2}$ so l. als die Büchse, der merkwürdige eigentliche Fruchtstiel ist); durch diesen eingesenkten, eigentlichen Fruchtstiel wird das Pseudopodium an seiner Spitze, also am Grunde der Büchse, scheibig erweitert. — Eine Haube ist kaum vorhanden; nämlich das

Archegonium zerreißt nach Befruchtung der Keimzelle von seinem Grunde her und bleibt, nicht weiter sich entwickelnd, nur als zartes, röthliches Spitzchen auf dem Deckel, welches man als Haube verstehen darf. — Sporen von zweierlei Form, kleinere, polyedrische (Mikrosporen), und größere, tetraedrische (Makrosporen); nur die letzteren sind keimfähig.

Sie finden sich, meist mehrere oder gar viele Arten beisammen, allenthalben auf Torfmooren und Sümpfen, in feuchten Brüchen und Tümpeln, auf nassen Wald- oder Wiesenstellen, in Gräben, an schattigen, nassen Berglehnen; in der Ebene wie in Gebirgen. Ihre Fruchtreife fällt der Mehrzahl nach in den Juli und August; aber einige Arten fruchten überaus selten.

Anm. Einige Arten sind in ihrer äußeren Tracht sehr veränderlich (in Färbung, Größe, einigermaßen auch in der Form der Blätter und der Ausstattung von deren Zellen mit Poren und Spiralfasern), so daß sie reich an Spielarten und diese wieder reich an Formen sind und den Anfänger leicht in Verlegenheit setzen; manche dieser Spielarten sind so eigenartig, daß die einen Autoren sie als gute Arten beurtheilen, andere (z. B. C. Warnstorf in seinem Schriftchen: „Die europäischen Torfmoose, 1881") bisher als gute Arten anerkannte Formen nur als Spielarten beurtheilen und deshalb zum Theil ganz neue Gattungsnamen aufgestellt haben. Am beständigsten ist die Form der Stengelblätter (welche von den Astblättern sehr verschieden sind, den Stengel von Astbüschel zu Astbüschel einzeln besetzen und nach deren sorgfältiger Entfernung wahrgenommen werden, aber mit dem Mikroskop oder starker Lupe betrachtet werden wollen); die wesentlich auf Grund dieser Stengelblätter von Warnstorf (nach Schliephacke) gegebene Bestimmungstabelle sei für den Anfänger gleichfalls unten*) angefügt, die allerdings nur auf mikroskopisch-anatomische Verhältnisse Rücksicht nimmt, und es seien da zugleich die Warnstorf'schen neuen Gattungs-Collectivnamen (z. B. Sph. variabile, cavifolium) angegeben.

1. **Blätter der Gipfeläſtchen breit eif. oder ei-lanz., nachenf.-hohl, stets stumpflich. Gipfeläſtchen durch die anliegenden Blätter meiſt von glattknospigem Ausſehen. 2.**
— **lanz., oder eif. (aber im letzteren Falle lanz.-zugeſpitzt), nicht gedunſen-hohl. 6.**

2. **Stengel blaßgelb (was man nach Entfernung der Aeste wahrnimmt). 3.**
— **roth- oder dunkelbraun. 4.**

3. **Rasen klein, weich, fast zart, grünlich oder gelbgrünlich. Stengel zart, meist niederliegend, 0,5—1 dm l., einfach oder getheilt. Gipfelzweigblätter (wenigſtens deren Spitze) dicht anliegend, breit-eif., mit**

---

*) Bestimmungstabelle der deutschen Torfmoose (nach Schliephacke und Warnstorf).
1. Rindenzellen der Aeste ohne Fasern. 2.
— — mit Spiralfasern. Sph. cymbifolium Ehrh.
2. Stengelblätter stets am Grunde am breitesten, a. b. Spitze mehr oder weniger deutlich verschmälert. 3.
— stets in der Mitte am breitesten, an ihrem Grunde und ihrer Spitze verschmälert. Sph. molle Sulliv.
— stets im oberen Theile am breitesten und nach unten deutlich verschmälert, und nicht nur an der breit gerundeten Spitze, sondern auch an den Rändern weit herab gefranst. Sph. fimbriatum Wils.
— oben und unten gleich breit, daher zungenförmig. 7.

feingezähnter Spitze, etwa 1 mm l., schmal gerandet. Stengelbl. groß, länglich-eif., mit zuweilen ausgenagter Spitze. Zweihäusig. — Auf Sumpf- und Torfwiesen; fast selten. Weiches T. Sph. molluscum Bruch.

— kräftiger, gelbgrünlich. Stengel aufrecht, etwas starr, 0,5—1 dm l. Blätter der Gipfelzweige steif aufrecht-abstehend, eif., mit (unter starker Lupe und Mikroskop) derb abgestutzter und da mit etwa 4 groben Zähnen gekrönter Spitze. Auf Mooshaiden bes. im westl. Deutschland; selten. Sph. Müllerii Schpr.

> Anm. Am nächsten verwandt mit Sph. rigidum, aber schwächlicher und schon durch den gelblichen Stengel verschieden.

4. Rasen grünlich, gelblich-, bräunlich- oder bläulichgrün, ansehnlich, schwellend. Stengel derb, 1—3 dm l., meist dichotom, mit sehr gedunsenen, etwa 2 mm dicken Zweigen. Blätter der Gipfelzweige breit-eif., sehr gedunsen, groß (1—3 mm br., 2—3 mm l.), mit ungerolltem Rande, kappenf., völlig stumpfer, auch unter Lupe und Mikroskop weder abgestutzter noch gezähnter Spitze. Stengelblätter zungenförmig, mit gerundeter, ausgenagter Spitze, sehr schmal gesäumt, mit oder ohne Spiralfasern. Auf Sumpfwiesen, Torfmooren, in und an Bächen und quelligen Plätzen der Wälder; überall gemein. Kahnblätteriges T. Sph. cymbifolium Ehrh.

> Anm. Die folgenden Unterarten sind habituell kaum zu unterscheiden, aber alle ausgezeichnet gegen andere Arten durch die sehr dicken, gedunsenen, dicht anliegend beblätterten Aeste.
>
>> a. vulgare Warnst., die überall sehr gemeine Normalform. Die Chlorophyllzellen der Astblätter von den Hyalinzellen ganz umschlossen, und diese haben innere glatte Wandungen.

---

3. Rand der Astblätter nur an den Spitzen eingerollt, trocken gerade oder wellig-gekräuselt. 4.
— — — weiter, oft bis zum Grunde eingerollt, stets gerade, nicht wellig-verbogen. 5.
4. Stengelrinde 3—4 schichtig, Zellen mittelgroß. Sph. acutifolium Ehrh.
— 1—2 schichtig, Zellen sehr eng. Astblätter trocken mit wellig-gekräuseltem Rande. Sph. variabile Warnst.
> Anm. Unter Sph. variabile vereinigt Warnstorf als Abarten die sonst als Arten beurtheilten Sph. intermedium Hoffm., Sph. spectabile Russow und Sph. cuspidatum Ehrh.
5. Stengelblätter klein oder groß, fast zungenförmig. 6.
— stets sehr klein, dreieckig, an der Spitze abgerundet oder breit gestutzt und gefranst. Sph. rigidum Schpr.
6. Stengelblätter schmal gesäumt, Saum nach unten nicht merklich verbreitert. Sph. cavifolium Warnst.
> Anm. Unter Sph. cavifolium vereinigt Warnstorf als Varietäten die sonst als Arten beurtheilten Sph. subsecundum N. et H. und Sph. laricinum R. Spruce.
— breit gesäumt, Saum nach unten stark verbreitert. Sph. molluscum Bruch.
7. Stengelrinde 3—4 schichtig, porös, Holzkörper gelblich. Sph. Girgensohnii Russ.
— 2—3 schichtig, porös, Holzkörper gelbroth. Sph. teres Angst.
> Anm. Unter Sph. teres vereinigt Warnstorf nur als Abarten die sonst als Arten beurtheilten Sph. squarrosum Pers., Sph. squarrulosum Lesq.

α. compactum Brid. (Sph. congestum Schpr.), dicht gedrängt, niedrig, meist gebräunt. Gipfeläste sehr gedrängt, Seitenäste kurz, meist aufwärts gebogen. An mehr trockenen Standorten, sehr häufig.
β. brachycladum Warnst., locker und sehr lang. Seitenäste kurz und dick, gar nicht gebogen.
γ. pycnocladum C. Müll., untergetaucht, sehr schlaff, alle Aeste verlängert und verdünnt, locker beblättert.
δ. laxum Warnst., b. v. sehr ähnlich, aber nie ganz untergetaucht. Blätter locker, aufrecht abstehend.
ε. fuscescens Warnst., tiefbraun. Seitenäste dick, verlängert.
ζ. purpurescens Warnst., sehr ansehnlich, herrlich carmoisinroth.
b. papillosum Lindb., früher als Art. Braungelb, starrer als vulgare, so daß die aus dem Wasser gezogenen Seitenäste in ihrer aufrechten Lage bleiben. Die Chlorophyllzellen der Astblätter von den Hyalinzellen ganz umschlossen, und deren innere Wandungen sind besetzt mit Papillen, d. h. kurzen, entfernt stehenden Verdickungsleisten. Bisher nur in Schlesien gefunden.
c. Austini Sulliv., früher als Art. Bleichgrün, unten bräunlich, kräftig, weich. Die Chlorophyllzellen der Astblätter nur auf deren Rückseite von den Hyalinzellen umschlossen und die Innenwand der letzteren ist an den Berührungsstellen mit sehr dicht stehenden, langen, kammartig vortretenden Verdickungsleisten besetzt. Auf feuchtem Haideboden, sehr selten.

Zweige nicht so gedunsen, vor Allem die Blätter kleiner und stets mit (schon unter scharfer Lupe erkennbar) abgestutzter und daselbst von einigen Zähnchen gekrönter Spitze. 5.

5. Rasen dicht und kräftig, etwas starr, aufrecht, grünlich, bräunlich oder blaugrün. Stämmchen derb, steif und straff, mehr und minder ästig, 1—3 dm l. Gipfelzweige derb, starr, kopfig gehäuft; Seitenzweige zu 3—4 in Büscheln, von denen meist nur einer schlaff herabhängt. Gipfelzweigblätter struppig aufrecht=abstehend, länglich oder breit, 1—3 mm l., mit stark eingebogenem Rande, breit abgestutzter und auffällig stark gezähnter Spitze. Stengelbl. klein, zungenf., mit gefranster Spitze. Auf Torfmooren, Sumpfflächen, nassen Waldplätzen; nicht zu häufig. Starres T. Sph. rigidum Schpr.

Abart: compactum Schpr. mit sehr dichten, nur 2—5 cm h., bläulich- oder bräunlich-grünen Rasen.

Anm. Abgesehen von den steif aufrecht-abstehenden Blättern der Gipfelästchen, wodurch diese Gipfelzweige kein glattknospiges Aussehen haben, und den characteristischen Blattspitzen: ist diese in Tracht bes. dem Sph. cymbifolium ähnliche Art schon durch die im trockenen Zustande starr gebrechliche Beschaffenheit zu unterscheiden.

Gipfelzweigblätter locker= oder dicht=anliegend (bes. feucht, wodurch die Gipfelzweige von glattknospig geschlossenem Aussehen), nicht so breit abgestutzt und minder stark gezähnt. Hohlblätteriges T. Sph. cavifolium Warnst.

a. subsecundum N. et Hnsch. (früher als Art). Astblätter an den inneren Wänden der hyalinen Zellen stets mit dicht neben einander liegenden kleinen Poren. Rinde stets 1schichtig

α. obesum Wils., schwimmend oder untergetaucht, sehr kräftig, blaß=
grün oder braunschwarz. Astblätter sehr groß, breit=eif., an der
breit abgerundeten Spitze bis 10zähnig.

β. contortum Schpr., von verschiedener Färbung, grün, gelb oder
braun. Die oberen Aeste durch dicht anliegende Beblätterung stielrund verlängert, wurmförmig gekrümmt; Astblätter breit eif.,
ihre Spitzen 5—8zähnig.

   * squarrulosum Gravet, stets graugrün. Aeste fast wagerecht, bes.
die Schopfblätter häufig sparrig abstehend.

   ** strictum Gravet, rothbraun und gelblich, gleichsam gescheckt,
fluthend. Die abstehenden Aeste meist aufwärts gekrümmt,
locker beblättert.

γ. molle Warnst., weich und meist sehr zart. Schopfäste meist sehr
kurz, eif., ihre Blätter ei=lanzettlich, meist etwas einseitswendig.
Die häufigste Form.

b. laricinum R. Spruce (früher als Art). Astblätter an den inneren
Wänden der hyalinen Zellen mit nicht in regelmäßigen Reihen stehen-
den, oft ganz fehlenden Poren. Rinde 2—3schichtig. In tiefen
Sümpfen, seltener.

6. Rasen rosenröthlich angehaucht oder purpurroth. Siehe Sph. acutifolium.
— ohne irgendwelche rosenröthliche Färbung. 7.

7. Stengel (Holzkörper) blaßgelblich oder grünlich. 8.
— gelbroth oder braun, kräftig, Stengelblätter groß, zungenförmig,
an der breit abgerundeten Spitze gefranst. Astblätter anliegend oder
sparrig, aus schmalerem Grunde plötzlich breit eif., über der Mitte zusammengezogen und dann in eine längere, gezähnte, am Rande eingerollte
Spitze auslaufend; gesäumt; die hyalinen Zellen bis zum Blattgrunde
mit zahlreichen Fasern und großen Poren. Ziemlich häufig; meist steril.
Drehzweigiges T. Sph. teres Angstr.

a. squarrosum Pers. (früher als Art), Rasen derb, gelb= bis blau=
grün. Astblätter 2—3 mm l., bis über 1 mm br., fast wagerecht
sparrig=abstehend (im feuchten sowie trockenen Zustande), wodurch
die Aeste ausgezacktes, gleichsam sägeförmiges Aussehen
haben. An nassen oder quelligen Orten, häufig.

    Anm. Von den folgenden Unterarten in Tracht völlig verschieden.

b. compactum Warnst., Rasen niedrig, dicht, bräunlich. Astblätter groß,
dicht anliegend.

c. gracile Warnst. (Sph. teres Angstr. als frühere selbstständige Art),
Rasen locker, oft sehr tief, gelbgrün oder semmelbraun. Astblätter
kleiner a. b. v., dicht anliegend (bei der Form squarrulosum Lesqu.
sparrig abstehend und zurückgekrümmt). In tiefen Wiesen= und Moor=
sümpfen, nicht selten.

8. Blätter besonders der Gipfelzweige stets mit geradem Rande, kaum über 1 mm l. 9.
— im trockenen Zustande mit wellig=verbogenem oder gekräuseltem Rande; oder mit geradem Rande, dann aber pfriemlich 2—5 mm l. **Vielgestaltiges T.** Sph. variabile Warnst.
  a. intermedium Hoffm. (recurvum P. d. B., früher als Art). Astblätter ei=lanz., trocken wellig verbogen und mehr oder minder gekräuselt, trocken auch sparrig zurückgekrümmt. Rindenzellen 2schichtig, eng und dickwandig, vom Holzkörper nur undeutlich geschieden.
    α. speciosum Russ. (Sph. spectabile Russ.). Pflanze kräftig. Astblätter etwa 2 mm l.; Stengelblätter groß, länglich dreieckig bis fast zungenförmig. Eins der schönsten und stattlichsten Torfmoose.
    β. majus Angstr. Ziemlich kräftig und schlank, gras= oder gelbgrün. Astblätter kaum bis über 1 mm l.; Stengelblätter klein, breit deltaf. Eins der verbreitetsten Torfmoose.
  b. cuspidatum Ehrh. (Sph. laxifolium C. Müll.), früher als Art. Astblätter lang lanz. bis pfriemlich, sehr lang (2—6 mm), trocken kaum oder wenig wellig verbogen, nur die Schopfblätter zurückgebogen. Rindenzellen 2—3schichtig, weitzelliger a. b. v., deutlich vom Holzkörper geschieden. Wasserliebende, schwimmende oder ganz untergetauchte, meist dunkel= oder braungrüne Pflanzen, von sehr federigem Aussehen.
    α. submersum Schpr. Aeste abstehend, bogig=gekrümmt, mit fast anliegenden Blättern. Stengelblätter groß, breit eiförmig. Die häufigste Form.
    β. plumosum Schpr. Astblätter abstehend, nicht zurückgekrümmt, lanz.=pfriemlich, mehrere mm l.
    γ. falcatum Russ. Aeste meist einseitswendig und mit hakenförmig=gebogenen Spitzen; auch deren Blätter meist einseitswendig sichelförmig.
9. Rasen rosenröthlich oder purpurroth angehaucht, oder nur grün oder braun. Stengel (Holzkörper) grün oder (meist) purpuröthlich, nur 0,5—1 dm l. Gipfeläste ziemlich zahlreich, kurz, meist kopfig gedrängt; Seitenäste schlaff, strangartig, 1—1,5 cm l., 3—5 in Büschel, deren 1—3 herabhängend. Gipfelzweigblätter dicht gedrängt, ei=lanz. oder lanz., klein (etwa 1 mm l.), mit etwas abstehender Spitze, welche von 3—4 Zähnchen gekrönt ist (d. h. unter dem Mikroskop), Rand schmal gesäumt. Stengelblätter nur mittelgroß, eif., mit etwas verschmälerter, ganzrandiger Spitze. Auf sumpfigen oder torfigen Wiesen, in feuchten, bruchigen Wäldern; überall sehr häufig. **Spitzblätteriges T.** Sph. acutifolium Ehrh.
    Abart: purpureum, völlig purpurroth, dicht, halbkugelig; Stengel mit ziemlich kurzen Aesten. Besonders in Gebirgen häufig.

Abart: fuscum, faſt rothbraun; Zweige dichter, kürzer, oft einwärts gekrümmt.

— grün, weißlichgrün oder gelbgrün, nie irgendwie röthlich. Stengel weißlichgrün. Stengelbätter groß, mit gefranſter Spitze. 10.

10. Raſen grün, weißlich- oder blaugrün. Stengel zart, aber ſchlank, bis 1,5 dm l. Zweigblätter ei-lanz., ziemlich anliegend, etwa 1 mm l. Stengelblätter ſehr groß, breit-eif., auch ihre Seiten gefranſt. Einhäuſig. In feuchten oder naſſen Nadelwäldern, Sümpfen; nicht ſelten. Gefranſtes T. Sph. fimbriatum Wils.

— grün, weißlich- oder gelbgrün. Stengel kräftig, 1—2 dm l. Zweigblätter wie b. v., aber öfter etwas ſparrig abſtehend; Stengelblätter ei- oder zungenf., nur an der Spitze gefranſt. Zweihäuſig. In feuchten Nadelwäldern, auf Sumpfwieſen; nicht häufig. Girgensohn'ſches T. Sph. Girgensohnii Russow.

<small>Anm. Die drei letzten Arten haben in Tracht größte Aehnlichkeit, beſ. die beiden letzteren, da Sph. acutifolium ſich allermeiſt ſchon durch röthliche Färbung unterſcheidet; es gilt daher, ſtets beſ. die Stengelblätter genau zu unterſuchen.</small>

Uebersichtliche Eintheilung der Moose (Moossystem).*)

I. Klasse. **Bryinae, Laubmoose.**

I. Ordnung. **Stegocarpi, Deckelfrüchtige.**

A. Pleurocarpi, **Astwinkelfrüchtler.**

1. Fam. **Hypnaceen** (Blätter glänzend, elastisch).

a. Hypneen (Haube kaum mehr als die halbe Büchse deckend):

1. Hylocomium
2. Hypnum
3. Limnobium
4. Amblystegium
5. Plagiothecium.

b. Brachythecieen:

6. Rhynchostegium
7. Brachythecium
8. Thamnium.

c. Camptothecieen:

9. Camptothecium.

d. Orthothecieen:

10. Homalothecium
11. Orthothecium
12. Isothecium
13. Pylaisia.

---

*) Als Grundlage für eine künstliche Eintheilung der Moose gilt der Mundbesatz der Büchse, und es kommt dabei in Betracht, ob letzterer doppelt oder einfach ist oder gänzlich fehlt, ferner aus wieviel Zähnen er besteht, welche Form diese haben, sowie ob sie ganz oder gespalten oder verwachsen sind. Jedoch eine völlig danach durchgeführte künstliche Eintheilung ergiebt vielfach die widernatürlichsten Gruppirungen. Daher haben alle neueren Systematiker mit Recht nach der gesammten Organisation, welche schon in der äußern Tracht sich ausspricht, eine natürliche Eintheilung der Moosfamilien darzulegen gesucht. Solche ist allerdings nicht so scharf und an jeder Stelle unwiderleglich, wie etwa bei den Pilzen und den Algen; es beruht die Richtigkeit der natürlichen Eintheilung der Moose wesentlich auf einem richtigen Gefühl. Die Beschaffenheit der Stengel und Zweige, der Bau von Büchse, Haube, Deckel, Mundbesatz, das Blattzellnetz: das Alles zusammen bestimmt die Stellung eines Mooses in der Eintheilung. — Die in diesem Buche angewandte Eintheilung ist mit wenigen praktischen Abänderungen die ziemlich allgemein anerkannte von „Bruch und Schimper".

14. Climacium
15. Cylindrothecium
16. Lescuraea
17. Platygyrium.

d. **Pterigynandreen** (Haube fast die ganze Büchse deckend. Büchse aufrecht und gerade):
18. Pterogynandrum.

2. Fam. **Fabroniaceen** (Haube klein. Büchse aufrecht).
19. Anacamptodon
20. Anisodon.

3. Fam. **Leskeaceen** (Blätter völlig glanzlos, Blattzellen klein=quadratisch).
  a. Thuidieen (Zweige wedelartig dichtgefiedert. Büchse gerade):
21. Thuidium
22. Heterocladium.
  b. Leskeen (Zweige unregelmäßig. Büchse geneigt):
23. Pseudoleskea
25. Anomodon.
24. Leskea

4. Fam. **Hukeriaceen** (Zweige blattflach, glänzend. Büchse geneigt; Haube mützenf., nur den Deckel deckend).
Hukerieen:
26. Hookeria.

5. Fam. **Neckeraceen** (Zweige stielrund oder blattflach, glänzend. Büchse aufrecht und gerade; Haube kapuzenf.).
  a. Leucobonteen, Weißzahnmoose (Zweige stielrund. Haube die ganze Büchse deckend):
27. Leucodon
29. Pterogonium.
28. Antitrichia
  b. Neckereen, Blattzweigmoose (Zweige blattflach; Blätter zweizeilig. Haube kaum über die halbe Büchse):
30. Neckera
31. Homalia.
  c. Leptobonteen:
32. Leptodon.
  d. Cryphäeen:
33. Cryphaea.

B. Clonocarpi, Seitenfrüchtler.

6. Fam. **Fontinalaceen** (Blätter 3zeilig. Mundbesatz doppelt, der innere kuppelf. verwachsen und siebartig durchlöchert. Unter Wasser).
Fontinaleen, Brunnenmoose:
34. Fontinalis
35. Dichelyma.

C. Entophyllocarpi, Wedelblattfrüchtler.

7. Fam. **Fissidentaceen**, Spaltzahnmoose (Blätter zweizeilig, dadurch die Stämmchen wedelartig. Mundbesatz einfach, gabelzähnig).
  a. Fissidenteen:
36. Fissidens
37. Conomitrium.

b. Schistostegeen, Leuchtmoose (Büchse winzig; Mundbesatz fehlt):
38. Schistostega.

D. Acrocarpi, Gipfelfrüchtler.

8. Fam. Buxbaumiaceen (Mundbesatz weißlich, hoch=kegelf. verwachsen).
Buxbaumieen, Koboldmoose:
39. Buxbaumia
40. Diphyscium.

9. Fam. Polytrichaceen (Büchse groß, entdeckelt mit einer Trommelhaut verschlossen. Mundbesatz einfach, besteht aus 32—64 zungenf. Zähnen).
Polytricheen, Filzhaubenmoose:
41. Polytrichum
42. Catharinea
43. Timmia.

10. Fam. Bryaceen (Mundbesatz doppelt).
 a. Bartramieen, Apfelmoose (Blattzellen länglich=viereckig. Büchse auf= recht, kugelf.):
44. Breutelia
45. Bartramia
46. Philonotis
47. Catoscopium
48. Oreas.

 b. Meesieen, Bruchmoose (Blattzellen groß, länglich=achteckig. Büchse aufrecht, sich krümmend, langhalsig):
49. Meesea
50. Paludella
51. Aulacomnium.

 c. Mnieen, Sternmoose (Blattzellen groß, sechseckig. Büchse eif., nickend):
52. Mnium
53. Cinclidium.

 d. Bryeen, Birnmoose (Blattzellen rhomboidal, gestreckt. Büchse birnf., nickend):
54. Rhodobryum
55. Bryum
56. Leptobryum
57. Mielichhoferia.

11. Fam. Grimmiaceen (Haube glockenf.; Mundbesatz einfach. Zumeist an Gestein).

 a. Tetraphideen, Vierzahnmoose (Peristom nur 4zähnig):
58. Tetrapis.

 b. Encalypteen, Glockenhutmoose (Haube glockenf., bis unter die Büchse herabreichend):
59. Encalypta.

 c. Orthotricheen, Goldhaarmoose (Haube glockenf., zuweilen behaart):
60. Orthotrichum
61. Ptychomitrium
62. Zygodon
63. Coscinodon.

 d. Grimmieen, Kissenmoose (Stämmchen meist mit kurzen Aestchen reich besetzt. Blätter mit Glashaareen. Zumeist an Gestein):

64. Racomitrium
65. Gümbelia
66. Grimmia
67. Schistidium
68. Hedwigia.

e. **Cinclidoteen**, Strudelmoose (Mundbesatz gitterig verwachsen. Unter Wasser):
69. Cinclidotus.

12. Fam. **Dicranoideen** (Mundbesatz einfach, Zähne meist 2—3förmig gespalten, querrippig).

a. **Dicraneen**, Gabelzahnmoose (Blätter meist straff und glänzend. Büchse meist geneigt und gekrümmt):
70. Campylopus
71. Dicranodontium
72. Dicranum
73. Dicranella
74. Trematodon
75. Dichodontium
76. Cynodontium
77. Ceratodon.

b. **Leucobryeen**, Weißmoose (derbe Polsterrasen, strohartig, weißgrün):
78. Leucobryum.

c. **Seligereen**, Schwanenhalsmoose (winzige Moose. Blätter straff elastisch und glänzend. Büchse meist hängend. An Gestein):
79. Blindia
80. Stylostegium
81. Seligeria
82. Campylostelium
83. Brachyodus
84. Anodus.

d. **Weisieen**, Perlmoose (Blätter trocken meist gekräuselt, glanzlos. Büchse winzig, aufrecht):
85. Rhabdoweisia
86. Gymnostomum
87. Eucladium
88. Anoectangium
89. Weisia
90. Hymenostomum
91. Systegium.

13. Fam. **Desmadonteen** (Mundbesatz einfach, mit fädigen Zähnen, oder fehlend).

a. **Disticheen**, Zweizeilmoose:
92. Distichium.

b. **Trichostomeen**, Haarmundmoose (Zähne fädig-lang):
93. Barbula
94. Trichostomum
95. Leptotrichum
96. Desmatodon
97. Trichodon.

c. **Pottieen**, Ackermoose (Mundbesatz fehlt, oder kurzzähnig):
98. Anacalypta
99. Pottia.

14. Fam. **Splachnaceen**, Kropfmoose (Büchse mit stark geschwollenem Halse; Mundbesatz vorhanden).

100. Tetraplodon
101. Splachnum
102. Dissodon
103. Tayloria.

15. Fam. **Disceliaceen.**
104. Discelium.

16. Fam. **Funariaceen**, Blasenhaubenmoose (Büchse mit kurzem Halse, plump-birnf.; Mundbesatz meist fehlend).

105. Funaria
106. Pyramidium
107. Physcomitrium
108. Entosthodon.

II. Ordnung. **Cleistocarpi, Deckellose.**

17. Fam. **Bruchiaceen.**

109. Voitia
110. Pleuridium
111. Bruchia
112. Archidium
113. Sphaerangium.

18. Fam. **Phascaceen.**

114. Ephemerella
115. Microbryum
116. Phascum.

19. Fam. **Physcomitriodeen.**

117. Physcomitrella
118. Ephemerum.

III. Ordnung. **Schizocarpi, Spaltfrüchtler.**

20. Fam. **Andreaeaceen.**

Andreaeen, Mohrenmoose:
119. Andreaea.

II. Klasse. **Sphagninae, Torfmoose.**

21. Fam. **Sphagnaceen.**

120. Sphagnum.

Verzeichniß der Gattungen.

(Die Synonyme sowie die Untergattungen sind eingeklammert.)

	Seite		Seite
(**A**mblyodon)	115	Catoscopium	113
Amblystegium	76	Ceratodon	159
Anacalypta	176, 179	Cinclidium	119
Anacamptodon	94	Cinclidotus	148
Andreaea	191	(Clasmatodon)	91
Anisodon	94	Climacium	92
Anodon	143	Conomitrium	105
Anodus	161	Coscinodon	138
Anoectangium	163	(Cratoneuron)	67
Anomodon	98	Cryphaea	102
Antitrichia	99	(Ctenidium)	71
Archidium	188	(Ctenium)	71
(Atrichum)	110	Cylindrothecium	92
Aulacomnium	115	Cynodontium	158
Barbula	166	**D**esmatodon	178
Bartramia	111	Dichelyma	103
Blindia	160	Dichodontium	158
Brachyodus	161	Dicranella	155
Brachythecium	85	Dicranodontium	150
Breutelia	111	Dicranum	150
Bruchia	187	(Didymodon)	175, 176
Bryum	120	Diphyscium	107
Buxbaumia	106	(Diplocomium)	115
Camptothecium	90	Discelium	183
Campylopus	149	Dissodon	182
Campylostelium	161	Distichium	166
Catharinea	109	(Drepanium)	71

	Seite		Seite
Encalypta	131	(Oligotrichum)	110
Entosthodon	186	Oreas	114
Ephemerella	188	(Oreoweisia)	164
Ephemerum	190	Orthothecium	91
Eucladium	163	Orthotrichum	132
(Eurhynchium)	80	Osmundula	104
Fabronia	91	Paludella	115
Fissidens	103	Phascum	166, 189
Fontinalis	102	Philonotis	112
Funaria	184	Physcomitrella	191
(Georgia)	130	Physcomitrium	185
Grimmia	142	Plagiothecium	78
Gümbelia	141	Platygyrium	93
(Gymnocephalus)	116	Pleuridium	187
Gymnostomum	162	(Pogonatum)	107
(Harpidium)	68	(Pohlia)	121, 124
Hedwigia	148	Polytrichum	107
Heterocladium	96	Pottia	180
Homalia	101	Pseudoleskea	96
Homalothecium	90	(Pterigynandrum)	93, 100
Hookeria	99	Pterogonium	100
Hylocomium	62	Ptychomitrium	137
Hymenostomum	165	(Ptychostomum)	121
(Hyocomium)	73	Pylaisia	92
Hypnum	65	Pyramidium	185
Isothecium	91	Racomitrium	138
(Lasia)	102	Rhabdoweisia	161
Leptobryum	129	Rhodobryum	120
Leptodon	101	Rhynchostegium	80
(Leptohymenium)	93, 94, 100	Schistidium	147
Leptotrichum	177	Schistostega	106
Lescuraea	93	(Scleropodium)	84
Leskea	97	Seligeria	160
Leucobryum	159	Sphaerangium	187
Leucodon	99	Sphagnum	192
Limnobium	74	Splachnum	182
(Limnobryum)	116	(Sporledera)	187
Meesea	114	Stylostegium	160
Microbryum	188	Systegium	166
Mielichhoferia	130	Tayloria	183
Mnium	116	Tetraphis	130
Neckera	100	Tetraplodon	181

	Seite
(Tetradontium)	131
Thamnium	89
Thuidium	95
(Thysanomitrium)	149
Timmia	110
Trematodon	157
Trichodon	179

	Seite
Trichostomum	174
(Ulota)	133, 136
Voitia	186
(Webera)	121
Weisia	164
Zygodon	137

Verzeichniß der Arten (und deren Synonyme).

	Seite
abbreviatum (Rynch.)	84
abietinum (Thuid.)	95
aciculare (Racom.)	139
aciphylla (Barb.)	168
acuminatum (Br.)	124
acuta (Blindia)	160
acutifolium (Sph.)	197
adiantoides (Fiss.)	104
aduncum (Hyp.)	70
affine (Mn.)	118
— (Orth.)	135
Albertini (Mees.)	115
albicans (Brach.)	86
— (Br.)	123
— (Dicr.)	154
aloides (Polytr.)	108
— (Barb.)	169
alopecurum (Thamnium)	89
alpestre (Limn.)	75
— (Gümb.)	141
alpinum (Polytr.)	108
— (Br.)	127
— (Andr.)	191
alternifolium (Arch.)	188
— (Pleur.)	187
ambigua (Tremat.)	157
— (Barb.)	169
ampullaceum (Splach.)	182
androgynum (Aul.)	116

	Seite
angustata (Cath.)	110
angustatus (Tetrapl.)	181
annotinum (Br.)	124
anomalum (Orth.)	137
antipyretica (Font.)	102
aphylla (Buxb.)	106
apiculata (Grimm.)	145
— (Anom.)	98
— (Weisia)	164
apocarpon (Schist.)	148
apophysata (Enc.)	132
aquaticum (Racom.)	140
— (Anom.)	98
— (Cinclidotus)	149
arcticum (Limn.)	75
arcuatum (Hyp.)	74
— (Breut.)	111
arenaria (Grimm.)	144
argenteum (Br.)	122
atrata (Grimm.)	143
atropurpureum (Br.)	127
atrovirens (Pseudolesk.)	97
attenuatus (Anom.)	99
austriaca (Timmia)	111
Bartrami (Anis.)	94
bimum (Br.)	129
Blandowii (Thuid.)	95
Bloxami (Fiss.)	105
Blyttii (Dicr.)	151

	Seite
Brebissoni (Barb.)	172
brevicollis (Tremat.)	158
Brevipilus (Campyl.)	149
brevirostris (Barb.)	169
brevirostris (Hyl.)	65
Browniana (Tetr.)	131
Bruchii (Orth.)	136
Bruntoni (Cynod.)	159
bryoides (Fiss.)	105
— (Phascum)	189
caespiticium (Br.)	128
— (Stylost.)	160
— (Anac.)	179
calcarea (Philon.)	113
— (Selig.)	161
— (Gymn.)	162
— (Fun.)	185
callichroum (Hyp.)	74
calophyllum (Br.)	121
campestre (Brach.)	88
canescens (Racom.)	140
capillaceum (Distich.)	166
— (Dichel.)	103
capillare (Br.)	129
capillifolium (Hyp.)	70
carneum (Br.)	122
cataractarum (Racom.)	140
catenulata (Pseudolesk.)	97
cavifolium (Sph.)	195
cavifolia (Pott.)	180
cernuum (Br.)	128
— (Desm.)	179
cerviculuta (Dicr.)	156
chrysophyllum (Hyl.)	63
ciliata (Eucal.)	131
— (Hedwigia)	148
cinclidioides (Mn.)	117
cirratum (Br.)	129
— (Weisia)	164
coarctatum (Orth.)	136
cohaerens (Eph.)	190
commune (Polytr.)	109

	Seite
commutatum (Hyp.)	67
— (Enc.)	132
— (Gümb.)	141
compactum (Anoect.)	163
complanata (Neck.)	101
comptum (Dicr.)	155
concinnum (Cylindr.)	93
confertum (Rhynch.)	83
— (Schist.)	147
confervoides (Ambl.)	76
conoidens (Zyg.)	137
contorta (Grimm.)	144
convoluta (Barb.)	170
— (Trichost.)	170
cordatum (Trichost.)	175
cordifolium (Hyp.)	66
Cossoni (Hyp.)	70
crassinervium (Rhynch.)	84
crassinervia (Andr.)	191
crassipes (Fiss.)	105
crinale (Hyp.)	72
crinita (Gümb.)	142
crispa (Neck.)	101
— (Bartr.)	112
— (Orth.)	136
— (Dicr.)	156
— (Systegium)	166
crispatum (Hymen.)	166
crispula (Orth.)	136
— (Weisia)	165
— (Trichost.)	177
Crista castrensis (Hyp.)	71
crudum (Br.)	123
cupressiforme (Hyp.)	73
cupulatum (Orth.)	134
curtipendula (Antitr.)	100
curvata (Dicr.)	157
curvicollum (Phasc.)	189
curvifolium (Hyp.)	73
curvirostrum (Gymn.)	162
curviseta (Fun.)	134
curvula (Grimm.)	144

	Seite		Seite
cuspidatum (Hyp.)	66	fimbriatum (Sph.)	198
— (Mn.)	118	fissidentoides (Osm.)	104
— (Phasc.)	189	flagellare (Hyp.)	73
— (Sph.)	182	— (Dicr.)	154
cyclophyllum (Br.)	121	flavipes (Barb.)	170
cylindrica (Barb.)	173	flexicaule (Leptotr.)	177
— (Trichodon)	179	flexifolium (Trichost.)	176
cymbifolium (Sph.)	194	flexuosus (Campyl.)	149
dalecarlica (Font.)	103	Floerkeanum (Microbr.)	189
dealbata (Mees.)	115	Flotowiana (Ephem.)	188
delicatulum (Thuid.)	96	fluitans (Hyp.)	69
demissum (Br.)	126	fluviatile (Ambl.)	77
dendroides (Climacium)	92	foliosum (Diph.)	107
denticulatum (Plag.)	80	fontana (Philon.)	113
— (Rhabd.)	162	fontinaloides (Cinclidotus)	149
depressum (Rynch.)	81	formosum (Polytr.)	109
diaphanum (Orth.)	133	fragilis (Campyl.)	150
dilatatum (Orth.)	136	— (Barb.)	171
dimorphum (Heteropt.)	96	Froehlichianus (Diss.)	183
Doniana (Grimm.)	146	fugax (Rhabd.)	162
— (Anodus)	161	fulvum (Dicr.)	154
Duvalii (Br.)	125	fulvellum (Dicr.)	155
elatior (Grimm.)	146	funalis (Grimm.)	145
elongatum (Br.)	124	Funkii (Br.)	125
— (Dicr.)	153	fuscescens (Dicr.)	153
ericetorum (Entosth.)	186	Geheebii (Brach.)	88
erythrocarpon (Br.)	127	giganteum (Hyp.)	67
eugyrium (Limnob.)	75	Girgensohnii (Sph.)	198
eurystomum (Physcom.)	186	glareosum (Brach.)	87
exannulatum (Hyp.)	69	glaucescens (Trich.)	175
exilis (Fiss.)	105	glaucum (Leucobr.)	160
falcatum (Hyp.)	68	gracile (Pterog.)	100
— (Dicr.)	151	— (Polytr.)	108
— (Dichelyma)	103	— (Barb.)	174
fallax (Orth.)	134	gracilescens (Cynod.)	159
— (Barb.)	173	grandifrons (Fiss.)	104
fasciculare (Racom.)	139	Halleri (Hyl.)	64
— (Fun.)	185	Halleriana (Bartr.)	112
fastigiatum (Orth.)	136	hamifolium (Hyp.)	70
fertile (Hyp.)	72	Hartmanni (Grim.)	145
filicinum (Hyp.)	67	Heimii (Pott.)	181
filiforme (Pterig.)	94	Heinemanni (Andr.)	191

Kummer, Mooskunde. 3. Aufl.   14

	Seite		Seite
hercynicum (Cath.)	110	laetum (Brach.)	87
heteromalla (Cryphaea)	102	laevipila (Barb.)	167
— (Dicr.)	156	lanceolata (Anacalypta)	180
heteropterum (Heterocl.)	96	lanuginosum (Racom.)	141
heterostichum (Racom.)	141	lapponicus (Zyg.)	138
Heufleri (Hyp.)	74	laricinum (Sph.)	196
hexagona (Mees.)	115	latebricola (Plag.)	79
hexastichum (Mees.)	115	latifolia (Br.)	121
hibernica (Fun.)	185	— (Anacalypta)	179
homomallum (Leptotr.)	178	— (Barb.)	169
hornum (Mn.)	119	Laureri (Trichost.)	178
Hornschuchiana (Anoect.)	163	laxifolium (Sph.)	197
— (Barb.)	174	leiocarpum (Orth.)	133
Hornschuchii (Diss.)	183	leucophaea (Grimm.)	147
Hutschinsiae (Orth.)	137	longicolla (Enc.)	132
hygrometrica (Fun.)	184	longicollum (Br.)	124
hypnoides (Font.)	183	— (Enc.)	132
icmadophila (Barb.)	174	longifolius (Anom.)	98
illecebrum (Rhynch.)	84	— (Dicr.)	155
imponens (Hyp.)	72	longirostrum (Rhynch.)	82
inclinatum (Br.)	128	— (Dicranod.)	150
— (Distichium.)	166	longiseta (Mees.)	115
— (Bartr.)	171	loreum (Hyl.)	64
— (Desm.)	179	lucens (Hook.)	99
incurvatum (Hyp.)	72	Ludwigii (Br.)	124
incurvus (Fiss.)	105	— (Orth.)	137
— (Gr.)	145	luridum (Trichost.)	175
indusiata (Buxb.)	106	lutescens (Camptoth.)	90
inermis (Barb.)	169	lycopodioides (Hyp.)	69
insidiosa (Barb.)	173	— (Mn.)	119
insigne (Mn.)	118	Lyellii (Orth.)	133
intermedium (Br.)	126	majus (Dicr.)	153
— (Pott.)	181	Maratti (Br.)	122
intricatum (Orth.)	91	marchica (Philon.)	113
irriguum (Ambl.)	78	maritima (Schist.)	147
ithyphylla (Bart.)	112	Martiana (Oreas.)	114
julaceum (Br.)	122	medium (Mn.)	118
Julianum (Conom.)	105	Megapolitanum (Rhynch.)	81
juniperinum (Polyt.)	109	— (Timmia)	111
Jurazkanum (Ambl.)	77	membranifolia (Barb.)	168
Kochii (Ambl.)	77	microcarpum (Racom.)	146
lacustre (Br.)	122	microstomum (Hymen.)	165

	Seite
microstomum (Fun.)	184
Mildeanum (Brach.)	87
Mildei (Trichost.)	177
minutula (Pott.)	180
mnioides (Tetrapl.)	182
molle (Limn.)	75
molluscum (Hyp.)	71
— (Sph.)	194
montana (Gümb.)	141
— (Dicr.)	154
Mühlenbeckii (Br.)	127
— (Grimm.)	145
— (Dicr.)	152
mucronifolia (Barb.)	168
Mühlenbergii (Fun.)	185
Mülleri (Sph.)	194
Müllerianum (Plag.)	79
Mougeotii (Zyg.)	138
— (Sph.)	182
murale (Rhynch.)	83
— (Barb.)	168
mutabile (Trichost.)	177
muticum (Sphaerang.)	188
myurum (Isoth.)	91
myosuroides (Isoth.)	92
nanum (Polytr.)	107
Neodamense (Br.)	129
nervosa (Lesk.)	97
— (Barb.)	170
nigritum (Catosc.)	114
nitens (Camptoth.)	90
nitidulum (Plag.)	79
nitida (Miel.)	130
— (Pleur.)	187
nivalis (Voitia)	186
— (Andr.)	191
nudum (Discelium)	183
nutans (Br.)	125
obscurum (Cynod.)	159
obtusa (Grimm.)	146
obtusifolium (Orth.)	133
ochraceum (Limn.)	75

	Seite
Oederi (Bartr.)	112
orbicularis (Gümb.)	142
orthorhynchum (Mn.)	119
osmundacea (Schistost.)	106
osmundoides (Fiss.)	104
ovata (Grimm.)	147
pallens (Br.)	126
— (Orth.)	134
pallescens (Hyp.)	72
— (Br.)	128
pallidisetum (Trichost.)	176
pallidum (Leptotr.)	177
paludosa (Barb.)	174
palustre (Limn.)	75
— (Aul.)	116
— (Dicr.)	152
— (Bruchia)	187
papillosa (Barb.)	167
patens (Orth.)	135
— (Racom.)	139
— (Physcomitrella)	190
patientiae (Hyp.)	74
pellucida (Tetr.)	130
— (Dichod.)	158
— (Hyp.)	68
pendulum (Br.)	128
pennata (Neck.)	101
petrophila (Andr.)	191
phascoides (Arch.)	188
Philippeanum (Homaloth.)	91
phyllanthum (Orth.)	136
piliferum (Rhynch.)	84
— (Polytr.)	108
plagiopodia (Grimm.)	144
plumosum (Brach.)	87
polyantha (Pylaisia)	92
polycarpa (Lesk.)	97
— (Cynod.)	159
polygamum (Hyl.)	63
polymorphum (Br.)	124
polyphyllum (Ptychom.)	137
polytrichoides (Campyl.)	149

	Seite
pomiformis (Bartr.)	112
populeum (Brach.)	86
praelongum (Rhynch.)	85
pratense (Hyp.)	73
protensum (Racom.)	140
pseudostramineum (Hyp.)	69
pseudotriquetrum (Br.)	129
pulchellum (Plag.)	79
— (Br.)	123
— (Orth.)	134
pulvinata (Coscin.)	138
— (Grimm.)	143, 146
pumila (Neck.)	101
— (Orth.)	134
punctatum (Mn.)	117
purpureus (Cerat.)	159
purum (Hyp.)	66
pusilla (Selig.)	161
— (Fiss.)	105
pyriforme (Leptobr.)	130
— (Physcom.)	186
radicale (Ambl.)	76
recognitum (Thuid.)	96
recurvata (Selig.)	160
recurvifolia (Barb.)	173
— (Eph.)	188
recurvum (Sph.)	197
reflexum (Brach.)	85
repanda (Tetr.)	131
repens (Platyg.)	93
reptile (Hyp.)	72
revoluta (Barb.)	170
revolvens (Hyp.)	70
rhabdocarpa (Encal.)	132
rigida (Grimm.)	147
— (Barb.)	169
— (Sph.)	195
rigidulum (Trich.)	177
riparium (Ambl.)	77
— (Cinclidotus)	149
rivulare (Brach.)	88
— (Orth.)	135
Roeseanum (Plag.)	79
roseum (Rhodobr.)	120
rostratus (Anomodon)	98
— (Mn.)	117
Rothii (Andr.)	191
rotundifolium (Rhynch.)	81
rubellum (Trichost.)	176
Rudolphiana (Tayl.)	183
rufescens (Orth.)	91
— (Dicr.)	157
rufulus (Fiss.)	104
rugosum (Hyp.)	68
rupestre (Orth.)	135
— (Gymn.)	162
— (Andr.)	191
ruralis (Barb.)	168
rusciforme (Rhynch.)	80
Rutabulum (Brach.)	89
Rutheanum (Eph.)	190
salebrosum (Brach.)	87
Sauteri (Hyp.)	71
saxicola (Campylost.)	161
Schimperi (Plag.)	79
Schisti (Cynod.)	159
Schleicheri (Rhynch.)	84
Schraderi (Dicr.)	152
Schreberi (Hyp.)	66
— (Dicr.)	157
sciuroides (Leucod.)	99
scoparium (Dicr.)	153
scorpioides (Hyp.)	73
Sendtneri (Hyp.)	70
Sendtnerianum (Anoect.)	163
sericeum (Homaloth.)	90
serpens (Ambl.)	77
serratum (Mn.)	119
— (Eph.)	190
— (Tayl.)	183
serrulata (Weisia)	164
silesiacum (Plag.)	78
Smithii (Leptodon)	102
Sommerfeltii (Hyl.)	64

	Seite
speciosum (Rhynch.)	85
— (Orth.)	135
spectabile (Sph.)	197
sphaerica (Grimm.)	143
— (Physcom.)	185
— (Splachnum)	182
spinosum (Mn.)	119
spinulosum (Mn)	119
spiralis (Grimm)	142
splachnoides (Anac.)	94
— (Tayl.)	183
— (Diss.)	183
splendens (Hyp.)	62
spurium (Dicr.)	152
squamosa (Font.)	103
squarrosum (Hyl.)	63
— (Palud.)	115
— (Dicr.)	156
— (Hymen.)	165
— (Barb.)	172
— (Sph.)	196
Starkeana (Anacalypta)	179
Starkii (Brach.)	89
— (Dicr.)	151
stellare (Mn.)	118
stellatum (Hyl.)	64
stenophyllum (Eph.)	190
Stockesii (Rhynch.)	85
stramineum (Hyp.)	67
— (Orth.)	135
streptocarpa (Encal.)	131
striatum (Rhynch.)	82
— (Lesk.)	93
strictum (Polytr.)	109
— (Bartr.)	112
— (Dicr.)	154
strigosum (Rhynch.)	83
Sturmii (Orth.)	134
stygium (Cincl.)	120
subglobosum (Mn.)	117
subsecundum (Sph.)	195
subsessilis (Pottia)	180

	Seite
subtile (Ambl.)	76
subulata (Bartr.)	112
— (Dicr.)	157
— (Barb.)	168
— (Pleur.)	187
sudeticum (Racom.)	140
sylvaticum (Plag.)	81
tamariscinum (Thuid.)	95
taxifolius (Fiss.)	104
tectorum (Pseudol.)	97
Teesdalii (Rhynch.)	82
tenellum (Rhynch.)	81
— (Cath.)	110
— (Orth.)	134
tenerum (Eph.)	190
tenue (Gymn.)	162
teres (Sph.)	196
tetragonum (Pyram.)	185
tophaceum (Trichost.)	175
torquata (Grimm.)	142
tortile (Leptotr.)	178
— (Hymen.)	166
tortuosa (Barb.)	171
trichodes (Brachyodus)	161
trichomanoides (Homalia)	101
trichophylla (Grimm.)	146
trifarium (Hyp.)	67
— (Didymodon)	175
triquetrum (Hyl.)	65
— (Sphaerang.)	188
tristicha (Mees.)	114
— (Selig.)	160
truncata (Pott.)	181
turbinatum (Br.)	128
turfaceus (Campyl.)	149
uliginosa (Mees.)	114
uliginosum (Br.)	126
umbratum (Hyp.)	62
uncinatum (Hyp.)	68
— (Grimm.)	144
undulatum (Plag.)	78
— (Cath.)	110

	Seite
undulatum (Mn.)	117
— (Dicr.)	152
unguiculata (Barb.)	172
unicolor (Grimm.)	143
urceolatus (Tetrapl.)	182
urnigerum (Polytr.)	108
vaginans (Leptotr.)	178
varia (Dicr.)	157
variabile (Sph.)	197
vasculosum (Splach.)	182
Vaucheri (Rhynch.)	74
— (Hyp.)	83
velutinoides (Rhynch.)	84
velutinum (Brach.)	88
ventricosa (Grimm.)	143
vernicosum (Hyp.)	68
verticillatum (Euclad.)	163
vinealis (Barb.)	173
virens (Cynod.)	158
viridissimus (Zyg.)	138
viride (Dicr.)	154
viridula (Weisia)	164
viticulosus (Anom.)	98
vogesiaca (Bruch.)	187
vulgaris (Encal.)	132
Wahlenbergii (Br.)	123
Warneum (Br.)	123
Zierii (Br.)	122
zonatum (Leptotr.)	178

Erklärung der Abbildungen.

1. Moosspore mit daraus hervorgehendem Vorkeim und sich entwickelndem Stämmchen.
2. Moosblatt mit Mittelrippe und Glashaar.
3. Befruchtungsorgane (sichtbar nach Entfernung der Blätter): a. Antheridien; b. Archegonien; c. Paraphysen (Saftfäden).
4. Ein Antheridium mit austretenden Spermatozoidzellen, ziemlich stark vergrößert: a. Spermatozoidzelle, stark vergrößert.
5. Männliches Moosstämmchen, etwas vergrößert: a. Perigonalblätter.
6. Catharinea undulata, natürliche Größe; A. und B. vergrößert.
    A. a. Büchse; b. Deckel geschnäbelt; c. Haube.
    B. entdeckelte Büchse: a. Mundbesatz; b. Fruchtstiel.
7. Zahn (eines äußern Mundbesatzes von Hypnum) mit Querbalken, ziemlich stark vergrößert.
8. Stück eines innern Mundbesatzes von Hypnum (zwei Fortsätze oder Zähne) mit dazwischenstehenden, knotig gegliederten Wimpern.
9—15. Einfache Mundbesätze: 9. Polytrichum; 10. Grimmia; 11. Barbula; 12—14. Arten von Dicranum und Dicranella; 15. Ceratodon.
16—18. Doppelte Mundbesätze: 16. Hypnum; 17. Fontinalis; 18. Orthotrichum.
19. Sphagnum acutifolium.
20. Andreaea petrophila.
21. Fissidens taxifolius.
22. Conomitrium Julianum.
23. Thamnium alopecurum.
24. Thuidium tamariscinum.
25. Hypnum Crista castrensis.
26. — scorpioides.
27. — uncinatum.
28. — cupressiforme, a. kleine Form.
29. — purum.
30. Brachythecium velutinum.
31. Amblystegium serpens.
32. Hylocomium squarrosum.
33. Leskea polycarpa.
34. Neckera crispa.
35. Fontinalis antipyretica.
36. A. Polytrichum commune; bb. P. formosum.
    B. P. piliferum: a. mit unentwickelter Frucht; b. mit entwickelter Frucht.
    C. P. nanum.

37. Buxbaumia aphylla.
38. Diphyscium foliosum.
39. Aulacomnium androgynum.
40. Mnium hornum.
41. — punctatum.
42. Funaria hygrometrica.
43. Leptobryum pyriforme.
44. Bryum acuminatum.
45. — intermedium.
46. — pallens.
47. — atropurpureum.
48. — carneum.
49. — capillare.
50. — nutans.
51. — caespiticium; b. Deckel von Br. pendulum.
52. — argenteum.
53. Bartramia pomiformis.
54. Trematodon ambiguus.
55. Meesea longiseta.
56. Encalypta streptocarpa.
57. — vulgaris.
58. Orthotrichum affine.
59. — crispulum.
60. Tetraphis Browniana; B. Tetr. pellucida.
61. Racomitrium canescens.
62. Grimmia pulvinata.
63. — obtusa.
64. Dicranum scoparium.
65. Dicranella heteromalla.
66. Dichodontium pellucidum.
67. Ceratodon purpureus.
68. Leucobryum glaucum.
69. Barbula muralis.
70. — subulata.
71. Trichostomum homomallum.
72. Gymnostomum rupestre.
73. Pottia truncata.
74. Splachnum ampullaceum.
75. Physcomitrium pyriforme.
76. Pleuridium subulatum.
77. Phascum cuspidatum.

Tafel I.

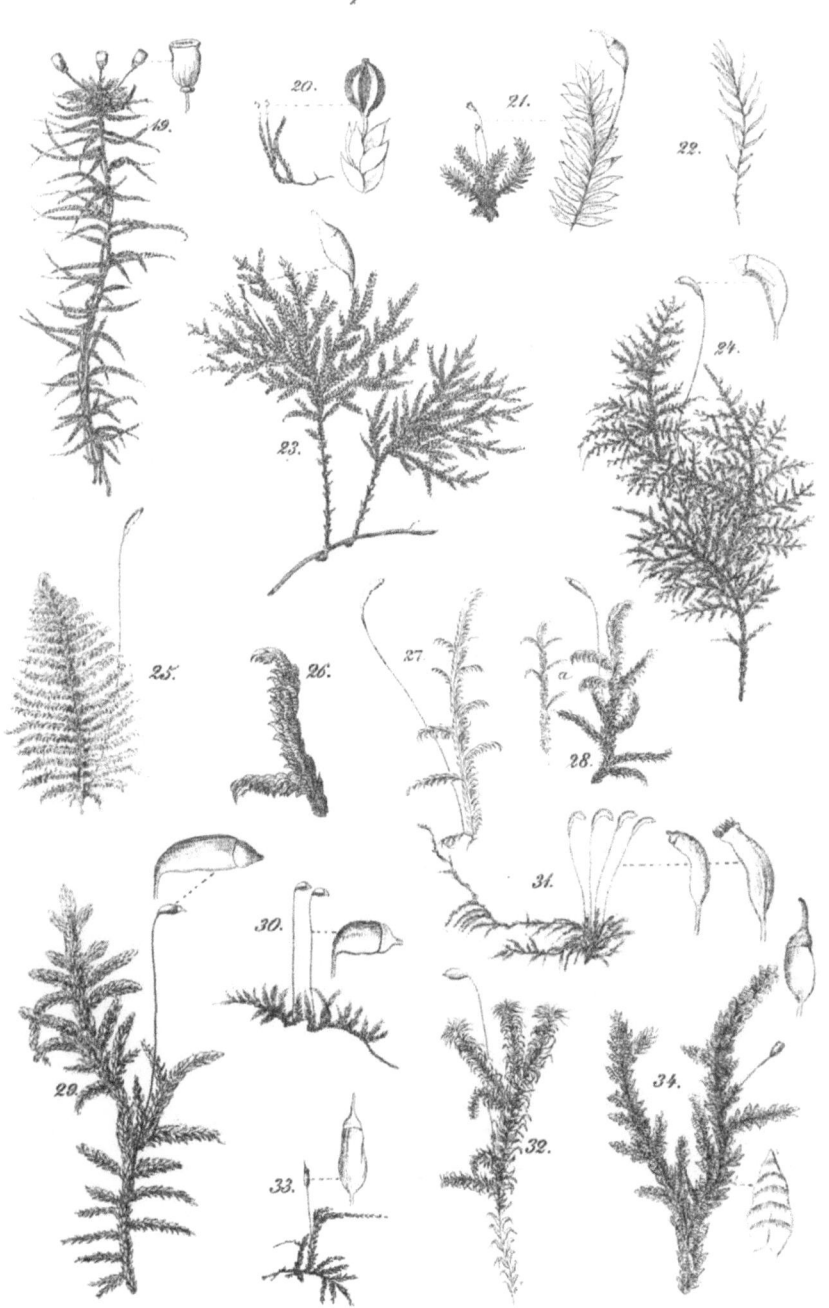

Tafel II.

Tafel III.

Tafel IV.

MIX
Papier aus verantwortungsvollen Quellen
Paper from responsible sources
FSC® C105338

If you have any concerns about our products,
you can contact us on
ProductSafety@springernature.com

In case Publisher is established outside the EU,
the EU authorized representative is:
**Springer Nature Customer Service Center GmbH
Europaplatz 3, 69115 Heidelberg, Germany**

Printed by Libri Plureos GmbH
in Hamburg, Germany